JN193177

例題で学ぶ
化学プロセスシミュレータ

—フリーシミュレータ COCO/ChemSep
と Excel による解法—

化学工学会 編
工学博士 伊東 章 著

コロナ社

ま え が き

化学工学の教育カリキュラムは化学工学量論に始まり，移動現象論，単位操作とつづく体系としてすでに確立しており，その内容は長年変わっていない。しかし最近のプロセス設計の現場では，Aspen, HYSYS, PRO/II などの化学プロセスシミュレータの使用が一般的となっている。シミュレータには化学工学の基礎事項の多くが内部に組み込まれ，コンピュータ画面上でプロセスを構成するだけで，設計計算とプロセスのシミュレーションが可能である。

筆者は化学工学教育者として，このようなプロセスシミュレータの普及による「化学工学のブラックボックス化」に危機感を抱いていた。化学工学の基礎事項がシミュレータの内部にブラックボックス化することは，化学工学を知らなくてもプロセス設計ができるということであり，化学工学技術者の専門性を脅かすことになる。これからの化学工学技術者は化学工学の理論・原理がわかった上で，プロセスシミュレータも使いこなせなくてはならない。そのためにシミュレータの使用を前提とした化学工学の教育方法を考える必要がある。

最近ではプロセス設計演習など上級科目でシミュレータの実習を行っている大学もあり，化学工学会主催でプロセスシミュレータによる「プロセスデザイン学生コンテスト」も毎年実施されている。しかし未だ化学工学教育の全般でシミュレータが活用されているとはいえない。これは実務経験のある教官が少なく，シミュレータを十分に教育できないこと，および商用シミュレータが実務向けで，システムが大きく，教材としては使い勝手の点でやや問題があったためと思われる。

しかし最近の化学プロセスシミュレータ COCO/ChemSep により，シミュレータの教育利用が身近なものになってきた。COCO/ChemSep はフリーソフトである。システムも小さく手軽に各自のパソコンにインストールできる。しかしフリーソフトであるだけに，試そうとしても，サポートもなく資料も乏しい中での自習にならざるを得ない。

そこでこのCOCO/ChemSepの登場を契機に，化学プロセスシミュレータを学ぶ講座を企画し，「パーソナル化学プロセスシミュレータCOCO/ChemSepで学ぶ化学プロセス計算」として化学工学会誌「化学工学」に連載した(2017年9号～2018年8号)。この連載講座では本格的なプロセス設計を目指すというよりは，むしろ基礎的な「化学工学量論」，「単位操作」，「反応工学」科目中の各種例題について，COCOシミュレータによる解法を紹介した。その際，同じ例題解法を従来の化工計算（Excelによる解法）と比較することを心掛けた。この形式により，プロセスシミュレータの使い方を習得すると同時に，その内部の化学工学の基礎事項を再確認して，シミュレータのブラックボックス化を防ぎたいという意図があった。

本書はこの連載を基にさらに例題を加え（連番途中に追加した例題の例題番号には，その前の例題番号にa, b, c, ...を付けた)，解説を詳しくしてまとめたものである。各例題解法ファイルはコロナ社ホームページからダウンロードでき，COCO/ChemSepを各自のパソコンで修得できるよう詳しくガイドした。しかし，実際には紙面によるソフトの実習・習得には困難が伴う。そこでほとんどの例題解法についてチュートリアルビデオを制作してYouTube上に掲載してあるので，本書と併用して活用していただきたい。

本書が化学工学教育全般で化学プロセスシミュレータを取り入れる契機となり，化学工学の基礎知識をマスターした上でシミュレータを使いこなせるケミカルエンジニアの育成に役立つことを願っている。

化学工学誌連載にあたっては関口 秀俊 氏（東京工業大学)，渕野 哲郎 氏(東京工業大学)，佐々木 正和 氏（東洋エンジニアリング)，および原稿の校閲をいただいた化学工学誌編集委員の滝澤 正規 氏，平岡 一高 氏にお世話になった。記して感謝申し上げます。

2018年9月

伊東　　章

目　　次

1. COCO/ChemSep の使い方と機能

2. 気体の PVT と熱化学

3. 反応プロセス

4. 熱 交 換 器

5. 蒸　　　留

6. 調　　湿

7. 抽　　出

8. ガ ス 吸 収

9．反応工学 —CSTR と PFR—

10．反応工学 —非等温反応器—

11. Excelとの連携

12. プロセス設計

編 集 注 記

本書で解説するCOCO/ChemSep化学プロセスシミュレータは，Windows XP以降のWindows OSが前提となります。また，11章で解説するExcel unit operationは，Windows XPでは動作しませんのでご注意ください。また，その必要なExcelバージョンは2010以降です。なお，本書でのExcelに関する表記は，2016が前提となっていますが，それ以前のバージョンでも動作します（どのバージョンまで動作するかは確認していません。2010以降を推奨します）。

アプリケーション本体画面，あるいは設定画面などについては，本書では“ウィンドウ”あるいは“画面”という表記をし，警告メッセージなどの画面を“ダイアログボックス”と表記しています。一連のプロセスを記載するのに→が多く使われますが，場合によっては，設定内容が入れ子になっている場合にその設定過程としてスラッシュを使うこともあります。また，設定内容の併記にスラッシュやカンマを使うことがあります。(設定項目): (設定内容)もよく使われます。

本書の図番は，(例題番号).(例題内連番)となっています。また，例題に属さない図については，(章番).(章内連番アルファベット記号)となっています。

本書例題で使用したシミュレーションデータおよびチュートリアルビデオについては，以下のとおりです。これらデータのご利用およびシミュレータのご使用については，基本的に自己責任でお願いいたします。著者およびコロナ社は，原則として，これらに関する質問には応じられませんので，ご理解のほどお願いいたします。

COCO/ChemSep化学プロセスシミュレータのダウンロード

COCO/ChemSepのインストールはCOCOサイト：http://www.cocosimulator.org/からダウンロードして行う。本書編集時，最新バージョンは3.2で，稼働OSはWindows XP以降である。実行形式のインストーラーになっているので，ダウンロード後ダブルクリックでインストール作業を進めることができる。

本書例題で取り扱ったCOCO，ChemSep，Excelファイルとチュートリアルビデオ

本書各例題で取り扱ったCOCO（.fsd），ChemSep（.sep），Excel（.xlsxおよび.xlsm）ファイルは，コロナ社Webサイトの本書紹介ページからダウンロードできる。また，各例題のYouTubeチュートリアルビデオへのリンクも掲載している。

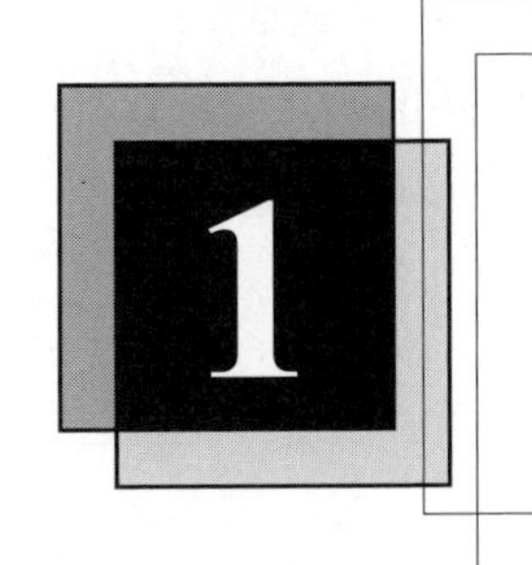

1 COCO/ChemSep の使い方と機能

1.1 COCO/ChemSep 入門

はじめに実際の蒸留実験装置のモデル化例に沿って，化学プロセスシミュレータ COCO/ChemSep の使い方と機能を紹介する。

【例題 0】 オルダーショウ蒸留器によるメタノール水溶液の蒸留[IS, p.29)†]

図 **0.1** は，4 段のオルダーショウ蒸留器による蒸留実験装置の原理図と写

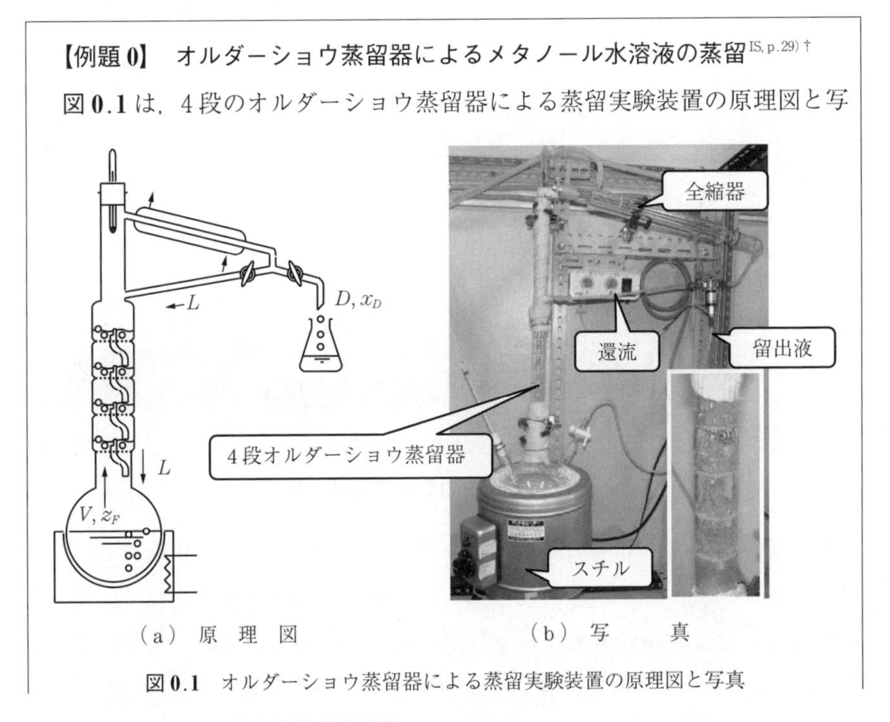

（a） 原　理　図　　　　（b） 写　　真

図 0.1　オルダーショウ蒸留器による蒸留実験装置の原理図と写真

† 肩付き記号と p.○は，巻末の引用・参考文献の記号とそのページを示す。

真である。スチルのメタノール(1)/水(2)溶液を沸騰させ，流量 V，メタノールモル分率 z_F の蒸気をカラムに供給する。塔頂で留出蒸気を全縮して，留出液 D と還流液 L（還流比 $R = L/D$）に分ける。この実験装置の分離性能，すなわち留出液流量 D，留出液組成 x_D を，平衡段（理論段）を仮定して計算せよ。

【COCO 解法】（<COCO_00.fsd>を参照）

インストールで作成された **COFE**（CAPE-OPEN Flowsheet Environment）のショートカット から起動する。

図 **0.2** のように，開始画面は Flowsheet ウィンドウを中心に上にメニュー，ツールバー，左に Document Explorer，下に Log/Warning ウィンドウである。

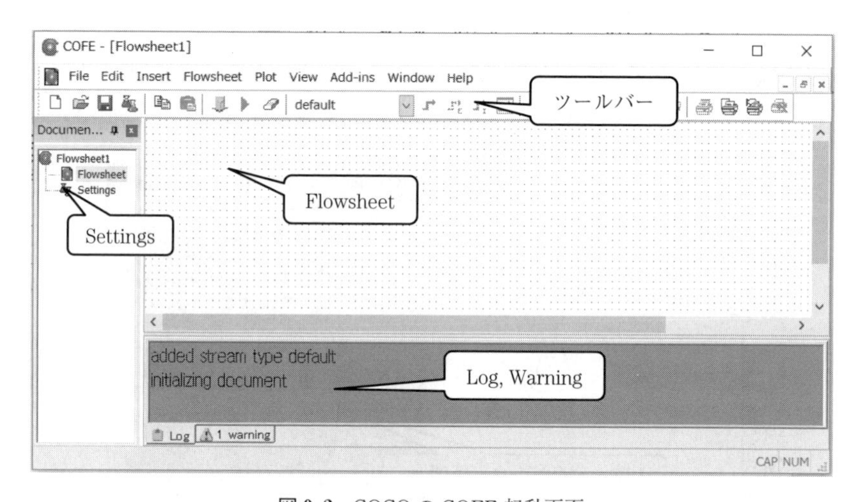

図 **0.2**　COCO の COFE 起動画面

まず Document Explorer の Setting をクリックして，図 **0.3** のように，Flowsheet configuration ウィンドウから Property packages タブでプロセス中の全成分，および物性値モデルを設定する。反応のあるプロセスでは Reaction packages タブから反応式，反応速度などを設定する（3 章，9 章，10 章を参照）。

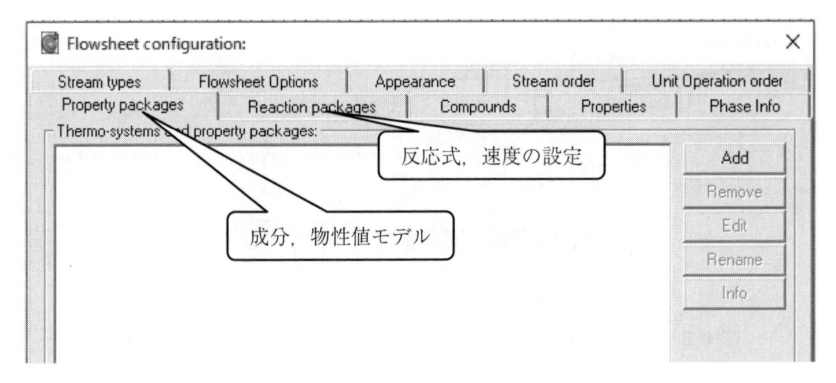

図 **0.3** Settings をクリックして立ち上がる Flowsheet cenfiguration 画面

図 **0.4** のように，Properties packages→Add で Select Package ウィンドウとなる。普通は TEA を選択する。ここでは特別に気液平衡計算のため ChemSep Property Package Manager を選択し，Select ボタンを押す。

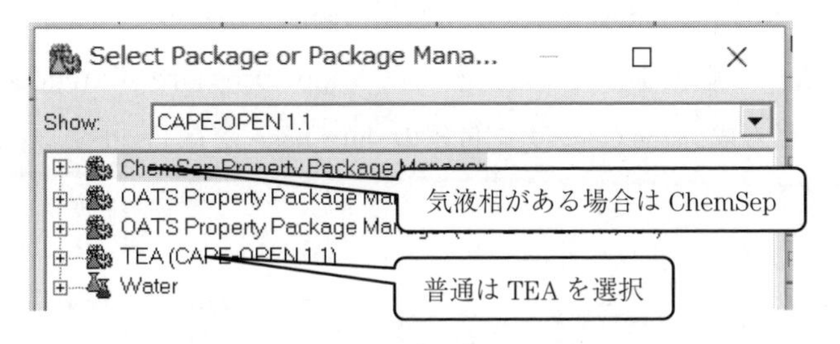

図 **0.4** Select Package ウィンドウ

ウィンドウが立ち上がるので，New を選択すると新たに ChemSep[†] が立ち上がる（元は分離装置用シミュレータの **ChemSep** が先にあり，**COCO** がそれを包含したという経緯があり，もともと両者は別のシステムである）。図 **0.5** のように，はじめに Components で関係する成分を選択する。画面左側の Components in databank にはガス，液の 430 ほどの化学種がリストされてい

[†] ここでいう ChemSep は COCO に包含されたアプリケーション名である。後の図 0.9 で言及する ChemSep は Flowsheet に配置する Unit operation 名である。なお，ChemSep が立ち上がるとき，自動的に画面がアクティブにならないことがあるので，注意が必要である。この場合，タスクバーにある ChemSep アイコンをクリックする。

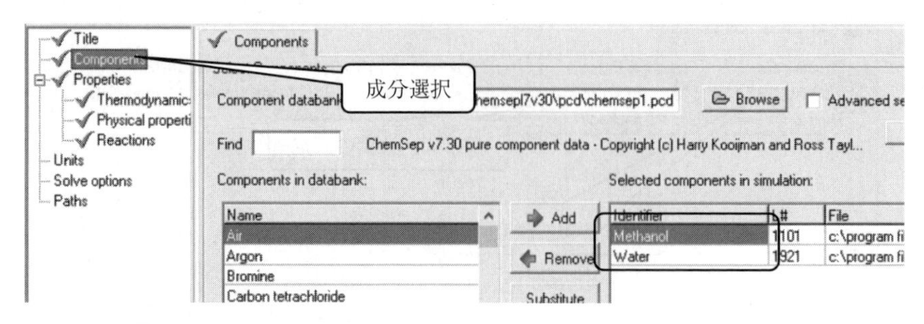

図 **0.5**　Settings→Property packages→ChemSep の Components 選択

る。ここでは Methanol, Water を選択し，Add で右側のリストに追加する。

次いで，図 **0.6**(a)のように，Propertics/Thermodynamics で物性推算モデルを選択する。ここでは K-value: DECHEMA，Activity coefficient（活量係数式）に Wilson を選択した。選択すると成分パラメータを Load するよう指示が出る（図(b)）。Load するとファイル選択画面が出るので，ここではもちろん Wilson.ipd を選択する。また，蒸気圧 Vapor pressure: Extended Antoine である。これも成分パラメータを付属の data base から Load する。Enthalpy は ideal としている。

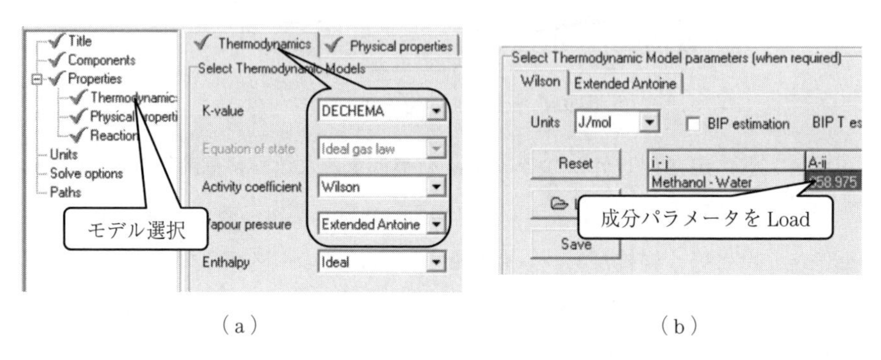

(a)　　　　　　　　(b)

図 **0.6**　Settings→Property packages→ChemSep の Thermodynamics 設定

図 **0.7** はこの実験で使うメタノール/水系の気液平衡について，ChemSep 中の各種モデルによる推算を x–y 関係で比較したものである。活量係数式で成分パラメータが COCO のデータベースにある Van Laar, Wilson では，Wilson

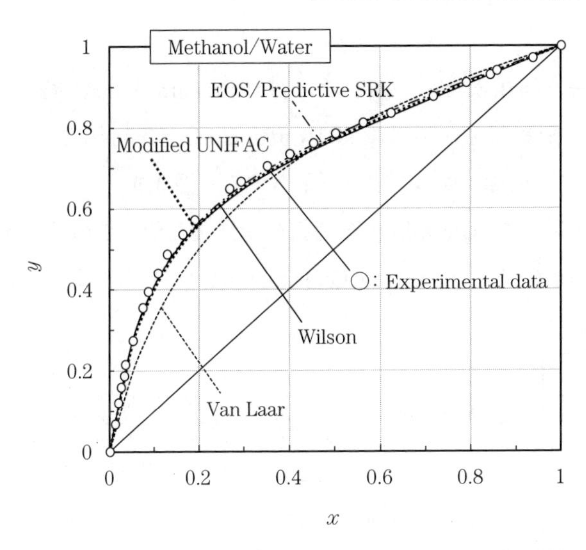

図 0.7 メタノール (x)/水系の気液平衡（○印）と平衡推算モデルの比較

がデータとの一致がよい。活量係数式でグループ溶液モデルにより成分パラメータ不要の Modified UNIFAC も優秀である。さらに状態方程式（EOS）を基礎とする Predictive SRK がパラメータ不要にもかかわらずよく気液平衡を予測できている。このように成分・系により物性モデルの推算精度が異なるので，使う成分に対する適切なモデルの選択が重要である。

ChemSep を閉じ，Flowsheet configuration も閉じて Flowsheet に戻る。ChemSep を閉じるとき保存のダイアログが出るので，“Yes” とする。さらに “Assign property package to the default stream type?” と出るので，これも “Yes” とする。ここで “No” とすると，この Settings/ChemSep で選んだ Components が Flowsheat 側で反映されない。

さて，この Property package を保存すると，Flowsheet configuration 画面に “new package” というデフォルト名で保存されるので，名前含めて修正したいときはこれを選択し，Edit すればよい。

なお，ChemSep を閉じる際，上記のダイアログボックスがアクティブにならずに，いつまでも終わらないように見えるときがあるので，注意が必要である。

ツールバー（図 **0.8**）から により流れ Stream を作成， から機器 Unit operation を配置する。ここでは HeaterCooler, Flash, ChemSep 蒸留塔 Column[†] を Flowsheet ウィンドウに配置する（図 **0.9**）。

図 **0.10** のように，ChemSep を選択・配置した後，この ChemSep を右クリックの Show GUI で New Unit Operation 画面が立ち上がる（ここで設定す

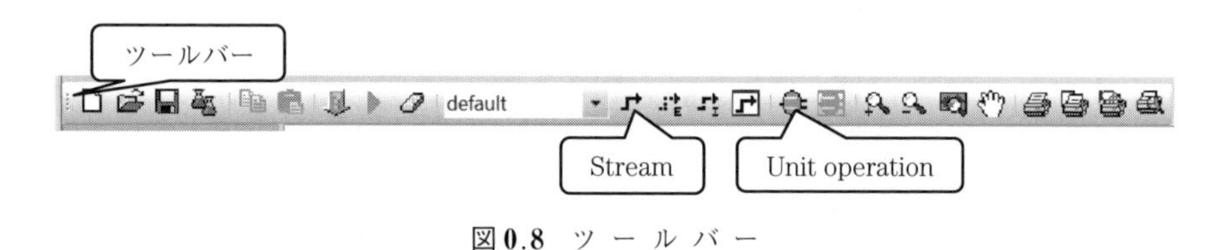

図 **0.8**　ツ ー ル バ ー

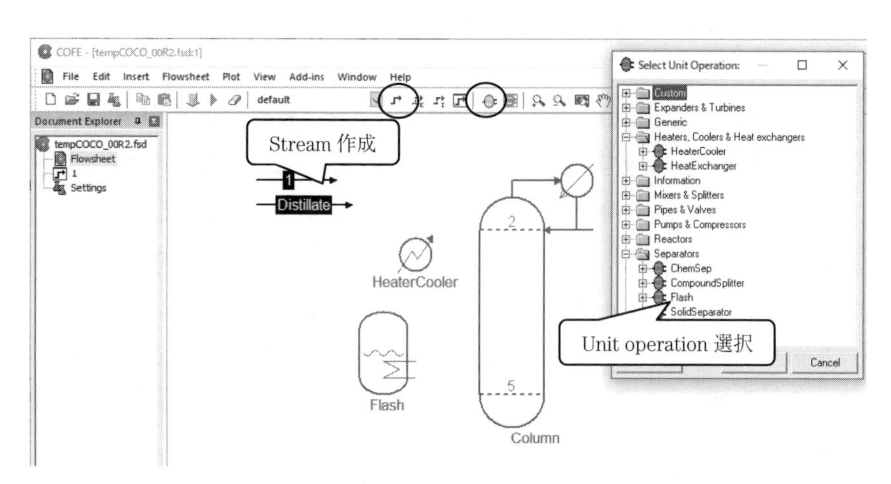

図 **0.9**　Stream の作成と Unit operation の配置

† 前述のとおり，これは Unit operation 名としての ChemSep である。これを，場合によっては，ChemSep，蒸留塔をはじめとする～塔，あるいは Column と呼ぶ場合がある。なお，Column_(番号) は ChemSep unit operation に付けられるデフォルト名であり，この名前は，ChemSep unit operation にかぎらず後で変えることができる。また，右クリックの Icon/Select unit icon でアイコンも適宜変えることができる。なお，“Column” は “カラム” と読み，化学ではよく使われる塔を意味する用語である。また，図 0.10 の New Unit Operation で Flash VL を選んだ場合，この ChemSep を Flash と呼ぶ場合があり，非 ChemSep の Flash と区別する必要がある。

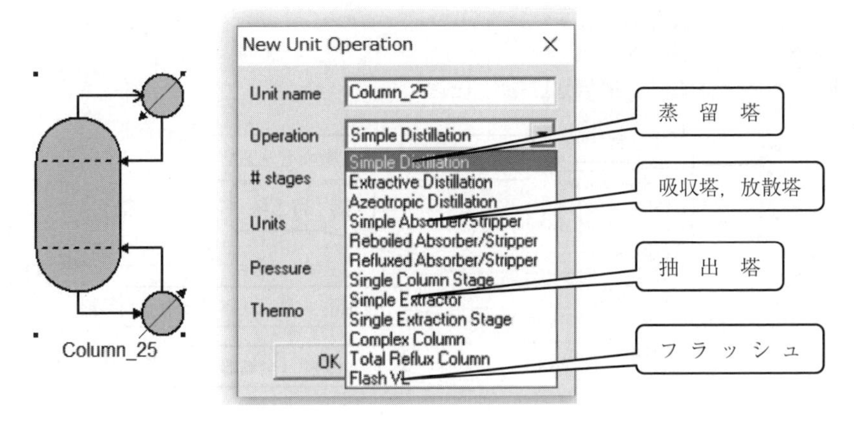

図 0.10 ChemSep 蒸留塔 Column アイコンと New Unit Operation 画面

れば，2 回目からは Show GUI で ChemSep 画面が直接立ち上がる）。ここで ChemSep 上の各種単位操作を選択する。蒸留塔，吸収塔，抽出塔，フラッシュなどがある。いずれも**平衡段**（**理論段**）による段塔を想定している。

ここでは Simple Distillation を選択して，# stages: 5，Thermo: ChemSep として OK を押すと ChemSep が立ち上がり次画面となる†（**図 0.11**）。これが ChemSep が立ち上がった画面で，この Unit の設定各項目（左ウィンドウ）を順次設定する（未設定項目は赤の×が表示されている）。Operation で Condenser: Total（Liquid product）（**塔頂全縮器**），Reboiler: None（リボイラなし），Number of stages: 5（全 5 段），Feed stage: 5（塔底段に原料供給）を設定する。なお，ChemSep の蒸留塔では塔頂の全縮器も 1 段と数えることに注意する。

その下の Properties/Thermodynamics は，Settings（図 0.6）と同じ DECHEMA, Wilson, Extended Antoine を設定する（**図 0.12**（a））。

Specification/Column specs で蒸留計算のパラメータを指定する（図（b））。

† ChemSep 画面がアクティブにならず，いつまでも立ち上がらないように見えるときがあるので注意が必要である。このような場合は，タスクバーの ChemSep アイコンをクリックする。

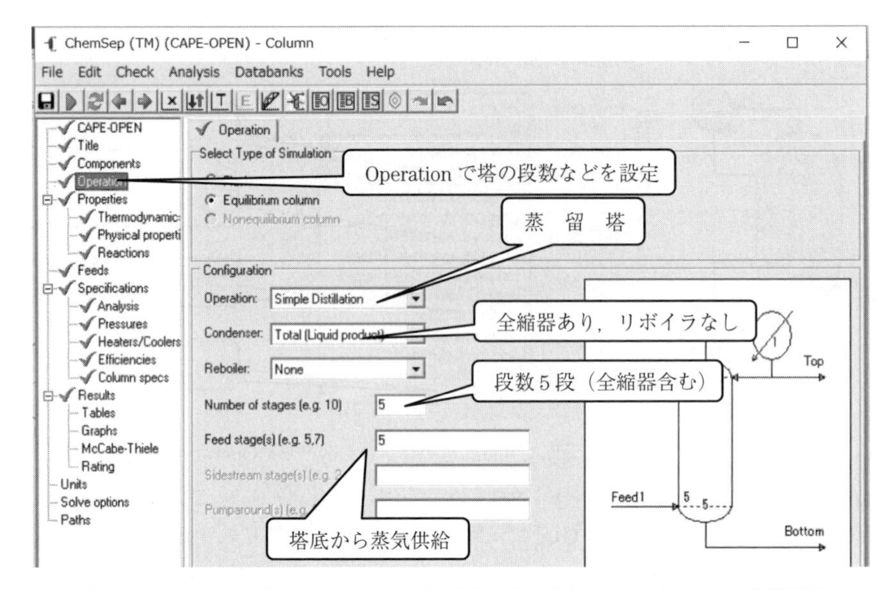

図 **0.11**　Flowsheet/lnsert unit eperation/ChemSep/Simple Distillation の設定画面

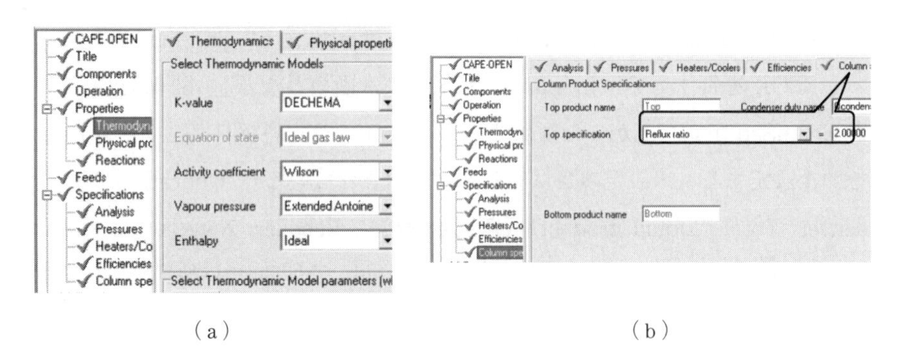

図 **0.12**　ChemSep/Simple Distillation の Thermodynamics と Column specs の設定

この蒸留塔では塔頂の還流比 Reflux ratio: 2.0 を設定。

以上でパーツがそろったので，図 **0.13** のように各 Stream と各 Unit operation を接続して，蒸留塔実験装置を模擬したプロセスを構成する。

図 **0.14** のように，Flash を右クリックで Show GUI とし，設定画面の Spec. タブで供給液の 10% が蒸気となる設定（Vapor fraction: 0.1）をして

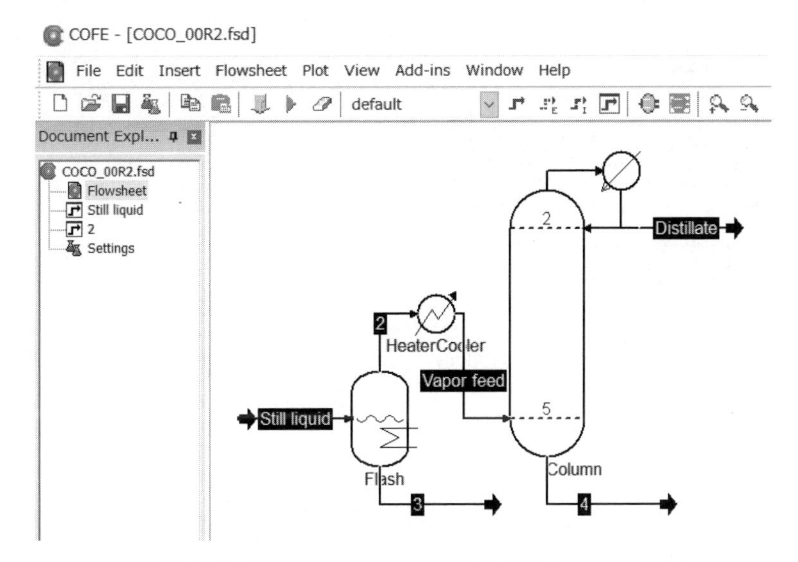

図 **0.13**　蒸留塔実験装置を模擬したプロセスの構成

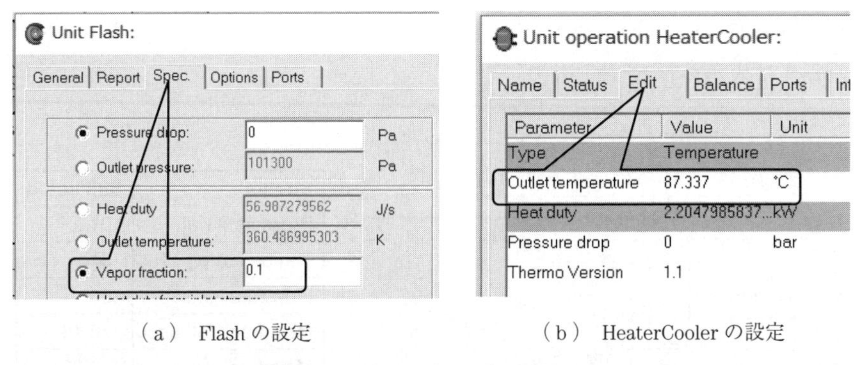

（a）　Flash の設定　　　　（b）　HeaterCooler の設定

図 **0.14**　Flash と HeaterCooler の設定

（図（a）），沸騰温度（87.3℃）で蒸気を供給するよう，今度は HeaterCooler を右クリックで，Edit unit operation とし，設定画面の Edit タブで温度を設定する（図（b））。

最後に **Stream report** を作成する。図 **0.15** のように，COFE メニューの Insert→Stream report（図（a））から表示する StreamReport properties 画面の Streams タブで，表示する Stream（表の列）を選択し，Overall props タブ

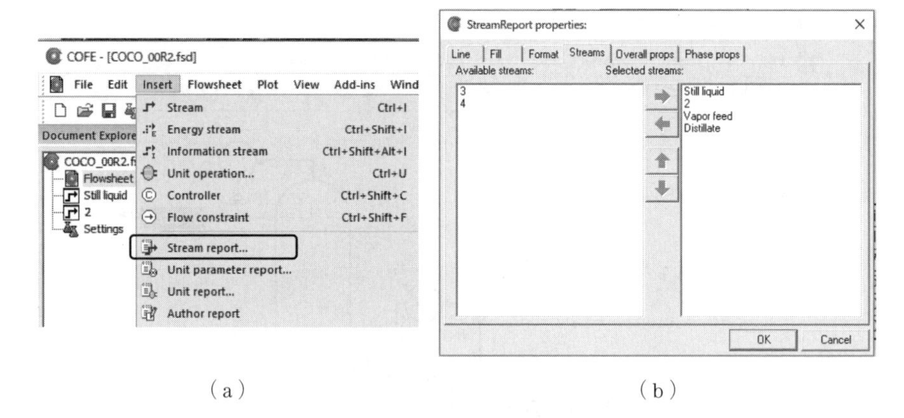

（a）　　（b）

図 0.15　Stream report の作成

で，表示する温度，圧力，流量，組成などの項目（表の行）を選択して OK する（図（b））[†]。

図 0.16（a）のように，Still liquid をダブルクリックして，液供給を設定する。供給液組成 0.15，流量 100 g/min で供給するように設定すると Stream report に表示される（図（b））。

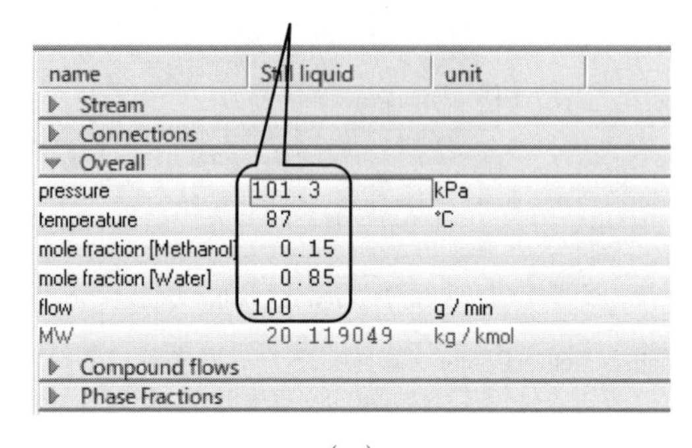

Stream	Still liquid
Pressure/[kPa]	101.3
Temperature/[°C]	87
Flow rate/[g/min]	100
Mole frac Methanol	0.15
Mole frac Water	0.85

（a）　　（b）

図 0.16　数値の設定と Stream report への反映

[†] Stream report は，設定値と計算値をユーザーから見やすくするためのものであり，この表を作成しないと設定や計算ができないわけではない。各例題で必ず作成するが，それは説明を視覚的にわかりやすくするためである。説明のとおり，この表の列は Stream であり，この設定は各 Stream をダブルクリック，あるいは右クリックの Edit / view streams で立ち上がる画面で設定する。

以上ですべて設定が完了したので，COFE メニューの Flowsheet/**Solve**† で計算が行われる。その結果，図 **0.17** の Stream report の結果が得られた。$R=2$ で流出液組成 $x_D=0.89$ となる。

Stream	Still liquid	2	Vapor feed	Distillate
Pressure/[kPa]	101.3	101.3	101.3	101.325
Temperature/[℃]	87	87.337	87.337	67.9789
Flow rate/[g/min]	100	12.049	12.049	5.47702
Mole frac Methanol	0.15	0.443886	0.443886	0.892684
Mole frac Water	0.85	0.556114	0.556114	0.107316

図 **0.17**　Stream report の計算結果

計算結果をさらに詳しく見るために，Column→**Show GUI** で ChemSep を再度立ち上げる。メニューの Results→Tables から蒸留塔内部の組成，温度分布の計算結果が表示できる（図 **0.18**）。Stage ごとの組成は平衡段（理論段）としての計算なので，液組成 x，蒸気組成 y 共に「その段を去る蒸気，液の組成」である。

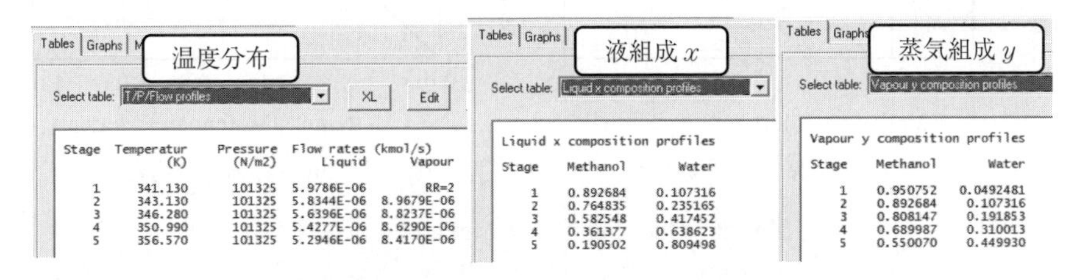

図 **0.18**　蒸留塔内部の組成，温度分布の計算結果

Results→Graphs から温度分布，気液組成分布がグラフ表示される（図 **0.19**）。図 **0.20** のように，Results→McCabe-Thiele から x, y の階段作図（**McCabe-Thiele** 図）が表示される。図（a）は還流比 $R=2$，図（b）は $R=1$ の結果を比較した。

【Excel 解法】（<COCO_00.xlsx>を参照）

COCO シミュレータによる計算と比較するため，成分物質収支式から蒸留

† 以降，COCO の実行については，Solve とだけ表記する。

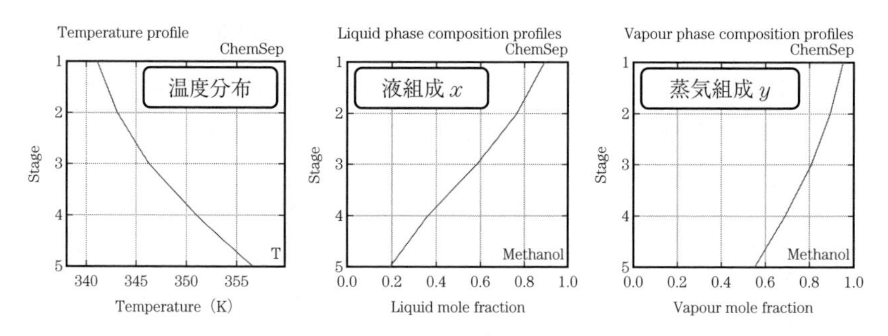

図 **0.19**　温度分布，気液組成分布のグラフ

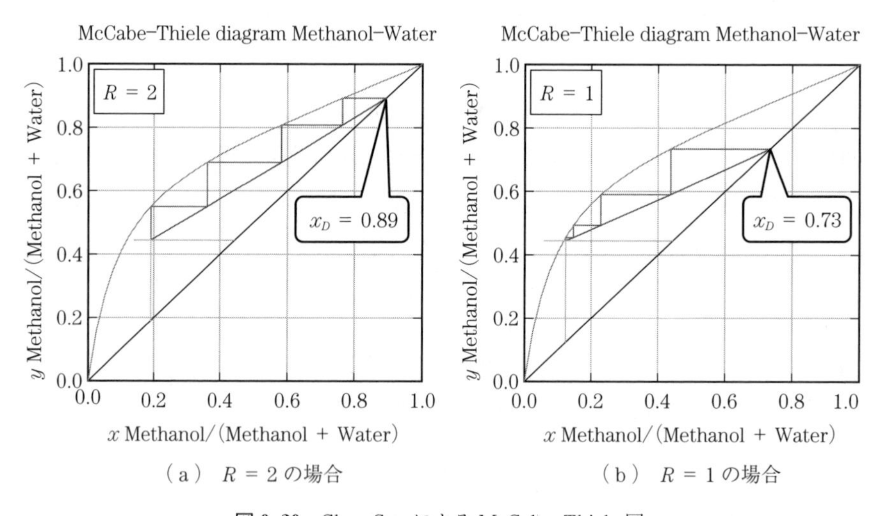

（a）$R = 2$ の場合　　（b）$R = 1$ の場合

図 **0.20**　ChemSep による McCabe–Thiele 図

塔内の気液組成を求める（**図 0.21**）。i 段を去る液濃度を x_i,，蒸気濃度を y_i とする。スチル液量は十分多量として，スチルから発生する平衡蒸気組成 z_F は一定（0.444）であると仮定する。蒸留塔の各段を理論段（平衡段）として，理論段の数（number of theoretical stages）が 4 の蒸留塔とする。各段を去る液組成（x_D, x_2, x_3, x_4, x_5）が 5 個の未知数であり，これらについて連立方程式をつくる。

図 0.21 の境界①について物質収支をとると

全物質収支：

$$V = D + L$$

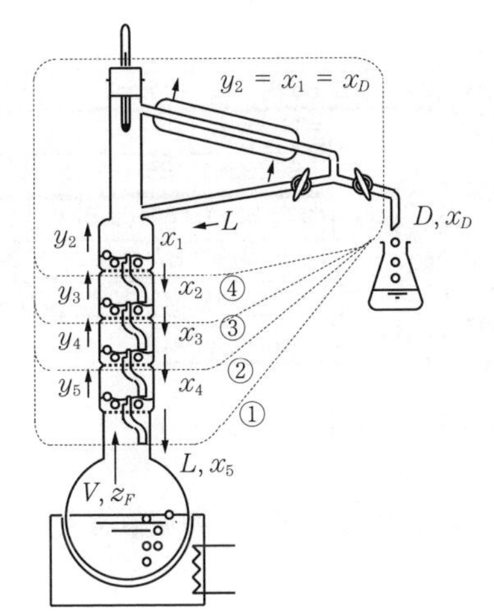

図 0.21　蒸留塔の物質収支式

第1成分（メタノール）の収支：

$$Vz_F = Dx_D + Lx_5$$

であり，還流比 R（$\equiv L/D$）を用いるとこれらより式(1)である。同様に塔頂から各段の下までの物質収支（②〜④）から，式(2)〜(4)である。さらに塔頂での関係より式(5)である。

$$\begin{cases} z_F = \dfrac{R}{R+1}x_5 + \dfrac{1}{R+1}x_D & (1) \\ y_5 = \dfrac{R}{R+1}x_4 + \dfrac{1}{R+1}x_D & (2) \\ y_4 = \dfrac{R}{R+1}x_3 + \dfrac{1}{R+1}x_D & (3) \\ y_3 = \dfrac{R}{R+1}x_2 + \dfrac{1}{R+1}x_D & (4) \\ y_2 = x_D & (5) \end{cases}$$

x_i-y_i 関係（気液平衡）は，図 0.7 に示した ChemSep の Wilson 式による気液平衡推算値を，比揮発度 $\alpha(x)$ で多項式相関し，次式で計算する（C5:D8）。

$$y_i = \frac{\alpha x_i}{1 + (\alpha - 1)x_i} \qquad (i = 2, 3, 4, 5)$$

図 0.22 にこの連立方程式(1)〜(5)の解法 Excel シートを示す。セル B1:B2

	A	B	C	D	E	F	G	H	I
1	zF=	0.444							
2	R=	2							
3			α(xi)	yi	Eqs				
4	xD=	0.905			3.48E−07 (5)				
5	x2=	0.789	2.54	0.905	−1.30E−06 (4)				
6	x3=	0.624	2.90	0.828	−1.30E−06 (3)				
7	x4=	0.411	3.64	0.718	−1.11E−06 (2)				
8	x5=	0.214	4.99	0.576	−3.60E−06 (1)				
9					1.769E−11				

=C5*B5/(1+(C5-1)*B5)
= -7.9982*B5^3 + 18.112*B5^2 - 15.73*B5 + 7.6029
=B4-D5
=(B2/(B2+1))*B5+(1/(B2+1))*B4-D6
=(B2/(B2+1))*B6+(1/(B2+1))*B4-D7
=(B2/(B2+1))*B7+(1/(B2+1))*B4-D8
=(B2/(B2+1))*B8+(1/(B2+1))*B4-B1
=SUMSQ(E4:E8)

図 0.22　連立方程式の解法 Excel シート

にパラメータ z_F, R を設定し，B4:B8 に変数の適当な初期値を入れる。C, D 列で x から y を計算する。E5:E8 に式(4)〜(1)，E4 に式(5)の残差（(右辺) − (左辺)）を書き，E9 でそれらの 2 乗和を求める。ツール→ソルバーで，目的セルの設定：E9，目標値：最小値，変数セルの範囲：B4:B8 として実行する†。

これで連立方程式が解かれ，B4:B8 が求める濃度となる。**図 0.23** のグラフに還流比 $R = 2$ と $R = 1$ における塔内組成分布を McCabe-Thiele 図で示す。ChemSep によるグラフ（図 0.20）と比較せよ。

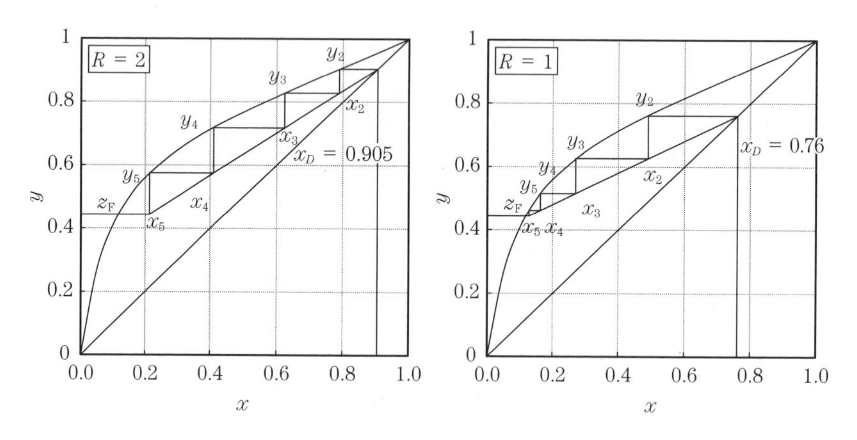

図 0.23　Excel 計算による McCabe-Thiele 図

† Excel 2016 の場合，ソルバーはファイル→オプション→アドイン→管理：Excel アドイン→設定から，□ソルバーアドイン をチェックして導入する。

1.2 COCO/ChemSep 活用法

1.2.1 物性値モデルの選択

化学プロセスシミュレータの主要な機能が物性値の推算である。物性値に関する最新の学問的成果が反映されており，多数の物性値推算モデルが組み込まれている。しかし計算しようとする対象の系，状態に対してどのモデルを選択すべきかはユーザーの判断に任されている。

表 1.a は本書において COCO/ChemSep 内蔵のモデルによる推算値と実測の物性データを比較したグラフのリストである。各モデルの特徴を知る参考となるであろう。

表 1.a 物性値データと物性値推算モデルを比較したグラフ

(蒸　留) メタノール/水系気液平衡	図 0.7	(p. 5)
(蒸　留) エタノール/水系気液平衡	図 5.a	(p. 67)
(PVT 関係) CO_2 の PVT	図 2.a	(p. 24)
(熱物性) 高温ガスの熱容量	図 1.8	(p. 28)
(調　湿) 水の蒸気圧	図 6.a	(p. 108)
(抽　出) 3 成分系の液液平衡	例題 20～22 付属の図	
(ガス吸収) 各種ガス/水系のヘンリー定数	図 8.a	(p. 136)

また，**表 1.b** に各例題で扱った系（混合物成分）ごとに，COCO で使用したモデルを示す。この表を基に各単位操作ごとの物性値モデル選択のヒントを以下に示す。

① **蒸　　留**：　蒸留計算に必要な気液平衡の推算では ChemSep からモデルを選ぶ。普通は**活量係数モデル**（Wilson, NRTL, Van Laar）を使う(**図 1.a**)。これらは系ごとのパラメータが必要であるが，内蔵データベースに所在があればそれを load して使える。パラメータのない系や成分の場合には，成分パラメータが不要の原子団寄与法による UNIFAC, ASOG, Modified UNIFAC を使う。高圧下（> 0.5 MPa）やガスを含む系の蒸留計算は，**EOS**（**状態方程式**）の Predictive SRK または Peng-Robinson を

表 1.b　例題で使用した物性値モデル一覧（TEA 以外はすべて ChemSep 内のモデル）

蒸　留	例題 12　エタノール/水系：K-value: DEHEMA/ Activity coefficient: Van Laar/ Vapor pressure: Antoine 例題 13　C4-C9 炭化水素系：Raoult's law/Antoine 例題 14　エタノール/ベンゼン系：Wilson/Extended Antoine 例題 15　エタノール/水/ベンゼン系：Prausnitz/Hayden O'Connel/UNIQUAC Q' 例題 36　水素/メタン/ベンゼン/トルエン：EOS/Predictive SRK 例題 37　水素/酸素/窒素/エチレン/酸化エチレン：EOS/Predictive SRK
ガス吸収	例題 23　エタノール蒸気/水系：EOS/Predictive SRK 例題 24　炭化水素ガス・蒸気/油系：EOS/Predictive SRK
抽　出	例題 20　酢酸/ベンゼン/水：K-value: Liquid-Liquid (gamma)/ Activity coefficient: Modified UNIFAC 例題 21　ベンゼン/ペンタン/スルホラン（同上） 例題 22　エタノール/水/エチルエーテル（同上） 例題 15　エタノール/水/ベンゼン：Liquid-Liquid (gamma)/UNIQUAC Q'
調　湿	例題 16～19　水/窒素系：Raoult's law/Extended Antoine
熱交換器	例題 8～11　TEA/Peng Robinson
反応工学	例題 25～32　TEA/Peng Robinson

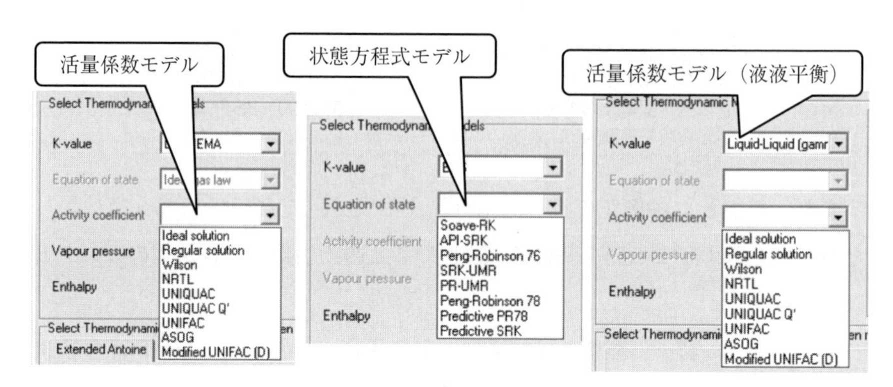

図 1.a　ChemSep の活量係数モデルと状態方程式（EOS）モデル

選択する。炭化水素混合物にはもともと SRK が推奨されている[S, p.54)]。さらに Predictive SRK は EOS の SRK モデルと原子団寄与法の UNIFAC を合体させたモデルで，極性成分を含む系の気液平衡推算にも有効である[S, p.67)]。

② **ガス吸収**：　ガスの液への溶解度（ヘンリー定数）は状態方程式系の

EOS/**Predictive SRK** で推算できる。

③ **抽　　出**：　液液平衡の推算は活量係数推算式による。K-value: Liquid-Liquid (gamma) から成分パラメータ不要の **Modified UNIFAC** が推奨される。

④ **調　　湿**：　水蒸気圧は **Extended Antoine** が精度がよい（図 6.a を参照）。

⑤ **熱交換器**：　相変化を含む熱交換器内の流体の物性値は，ChemSep ではなく COCO デフォルトの TEA を用い，その中の Model set: **Peng Robinson** を用いる（**図 1.b**）。

⑥ **反応工学**：　相変化がないかぎり気相反応，液相反応とも Thermodynamics は TEA/Peng Robinson でよい。

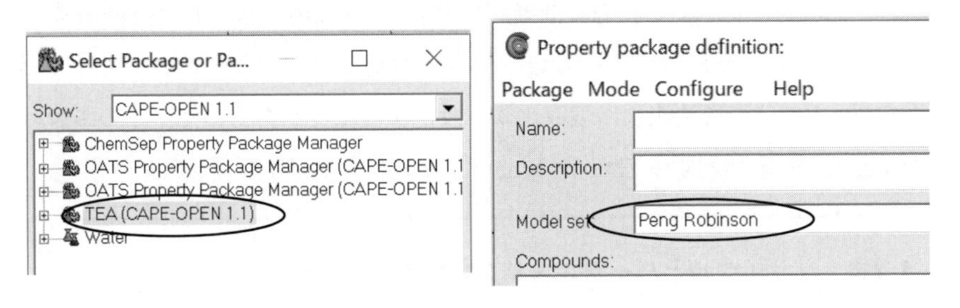

図 1.b　TEA/Peng Robinson の設定

1.2.2　フローシート全体の物性値モデルと Unit の物性値モデルの違い

COCO における物性値モデルの設定は，最初の Settings で設定する方法（Property packages）と，Flowsheet 作成後に Unit の Show GUI から ChemSep 上の Thermodynamics で設定する方法の 2 重になっている（**図 1.c**）。

普通は Settings で状態方程式の TEA/Peng Robinson を選択し，これが Flowsheet 中の全 Streams に適用される。その後 Unit の Show GUI で ChemSep を立ち上げて，その単位操作 Unit および成分に適切な Thermodynamics を選択する。複数 Unit のプロセスでは，個々の Unit ごとに異なる ChemSep

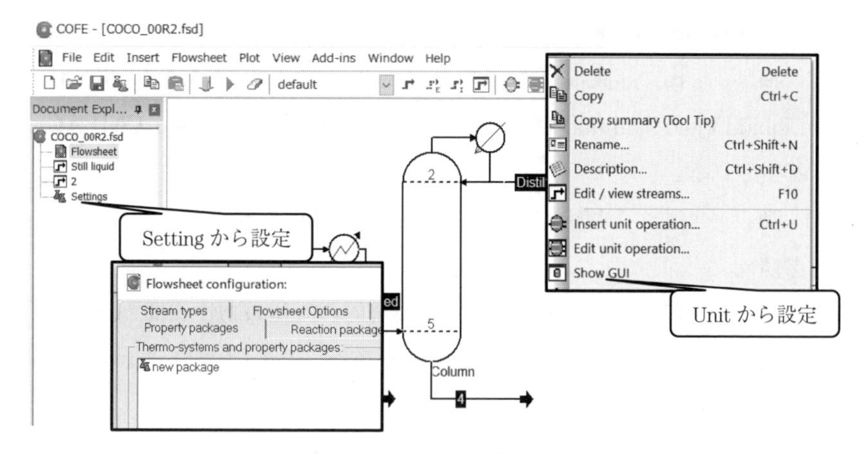

図 **1.c**　COCO における物性値モデルの設定

モデルを設定してもよい。特に抽出プロセス（Decanter）では，Stream 中で相分離するのを避けるため Settings と Unit は別に設定する。これに対して蒸留プロセスでは，供給流れに気液比 q を設定することがあるので，この場合は Settings と蒸留塔は同じ Thermodynamic モデルを設定する。

1.2.3　リサイクルとパージを含むプロセス

多くの化学プロセスでは未反応物，吸収液などの**リサイクル**流れがある。リサイクル流れには**パージ**を伴う場合と，パージのない完全リサイクルの 2 種類がある。COCO ではパージのあるリサイクルでは Unit の **Splitter** を使い，Split factor の設定でパージ割合を設定する（それ以外がリサイクル量となる，**図 1.d**）。本書の例題 7，36，38 にパージのあるリサイクルプロセスの例がある。

特定成分をプロセス内で完全にリサイクルする場合には，**MakeUpMixer** という特別な Unit を用いる。MakeUpMixer では，プロセス中の Recycle inlet, Recycle outlet flow を接続し，**リサイクル流量**（total recycle flow）を設定する。これに加えて Make up excess flow, Make up surplus flow を作成・接続し，Make up excess flow に適当な流量を設定する。excess flow は計算上の便

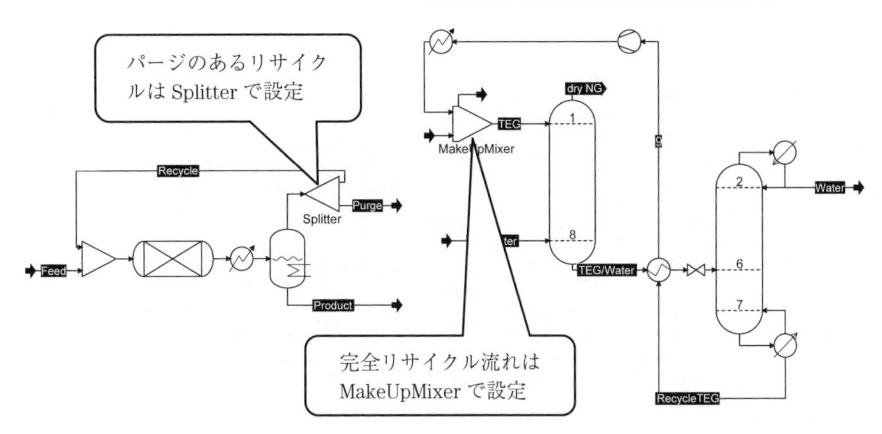

図 **1.d** COCO におけるリサイクル流れの例

宜のためであり，計算収束後は（excess flow）=（surplus flow）となってプロセスに影響しない。MakeUpMixer を使ったリサイクル流れの例は例題 15, 15a, 24a, 24b で示した。この完全リサイクルプロセスは計算を収束させるのが難しい。MakeUpMixer を設置する以前に，あらかじめ Recycle inlet, Recycle outlet 両流れの流量，条件をそろえておくのがコツである。

1.2.4 反応器モデルの選択

Insert unit operation を実行すると，Select Unit Operation の選択画面が開き，この画面の Reactors に 5 種類の反応器がある（**図 1.e**)。これらの特徴と各反応器を使用した例題は以下のようである。

① **CSTR**（continuous-stirred tank reactor，**連続槽型反応器**)： 流通を伴う**完全混合槽反応器**である。反応式（量論係数）と反応速度式を設定する。例題 25, 29 で使用する。

② EquilibriumReactor（**平衡反応器**)： 反応式と平衡定数を設定する。例題 6a で使用する。

③ FixedConversionReactor（**反応率反応器**)： 反応式と反応物の特定成分についての反応率（転化率）を設定する。例題 5, 7 で使用する。

④ GibbsReactor（**ギブス反応器**)： 関係成分（反応物，生成物）だけ指

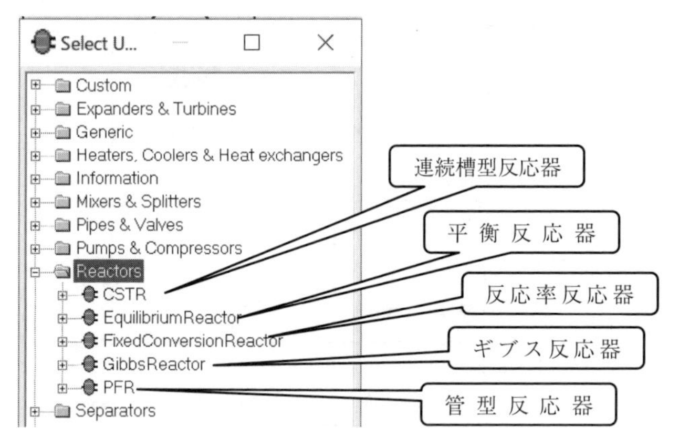

図 1.e　5 種類の反応器

定して，設定の温度・圧力条件での平衡組成を**ギブス**（Gibbs）**自由エネルギー最小化法**で計算する。例題 6, 6a, 38 で使用する。

⑤ **PFR**（plug-flow reactor，**管型反応器**）：　**押出し流れ**を仮定した反応器である。特別に流れ方向の積分計算が可能で，PFR 反応器内部の成分流量変化，温度変化などが計算できる。反応式と反応速度式を設定する。例題 27, 27a, 29a, 30, 31, 32, 36 で使用する。

なお，9 章冒頭にあるとおり，**回分反応器**（batch reactor，**BR**）は内蔵されていないのだが，PFR の空間時間を BR の反応時間に対応させることで，BR のシミュレーションも可能である[HA, p.50)]（例題 28)。また，**触媒層反応器**（packed bed reactor，**PBR**）のシミュレーションも PFR で行っている（例題 27a)。

Flowsheet でこれら反応器を使うためには，あらかじめ Document Explorer の Settings をクリックすると立ち上がる Flowsheet configuration から，反応の設定をする必要がある。Reaction packages タブ→Add→CORN Reaction Package Manager† を Select で New とすると，Flowsheet configuration のリストに “New Reaction Package” という名前が追加されるので，これを選択し

† 本書では，これのみ使用する。

て Edit とし[†]，Reactions タブにすると，**図 1.f** のように反応の諸設定のタブが出現する。反応器の種類により，必要のない設定は空欄でよい。ここで付けた反応の名前を Flowsheet 上の反応器 Unit で指定する。

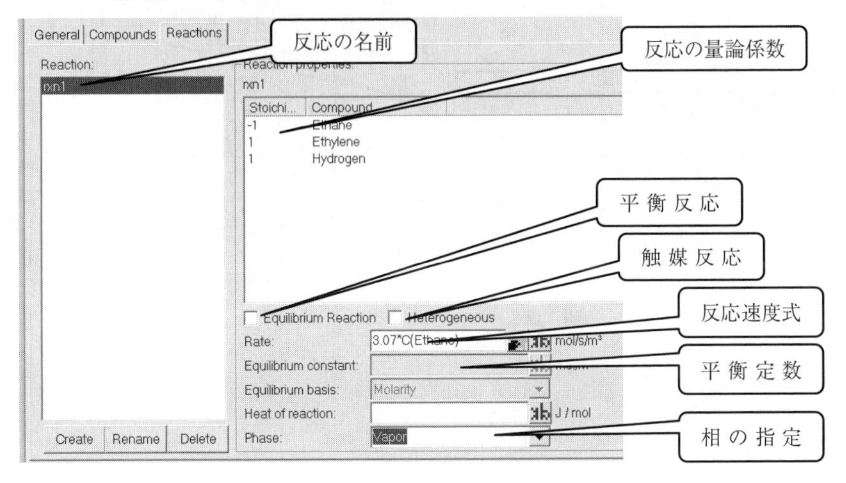

図 1.f　Flowsheet configuration/Reaction packages の Reactions タブ設定

1.2.5 Parametric Study

流量など操作条件を変化させた一連の計算が簡単にできるのが **Parametric Study** の機能である。Flowsheet メニュー→Parametric study から設定する (**図 1.g**)。Inputs タブで変化させる操作条件と変化値，Outputs タブで出力する値を指定する。具体例は例題 5, 6 に示す。

† この動作は Property packges と少し違っている。以降，具体的な例題の説明の際には，この辺の細かい動作手順は省く。なお，リストに表示されるこのデフォルト名は立ち上がる設定画面から簡単に修正できる。

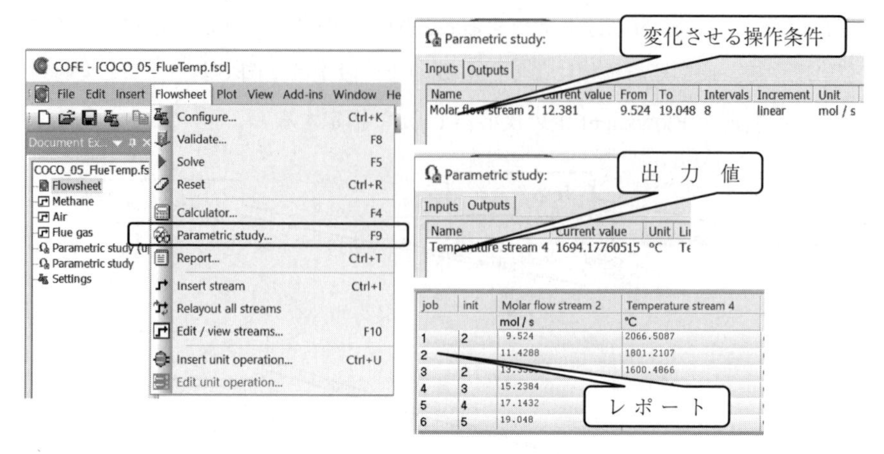

図 **1**.**g**　Parametric Study の使い方

2 気体の PVT と熱化学

化学工学課程のはじめで習得する化学工学量論，化学プロセス計算の範囲の例題を COCO で解く。状態方程式は物性値推算の基礎であり，化工計算で最初に手掛けるものである。次いで実在気体の PVT 計算とエンタルピーおよび反応熱の計算を行う。

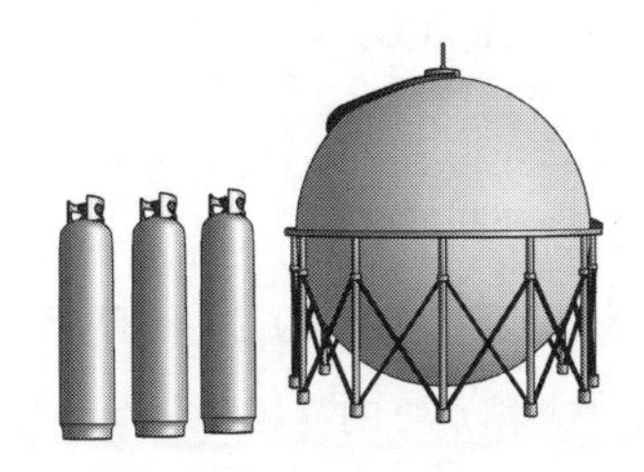

ボンベとガスタンク†

まず COCO の状態方程式（EOS）を見ておく。**図 2.a** は，CO_2 ガスの PVT 関係について，温度をパラメータにモル容積 $\widehat{V}$〔cm^3/mol〕と圧力 p〔MPa〕で示したものである。細実線が NIST の標準 PVT データ[NIST)]である。細破線が状態方程式の Peng Robinson 式による計算値である。CO_2 の臨界温度 T_c，臨界圧力 p_c，偏心因子 ω から計算する（Peng Robinson 式は COCO の Help に記載されている）。太破線が COCO による値である。気相（ガス）では COCO 標準の Peng Robinson モデルによる推算値とデータとの一致が良好である。

Peng Robinson 状態方程式は臨界定数から実在気体の PVT を求める最も使われている式であり，本書の例題解法でもほとんどは最初に Setting→Property packages: TEA→Peng Robinson を設定している。

† いくつかの章の冒頭に，その章の内容に関係するイラストを，このように掲載している。

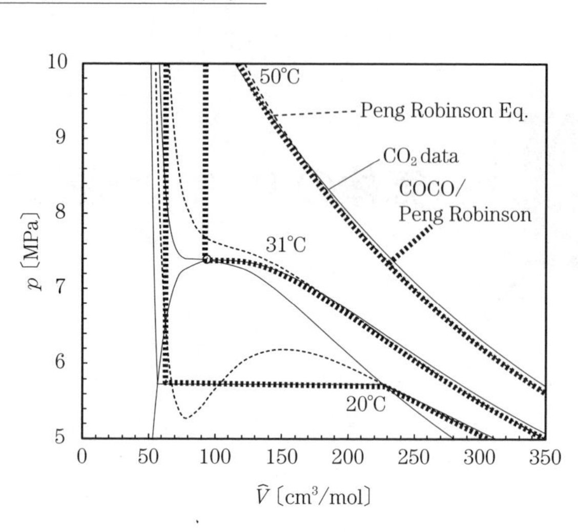

図 **2.a**　CO_2 の PVT

> **【例題 1】　気体の PVT**[IP, p.72)]
>
> (1)　(p から $\widehat{V}$) 温度 35℃ で容積 10 L の CO_2 ボンベの圧力が $p = 6.0$ MPa であった。モル容積から内容量を求めよ。
>
> (2)　($\widehat{V}$ から p) 温度 35℃ で容積 10 L のボンベ中に 0.71 kg のメタンがある。その圧力 p を求めよ。

【Excel 解法】　(<COCO_01_StateEq.xlsx>を参照)

Excel シートに**圧縮係数線図**（z **線図**，**図 1.1**）があり，これを使って計算する。

(1)　CO_2 の臨界定数より，問題条件の p_r, T_r はそれぞれ 0.81，1.01 である。図の z 線図より読み取ると，$z = 0.64$ である。これより

$$\widehat{V} = z\frac{RT}{p} = 0.64 \times \frac{8.314 \times 308}{6.0 \times 10^6} = 2.73 \times 10^{-4}\ \mathrm{m^3/mol}$$

$$= 273\ \mathrm{cm^3/mol}$$

となり，容積 10 L では $\underline{1.61\ \mathrm{kg\text{-}CO_2}}$ となる。

(2)　モル容積が

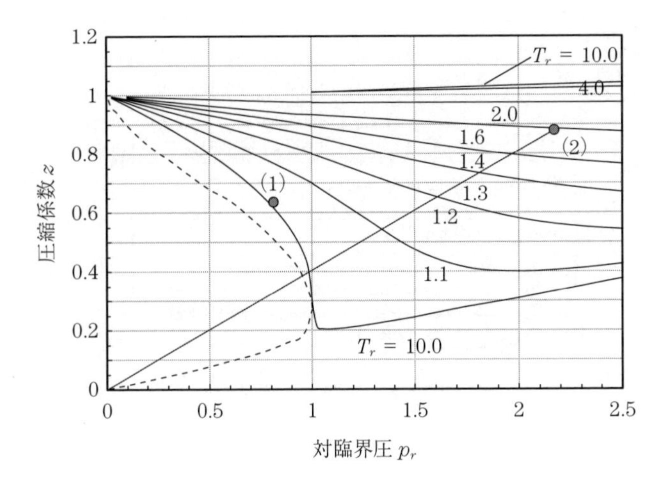

図 1.1　圧縮係数線図（z 線図）

$$\hat{V} = \frac{0.01\,\mathrm{m^3}}{710\,\mathrm{g}} \times 16\,\mathrm{g/mol} = 2.25 \times 10^{-4}\,\mathrm{m^3/mol}$$

である。$\hat{V} = z(RT/p_c)/(p/p_c)$ の関係を計算すると（$p_c = 4.6\,\mathrm{MPa}$，$z = 0.404 p_r$ となる。z 線図上でこの直線と $T_r = (273 + 35)/190.6 = 1.61$ の線との交点を求めると，$z = 0.88$ である。よって $\underline{p = 10.0\,\mathrm{MPa}}$。

【COCO 解法】　（<COCO_01_StateEq.fsd>† を参照）

(1)　**図 1.2** のように，Settings（左 Window）→Flowsheet configuration→Property packages→Add→TEA を Select して New する。

図 1.3 のように，TEA→Property Package Manager 画面で New するとTEA の設定画面が立ち上がるので，Name を入力し，Model set で Peng Robinson を選択。Compounds は Add で CO_2 と CH_4 を選択する。

なお，各成分の臨界定数など基本物性値は Flowsheet configuration の Compounds タブ→Info で確認できる（**図 1.4**）。“Assign property package to the

† 本書の付録として，Web にアップされた COCO ファイルを開く際，そのファイルで使用している Component date に関する警告ダイアログが出る場合があるが，No で回避する。Yes にすると library の場所を求められる。

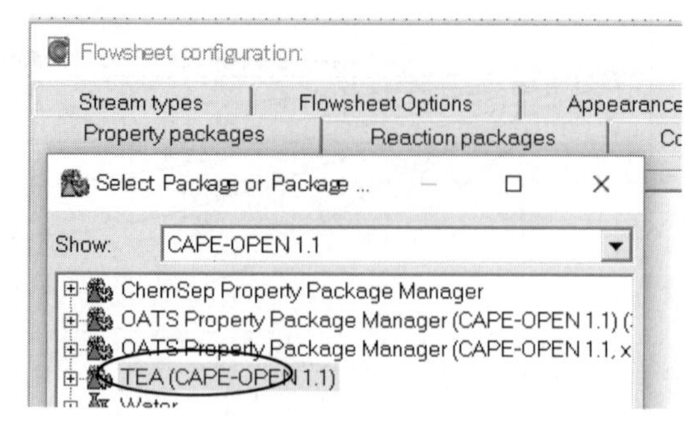

図 1.2　TEA の選択

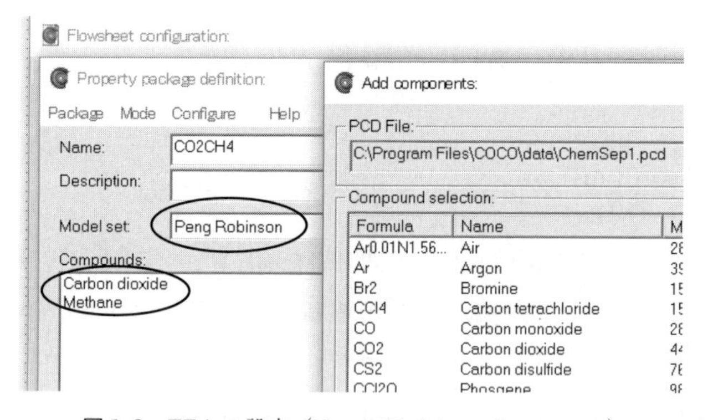

図 1.3　TEA の設定（Name, Model set, Compounds）

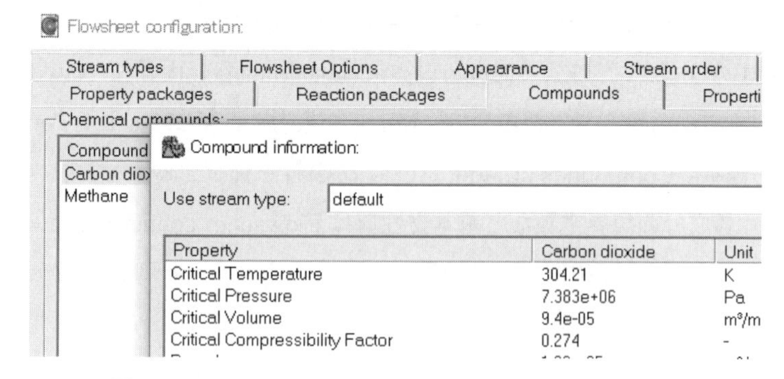

図 1.4　Flowsheet configuration の Compounds タブの info

default stream type?”というダイアログボックスに対しては“Yes”として，Flowsheet（左 Window）画面に戻る。Insert stream ボタン で Stream1 を作成する（**図 1.5**）。Flowsheet→Edit / View streams で Stream1 の成分，物性が表示される（**図 1.6**）。

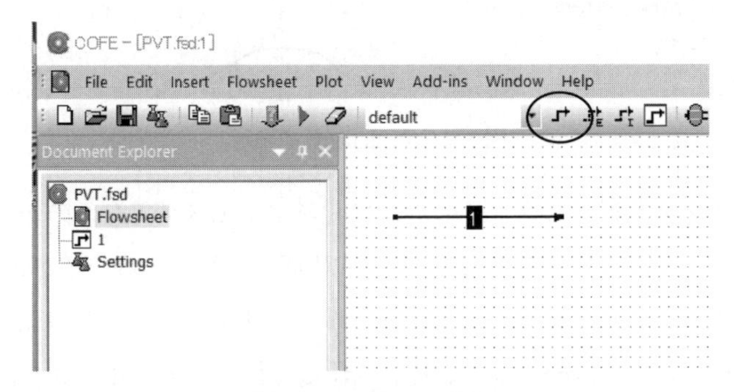

図 1.5 Stream1 の作成

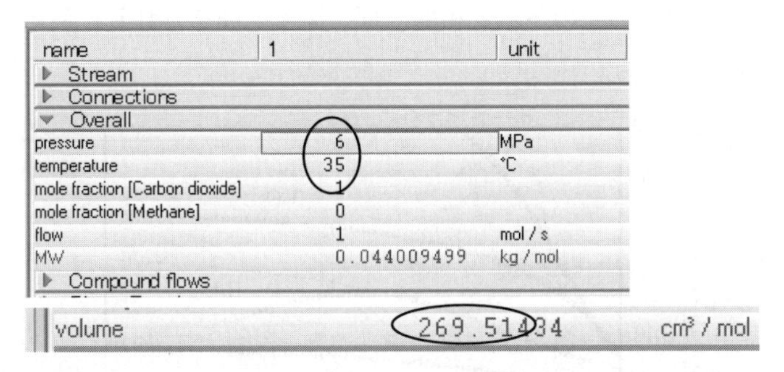

name	1	unit
▶ Stream		
▶ Connections		
▼ Overall		
pressure	6	MPa
temperature	35	°C
mole fraction [Carbon dioxide]	1	
mole fraction [Methane]	0	
flow	1	mol / s
MW	0.044009499	kg / mol
▶ Compound flows		
volume	269.51434	cm³ / mol

図 1.6 Edit / View streams で Stream1 の成分と物性を表示

pressure: 6 MPa, temperature: 35°C, mole fraction [Carbon dioxide]: 1 を設定すると volume 269.5 cm^3/mol が表示された。容積 10 L なので 37.2 mol ＝ 1.63 kg-CO_2 と求められた。

(2) 同じ Stream 1 view で mole fraction [Methane]を 1 に設定。0.71 kg-CH_4 ＝ 44.3 mol。10 L なのでモル容積 225.7 cm^3/mol である。volume がこの値になるよう pressure 値を試行する（**図 1.7**）。9.68 MPa が得られた。

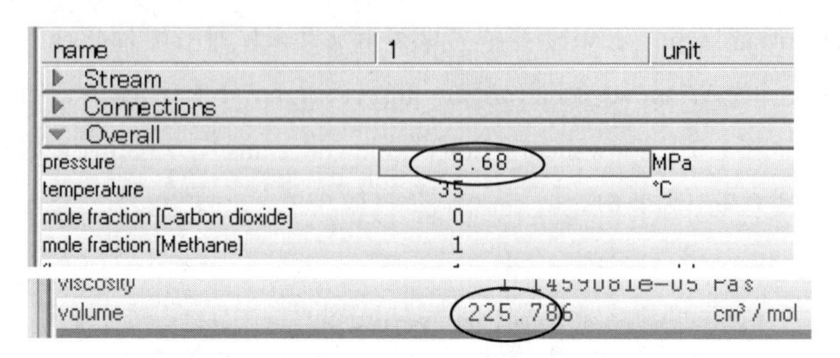

図 **1.7**　pressure 値の試行

気体のエンタルピー変化 ΔH の計算は化学プロセス計算全般の基本である。これまで ΔH の計算は熱容量 C_p の多項式相関式を積分する作業が必要であったが，シミュレータではその手間がスキップされる。例えば図 **1.8** は COCO で Stream の Vapor properties で表示される各種純ガスの熱容量 C_p（heatCapacityCp）を温度に対して示した。これと文献値[H, p.871)]を比較すると良好に一致している（従来の C_p の多項式相関式は，温度範囲を外れると使えないので注意が必要であった）。

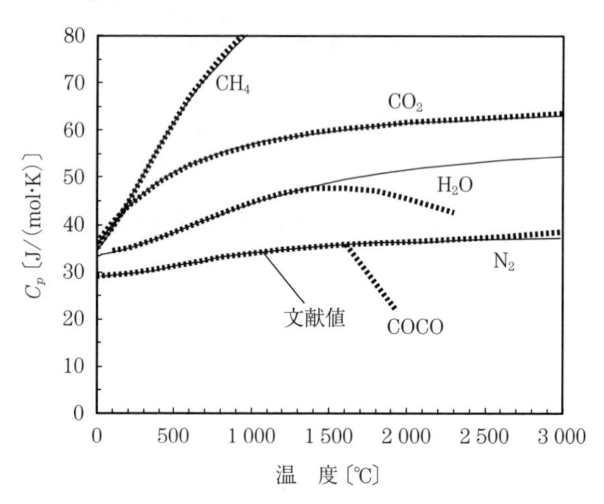

図 **1.8**　気体の熱容量

【例題 2】　混合ガスの冷却[IP, p.106)]

燃焼ガスの組成が N_2: 73.8%，O_2: 6.6%，H_2O: 13.1%，CO_2: 6.5% で

あった。この燃焼ガス 1 mol を 800℃ から 100℃ まで冷却するために必要な熱量 Q を求めよ。

【Excel 解法】 （＜COCO_02_Enthalpy.xlsx＞を参照）

図 2.1 の Excel シートで F5:I8 に物性値表から各気体の熱容量式の係数を記入する。J 列で温度 T_1～T_2 のエンタルピー変化を求める。物質量（K 列）を考慮して，L 列が各ガスのエンタルピー変化，L9 が混合ガスのエンタルピー変化で，これが冷却に必要な熱量 $Q = 23.3$ kJ である。

	A	B	C	D	E	F	G	H	I	J	K	L
1						Cp=a+bT+cT^2+dT^3 where Cp[J/(mol-K)] T in [K]						
2										ΔH^=		ΔH=
3			T1	T2						∫Cpdt	n	nΔH^
4			[°C]	[°C]	[	a	b	c	d	[J/mol]	[mol]	[kJ]
5		N_2	100	800		26.52	7.2E-03	-1.0E-06	-8.2E-11	21785	0.74	16.08
6		O_2	100	800		24.86	1.6E-02	-7.3E-06	1.2E-09	23024	0.07	1.52
7		H_2O	100	800		29.73	1.0E-02	2.4E-06	-1.2E-09	26550	0.13	3.48
8		CO_2	100	800		24.87	5.0E-02	-2.4E-05	4.1E-09	34329	0.07	2.23
9												23.31

$$= a(T_2[\mathrm{K}] - T_1[\mathrm{K}]) + (b/2)(T_2^2 - T_1^2) + (c/3)(T_2^3 - T_1^3) + (d/4)(T_2^4 - T_1^4)$$

図 2.1 混合ガスの冷却に必要な熱量の Excel 計算

【COCO 解法】 （＜COCO_02_Enthalpy.fsd＞を参照）

Settings→Flowsheet configuration→Property packages→Add→TEA を Select して New で出てくる設定画面で 4 成分を指定して保存し，Flowsheet 画面に戻り，Stream1, 2 と Select Unit Operation から HeaterCooler を選択して配置，それらを接続してプロセスを構成する（**図 2.2**）。Stream1 をダブルクリックして Stream 1 View で条件，組成を設定する。流量は 1 mol/s とした（**図 2.3**）。

Flowsheet に戻り HeaterCooler_1 を右クリック→Edit unit operation→Edit タブで Outlet temperature を 100℃ に設定（**図 2.4**）。Flowsheet に戻り Solve する。再度 HeaterCooler_1→Edit unit operation に Heat duty が出ている。冷却量は -23.2 kW（= kJ/s）である。

File Edit Insert Flowsheet Plot View Add-ins Window Help
default
Document ...
COCO_02_Enthalpy.fs
Flowsheet
1
2
1, 2
Settings
1
2
HeaterCooler

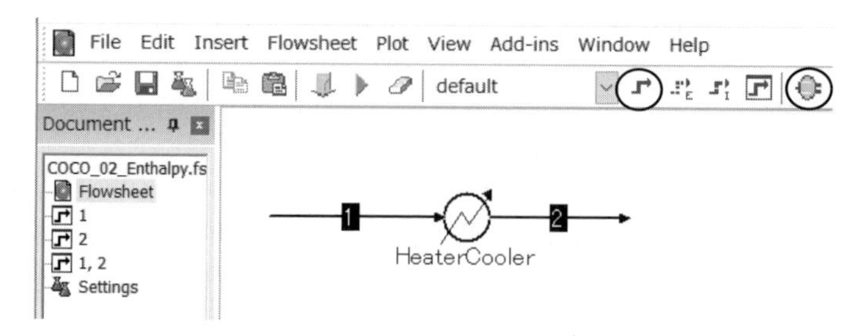

図 **2.2**　Stream と Unit の配置によるプロセスの構成

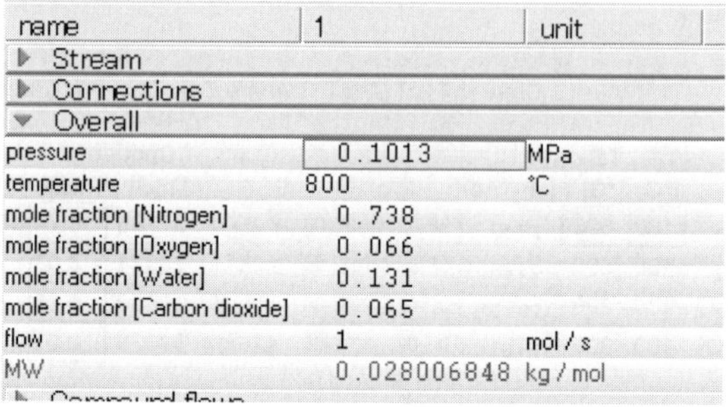

name
1
unit
Stream
Connections
Overall
pressure
0.1013
MPa
temperature
800
℃
mole fraction [Nitrogen]
0.738
mole fraction [Oxygen]
0.066
mole fraction [Water]
0.131
mole fraction [Carbon dioxide]
0.065
flow
1
mol / s
MW
0.028006848
kg / mol

図 **2.3**　Stream1 view による条件と組成の設定

default
Document ...
COCO_02_Enthalpy.fs
Flowsheet
1
2
1, 2
Settings
1
2
HeaterCooler
Unit operation HeaterCooler:
Name
Status
Edit
Balance
Ports
Info
Parameter
Value
Unit
Type
Temperature
Outlet temperature
100
℃
Heat duty
-23.235388577
kW

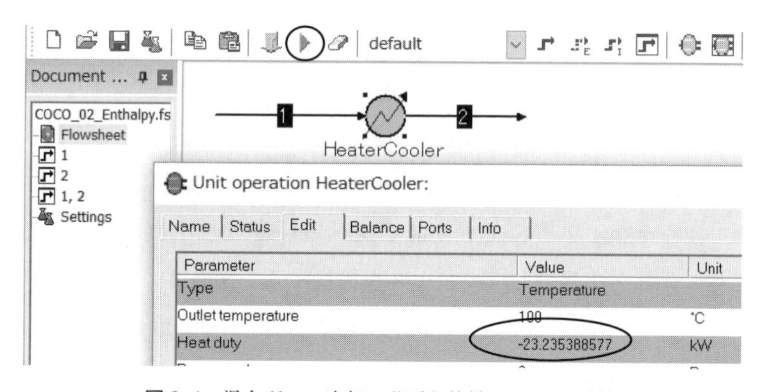

図 **2.4**　混合ガスの冷却に必要な熱量の COCO 計算

【例題 3】　相変化を伴う加熱[IP, p.107)]

大気圧下で 0℃ の水 1 mol を 200℃ の蒸気にする際の加熱量を求めよ。

【電卓計算】 水の熱容量：$C_{pm} = 75.3$ J/(mol·K)，蒸発潜熱 $\Delta\widehat{H}_{蒸発} = 40\,635$ J/mol，水蒸気の熱容量 $C_{pm} = 33.9$ J/(mol·K) として次式で求められる。

$$\Delta H = 75.3 \times 100 + 40\,635 + 33.9 \times 100 \text{ J} = \underline{51.6 \text{ kJ}}$$

【COCO 解法】（<COCO_03_Evapo.fsd>を参照）

例題 2 と同じ Flowsheet で成分を水のみにする。Stream1 の温度を 0℃ に，HeaterCooler_1 の Show GUI で設定画面を表示させ，Heater / Cooler タブで，Outlet temperature を 200℃ に設定して Solve ▶ する（**図 3.1**）。再度 HeaterCooler の Edit unit operation を見ると，Heat duty として加熱量 <u>53.7 kW（= kJ/s）</u>が得られた。

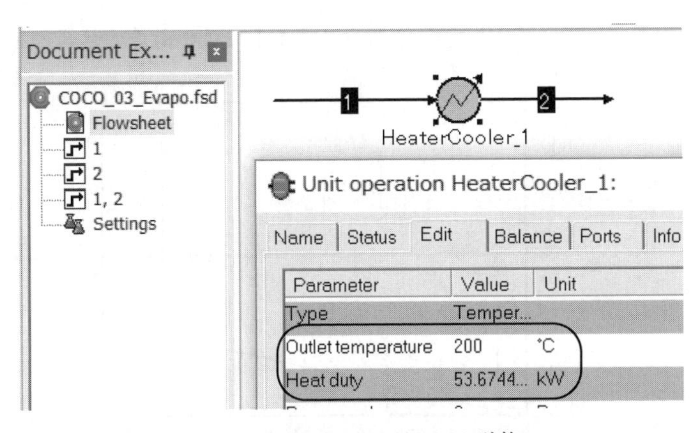

図 3.1 HeaterCooler の COCO 計算

【例題 4】 改質反応の反応熱（反応率反応器 Fixed conversion reactor） [IP, p.119]

メタンの水蒸気改質により水素を製造する反応は

$$CH_4(g) + H_2O(g) \rightarrow CO(g) + 3H_2(g), \qquad \Delta_r H^\circ_{298} = 205.9 \text{ kJ}$$

の吸熱反応である。この反応を 1 000℃ に保つために加えるべき熱量を求めよ。

【Excel 解法】（<COCO_04_RxnHeat.xlsx>を参照）

1 000℃における反応熱 $\Delta_r H^\circ_{1273}$ 分の熱を補給しなくてはならない。$\Delta_r H^\circ_{298}$ = 205.9 kJ に反応，生成ガスの温度変化：

$$(\Delta H_P - \Delta H_R)$$

$$= \left(1\,\text{mol} \times \int_{25}^{1\,000} C_{p\text{CO}} dT + 3 \times \int_{25}^{1\,000} C_{p\text{H}_2} dT\right)$$

$$- \left(1 \times \int_{25}^{1\,000} C_{p\text{CH}_4} dT + 1 \times \int_{25}^{1\,000} C_{p\text{H}_2\text{O}} dT\right)$$

$$= (118.46) - (97.1) = 21.4\,\text{kJ}$$

を考慮する。よって，$\Delta_r H^\circ_{1273} = 21.4 + 205.9 = 227.3$ kJ（吸熱）であり，反応を 1 000℃に保つために加えるべき熱量は CH_4 1 mol 当り 227 kJ である。これがすなわち 1 000℃での反応熱である。**図 4.1** にこの計算の仕組みを示す。

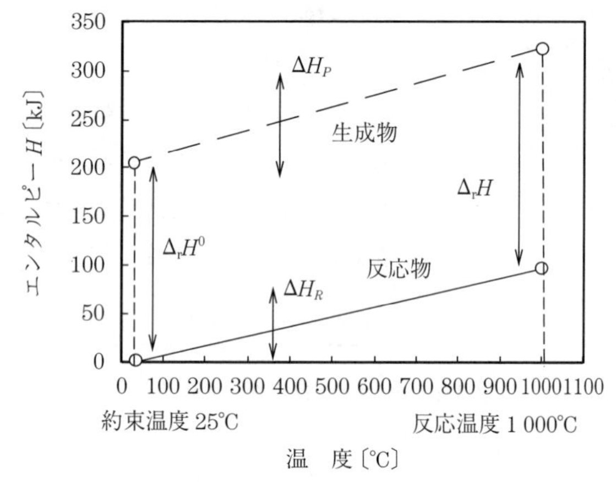

図 4.1　反応率反応器による改質反応の反応熱

【COCO 解法】（<COCO_04_RxnHeat.fsd>を参照）

Settings→Flowsheet configuration→Property packages→Add→TEA を Select で New とし，設定画面で Model set: Peng Robinson として Compounds の Add で 4 成分を指定する（**図 4.2**）。

同じく Flowsheet configuration で Reaction package タブ→Add→CORN

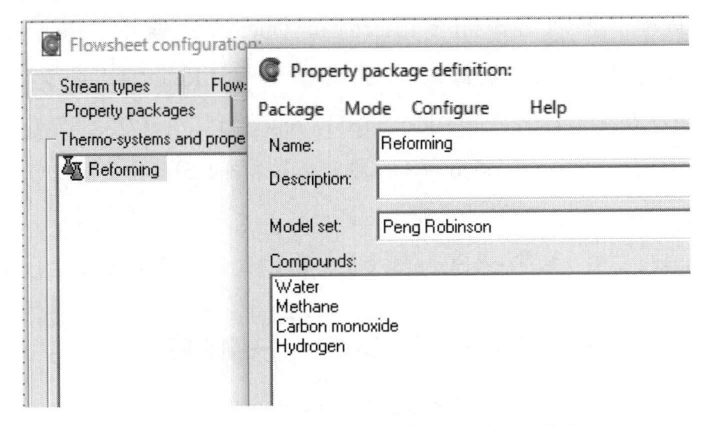

図 4.2 Settings/Property packages/TEA の設定

Reaction Package Manger を Select して New とし，Flowsheet configuration 画面のリストに“New Reaction Package”が追加されるので，これを選択して Edit する†。Creneral タブで名前 rxn1 を入力し，Reactions タブ→Stoichiometry などを**図 4.3** のように設定する。

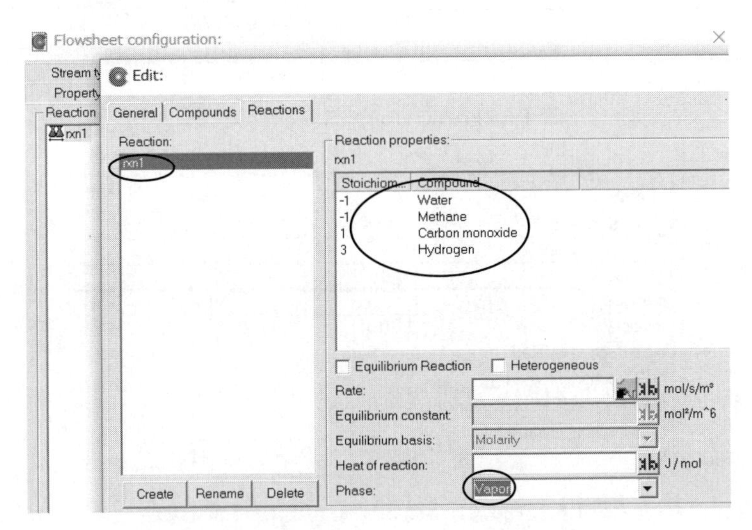

図 4.3 Settings/Reaction packages/CORN の設定

† 以降，この手順を詳細には記さないが，Reaction Package Manger ではこの操作を繰り返すことになる。

Flowsheet に戻って Stream と Insert Unit Operation から Reactors/FixedConversionReactor を配置する（図 **4.4**）[†]。その Reactor で右クリック→ShowGUI→Reactions タブで Add→Specify reaction になるので，先の rxn1 を選択→Methane の Conversion = 1 を設定する（図 **4.5**）。すぐ横の Operation タブで Isothermal: 1 273 K を設定する。

Flowsheet に戻って Feed Stream で反応物 CH_4, H_2 の流量と温度 1 000℃ を

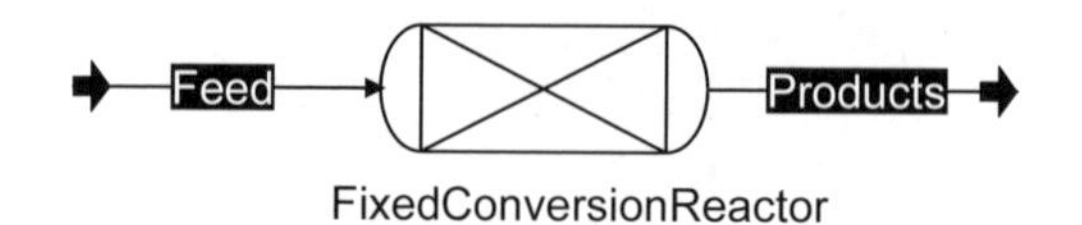

図 **4.4**　FixedConversionReactor の配置

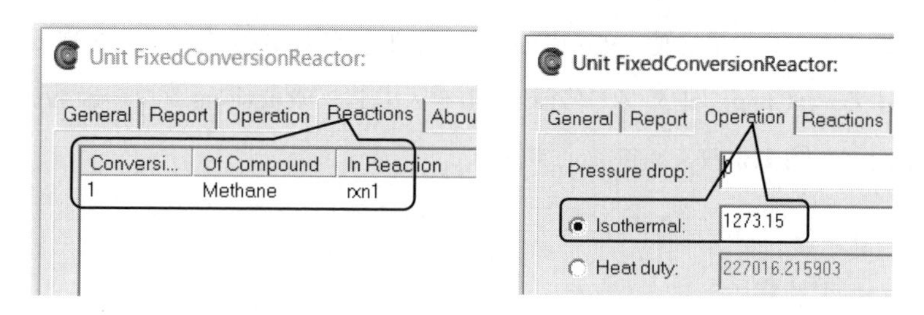

図 **4.5**　FixedConversionReactor の設定

name	1	unit
▶ Stream		
▶ Connections		
▼ Overall		
pressure	3	MPa
temperature	1000	℃
mole fraction [Water]	0.5	
mole fraction [Methane]	0.5	
mole fraction [Carbon monoxide]	0	
mole fraction [Hydrogen]	0	
flow	2	mol / s

図 **4.6**　Feed で反応物 CH_4, H_2 の流量と温度を設定

† ここで，“Assign reaction package “rxn1” to unit operation “FixedConversionReactor_1” ?”というダイアログボックスが出るので，“はい” で進める。

設定して Solve ▶ する（図 **4.6**）。再度 Reactor の Edit unit operation を開くと Heat duty: 227 kW（= kJ/s）が表示されているので，1 000°C での反応熱は 227 kJ/mol である（図 **4.7**）。

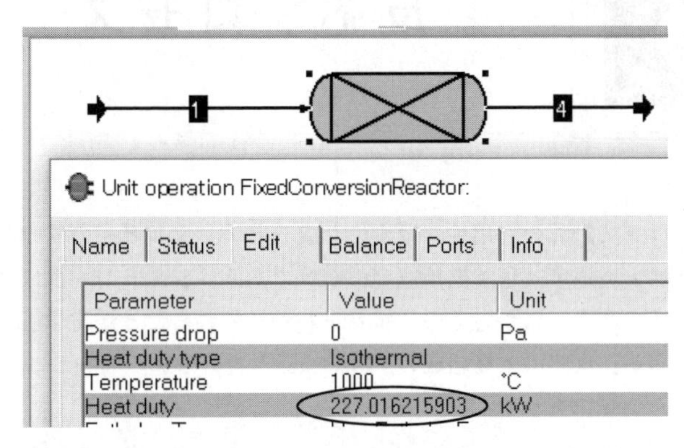

図 **4.7** 反応率反応器による改質反応の反応熱の COCO 計算

反応プロセス

化学プロセス計算の有用性を示すのが成分とエンタルピーの同時収支問題である**断熱火炎温度**，**理論燃焼温度**の計算である。シミュレータによりこの計算も容易である。しかしその仕組みをわかっていることが化学工学技術者の資格である。反応の平衡組成の計算およびリサイクル・パージプロセスのシミュレーションも示す。

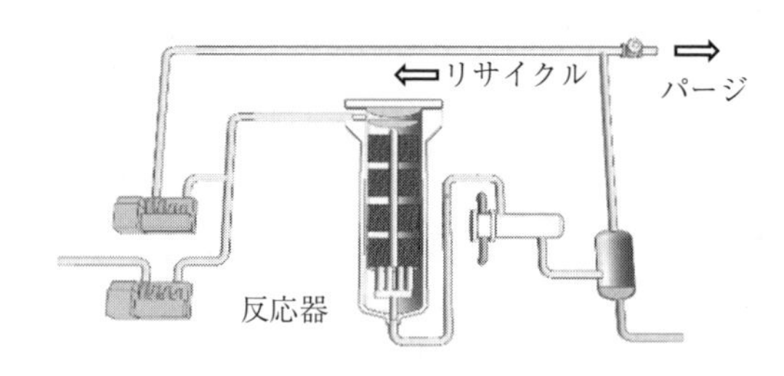

リサイクル・パージプロセス

【例題 5】 燃焼ガス温度（反応率反応器 Fixed conversion reactor）[IP, p.139]

25℃でメタンCH_4を30％過剰空気で燃焼するとき，燃焼ガス温度Tを求めよ（図**5.1**）。30％過剰空気の条件はCH_4 1 molに対して供給空気12.38 molである。

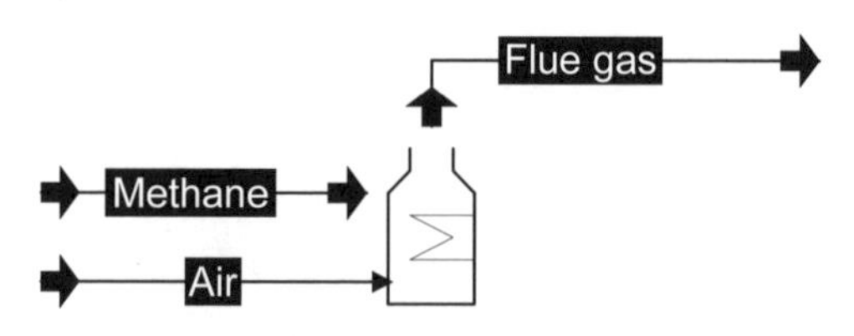

図**5.1** 反応率反応器による燃焼ガス温度計算のプロセス

【Excel 解法】（<COCO_05_FlueTemp.xlsx>を参照）

燃焼ガスの物質量 n_i が**図 5.2** の Excel シートの L5:L8 である。全エンタルピー変化の M9 セルがメタンの燃焼熱 802.3 kJ/mol と等しくなる T_2 を Excel のゴールシークで求める。$T_2 = 1\,692$℃ となる。

過剰空気率と**理論燃焼ガス温度**の関係を**図 5.3** のグラフ中の実線で示す。

	AB	C	D	E	F	G	H	I	J	K	L	M
1										理論酸素	2	mol
2										過剰空気	0.3	
3			T1	T2		Cp at T2				∫Cpdt	n	ΔH=n∫
4			[℃]	[℃]		a	b	c	d	[J/mol]	[mol]	[kJ]
5		CO_2	25	1691.8		24.9	4.96E-02	-2.40E-05	4.05E-09	89430	1	89.4
6		H_2O	25	1691.8		29.7	1.02E-02	2.44E-06	-1.18E-09	70534	2	141.1
7		N_2	25	1691.8		26.5	7.23E-03	-1.04E-06	-8.17E-11	54909	9.781	537.1
8		O_2	25	1691.8		24.9	1.60E-02	-7.26E-06	1.25E-09	57891	0.600	34.7
9												802.3

図 5.2 理論燃焼ガス温度の Excel 計算

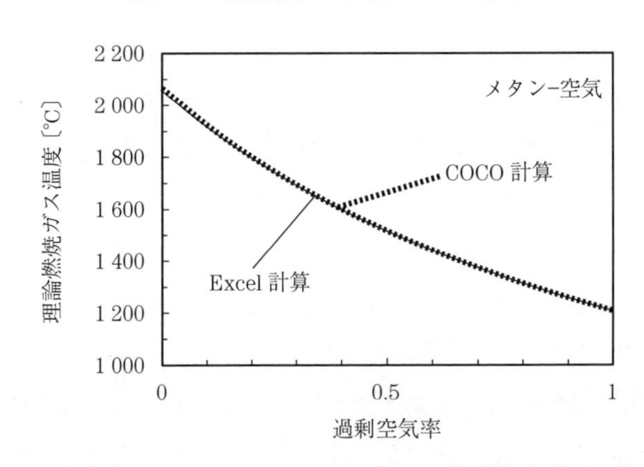

図 5.3 過剰空気率に対するメタンの理論燃焼ガス温度

【COCO 解法】（<COCO_05_FlueTemp.fsd>を参照）

Settings→Flowsheet configuration→Property packages→Add→TEA を Select で New とし，設定画面で Model set: Peng Robinson とし，Compounds の Add で Methane 含む 5 成分を指定する。

Reaction packages タブ→Add から CORN Reaction Package Manger を

Select で New とし，設定画面の General タブで，名前 rxn1 を入力し，Reaction タブの Reaction properties で Stoichiometry などを**図 5.4** のように設定する。

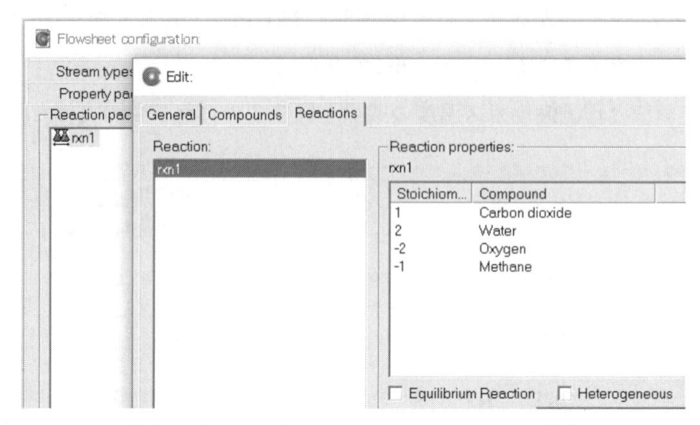

図 5.4　Settings/Property paclcages/TEA の設定

Flowsheet に戻って Stream と Insert unit operation から Reactors/FixedConversionReactor（反応率反応器）を配置する（**図 5.5**(a)）。

その Reactor で右クリック→ShowGUI→Reactions タブで Add→Specify reaction になるので，先の rxn1 を選択→Methane の Conversion = 1 を設定する。Operation タブで Heat duty: 0 を設定する。

Insert→Stream report から図(b)のように各 Stream の温度，成分流量を構成する。成分流量を表のように設定して Solve すると，表のように燃焼ガス（Flue gas）の温度が 1 694℃ と求められた。

この例題で，過剰空気率を変えたシミュレーション法を紹介する。Flowsheet→Parametric study の画面から Inputs で Air 流量の変化範囲を指定する（過剰空気率 0～1，**図 5.6**(a)）。Outputs で Flue gas 温度を指定する（図(b)）。OK すると**図 5.7** のようにパラメータを変えた計算結果が示される。図 5.3 中にこの結果を Excel 計算と比較して示す。

反応の平衡定数および平衡組成の計算は物理化学の一つの目標である。シミュレータでこの計算も容易となる。しかし以下に示すようにすでにブラック

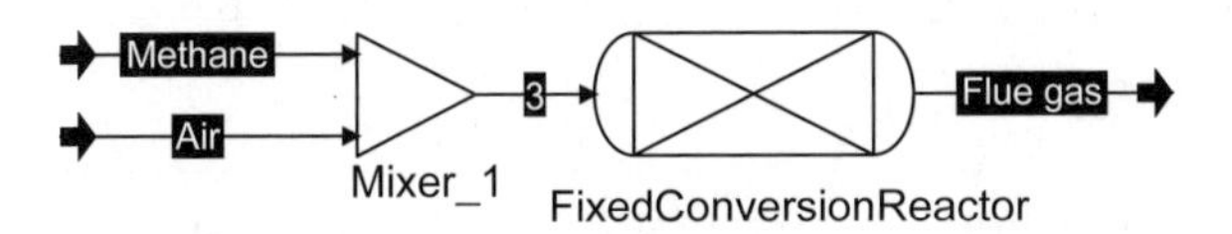

（a） プロセスの構成

Stream	Methane	Air	Flue gas
Temperature/[°C]	25	25	1694.18
Flow rate/[mol/s]	1	12.381	13.381
Flow Methane/[mol/s]	1	0	0
Flow Oxygen/[mol/s]	0	2.60001	0.60001
Flow Nitrogen/[mol/s]	0	9.78099	9.78099
Flow Carbon dioxide/[mol/s]	0	0	1
Flow Water/[mol/s]	0	0	2

（b） Stream report の作成

図 **5.5** 反応率反応器による燃焼ガス温度の COCO 計算

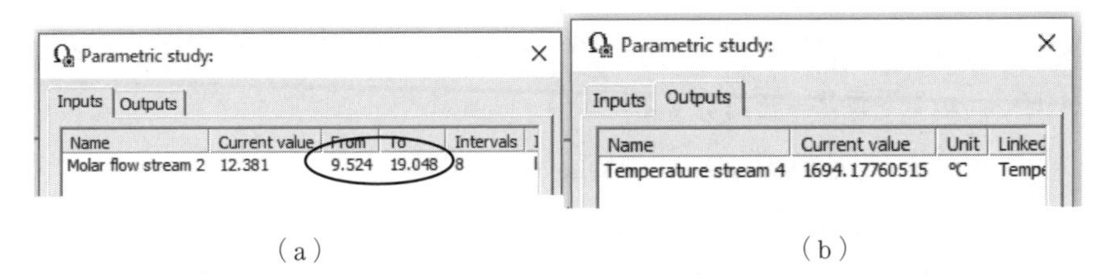

（a） （b）

図 **5.6** Parametric study の Inputs/Outputs 設定

job	init	Molar flow stream 2	Temperature stream 4	Status
		mol / s	°C	
1	2	9.524	2066.2158	OK
2	3	10.7145	1891.1931	OK
3		11.905	1745.7687	OK
4	3	13.0955	1622.6217	OK
5	4	14.286	1516.7567	OK
6	5	15.4765	1424.6253	OK
7	6	16.667	1343.6226	OK
8	7	17.8575	1271.7837	OK
9	8	19.048	1207.5937	OK

図 **5.7** Parametric study の計算結果

ボックス化しているかもしれない。Excel解法で示したような原理を知っていることが重要である。

【例題 6】 平衡組成（ギブス反応器 Gibbs reactor）[IP, p.129]

図 6.1 のような，アンモニア合成反応（$N_2 + 3H_2 \rightarrow 2NH_3$）の 773 K における**平衡定数** K_{773} を求めよ。その平衡定数から原料の物質量が N_2: 1 mol，H_2: 3 mol として，圧力 $p = 10.0$ MPa における H_2 の**平衡反応率** x と**平衡組成**を求めよ。

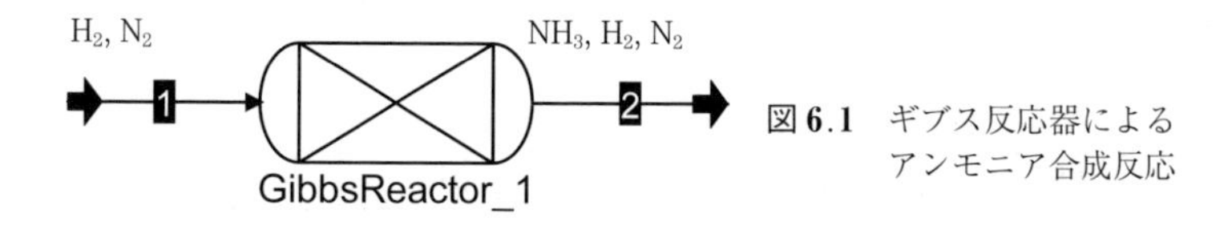

図 6.1　ギブス反応器によるアンモニア合成反応

【Excel 解法】（<COCO_06_GibbsReactor.xlsx>を参照）

図 6.2 の Excel シートの 2〜10 行が各成分の化学量論係数 ν_i と物性値である。指定温度 T が C4 である。C5, C6 で約束温度（298 K）の標準反応エンタルピー，エントロピーを計算する。

$$\Delta_r \widehat{H}^\circ_{298} = \sum \nu_i \Delta_f \widehat{H}^\circ_{298,i}, \qquad \Delta_r S^\circ_{298} = \sum \nu_i \widehat{S}^\circ_{298,i}$$

反応各成分の C_{pi} 多項式の係数 a_i, b_i, c_i, d_i の総和 a, b, c, d を求めておく（C7: C10)。指定温度 T での反応エンタルピー，エントロピーを次式で計算する（C13, C14)。

$$\Delta_r \widehat{H}^\circ_T = \Delta_r \widehat{H}^\circ_{298} + \int_{298}^{T} \Delta C_p dT, \qquad \Delta_r S^\circ_T = \Delta_r S^\circ_{298} + \int_{298}^{T} \frac{\Delta C_p}{T} dT$$

標準反応ギブスエネルギー $\Delta_r G^\circ_T$ を求める（C15)。

$$\Delta_r G^\circ_{773} = \Delta_r \widehat{H}^\circ_{773} - T \Delta_r S^\circ_{773} = 71.0 \text{ kJ/mol}$$

平衡定数（圧平衡定数）K_{773} が次式で求められる（C18)。

$$\Delta_r G^\circ_{773} = -RT \ln K_{773} \qquad \therefore \quad \underline{K_{773} = 1.59 \times 10^{-5}}$$

平衡反応率 x は非線形方程式：

	A	B	C	D	E	F
1	【平衡定数】		ΣνX	N2	H2	NH3
2	量論係数ν			−1	−3	2
3	T0 約束温度	K	298	298	298	298
4	T	K	773	773	773	773
5	ΔrH°(T0), ΔfH°	kJ/mol	−92.22	0	0	−46.11
6	ΔrS°(T0), S°	J/K-mol	−198.762	191.61	130.68	192.45
7	ΔCp, Cp=a+bT+cT^2+d	a	−61.09	28.9	29.11	27.57
8	T in K	b	0.05853	-1.57E-03	-1.92E-03	2.56E-02
9		c	-2.6E-07	8.08E-06	4.00E-06	9.91E-06
10		d	-7.9E-09	-2.87E-09	-8.70E-10	-6.69E-09
11		∫ΔCpdT	-14857.2	14250.4	13843.5	20461.8
12		∫(ΔCp/T)	−31.64	28.44	27.73	39.99
13	ΔrH°(T)=ΔrH°(T0)+∫Δ	kJ/mol	−107.08			
14	ΔrS°(T)=∫(ΔCp/T)dT	J/K-mol	−230.4			
15	ΔrG°(T)=ΔrH°(T)−TΔr	kJ/mol	71.0			
16	R	J/K-mol	8.3145			
17	ln K(T)=−ΔG°(T)/RT		−11.0508			
18	K(T)		1.59E−05			

図 6.2 アンモニア合成反応における平衡定数，および H_2 の平衡反応率と平衡組成の Excel 計算

$$K=\prod\left(\frac{p_i}{p_0}\right)^{\nu_i}=\frac{(p_{NH_3}/p_0)^2}{(p_{N_2}/p_0)(p_{H_2}/p_0)^3}=\frac{(2x)^2\{2x+4(1-x)\}^2}{(1-x)\{3(1-x)\}^3}\left(\frac{p}{p_0}\right)^{-2}$$

をゴールシークで解くことで求められる（C22）。773 K, 10 MPa での平衡反応率は 0.188，平衡組成は $N_2：H_2：NH_3=0.224：0.672：0.104$ と求められた（図 **6.3**）。

	A	B	C	D	E	F
20	【平衡反応率】			N2	H2	NH3
21	原料	mol		1	3	0
22	反応率 x		0.1882511			
23	平衡時物質量	mol	3.6234977	0.8117	2.4352	0.3765
24	モル分率 yi			0.2240	0.6721	0.1039
25	全圧 p	MPa	10			
26	分圧 pi=p*yi	MPa		2.2402	6.7207	1.0391
27	標準圧力 p0	MPa	0.1			
28	方程式 K=Π(pi/p0)^νi		4.81E−05	=(F26/C27)^(F2)*(D26/C27)^D2*(E26/C27)^E2/C18−1		
29						

図 6.3 Excel 計算（つづき）

この Excel シートを用いて圧力条件（5～25 MPa）と温度（473 K, 673 K, 773 K）を変えて求めた平衡反応率を図 **6.4** のグラフ（細実線）に示す。

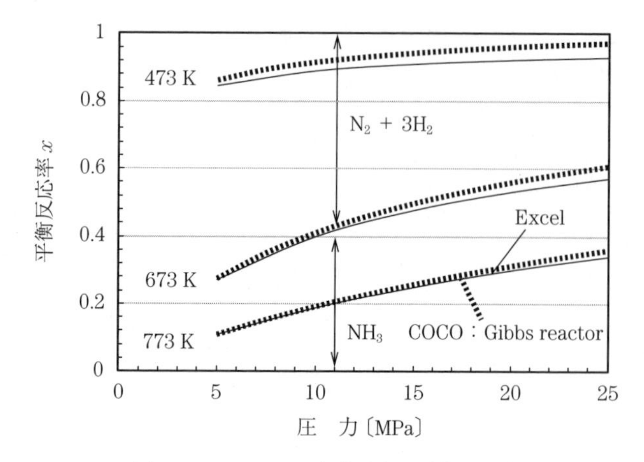

図 **6.4**　アンモニア合成反応の平衡反応率

【COCO 解法】（<COCO_06_GibbsReactor.fsd>を参照）

Settings→Flowsheet configuration→Property packages→Add→TEA を Select で New とし，設定画面で Model set: Peng Robinson とし，Compounds の Add で 3 成分を指定する。

Reaction package タブ→Add から CORN Reaction Package Manager を Select で New とし，General タブで名前 NH3 を入力し，Compounds タブで 3 成分を指定する。GibbbsReactor を使う場合は Reactions タブの設定は不要。

Flowsheet に戻って Stream1, 2 と unit operation から GibbsReactor を配置する（図 **6.5**）。

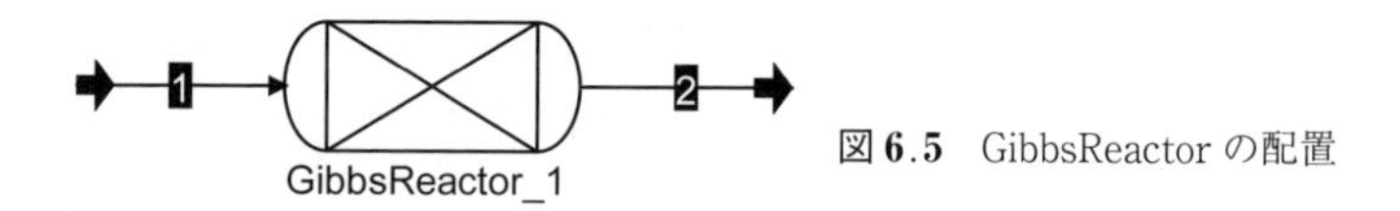

図 **6.5**　GibbsReactor の配置

Stream1 に原料流量，条件（10 MPa）を設定する（図 6.8 参照）。GibbsReactor で右クリック ShowGUI→Reactive compounds ですべて選択。Conversion を見るため Conversions タブで Hydrogen を指定しておく（図 **6.6**）。Operation タブで Isothermal 773 K を設定（図 **6.7**）。Flowsheet で Insert→Unit parameter report から図 **6.8** のように表示される。

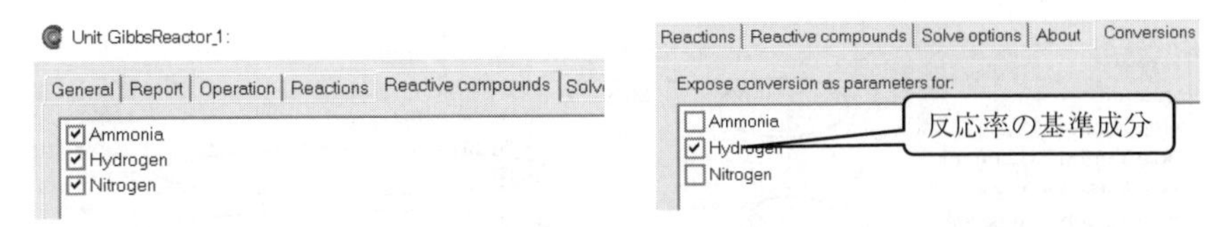

図 **6.6** GibbsReactor の設定 (1)

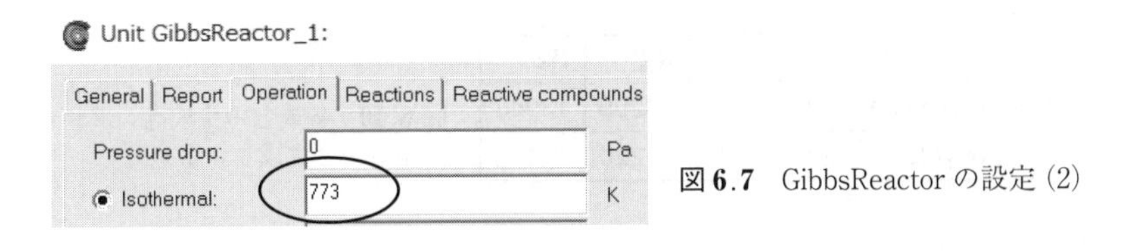

図 **6.7** GibbsReactor の設定 (2)

Stream	1	2
Pressure/[MPa]	10	10
Temperature/[K]	298.15	773
Flow rate/[mol/s]	1	0.90372
Mole frac Hydrogen	0.75	0.6701
Mole frac Nitrogen	0.25	0.22337
Mole frac Ammonia	0	0.10654
Flow Hydrogen/[mol/s]	0.75	0.60558
Flow Nitrogen/[mol/s]	0.25	0.20186
Flow Ammonia/[mol/s]	0	0.096281

GibbsReactor_1	
Parameter	**Value**
Hydrogen conversion	0.192563

図 **6.8** ギブス反応器のアンモニア合成反応における平衡反応率と平衡組成の COCO 計算

Solve すると図のように Stream2 の組成が得られ，圧力 10 MPa，温度 773 K で求められた平衡組成は $N_2:H_2:NH_3 = 0.223:0.670:0.107$，平衡反応率 x は 0.193 となる。

ギブス反応器では，自由エネルギー最小化法で成分間の平衡組成を計算しているが，平衡定数 K_{773} としては表示されないので推定する。COCO で使われた物性値を，Stream1 をダブルクリックし，**図 6.9** 左のように NH_3 純成分，773 K，0.101 3 MPa にすると，図右のような結果になる。各成分の生成エンタルピー enthalpyF，生成エントロピー entropyF をまとめると**図 6.10** のようである。

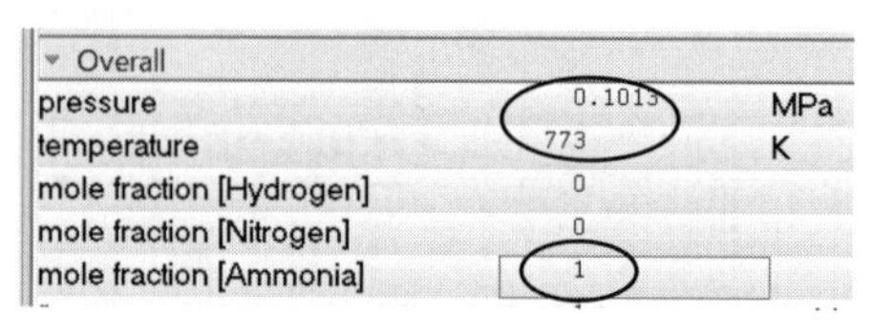

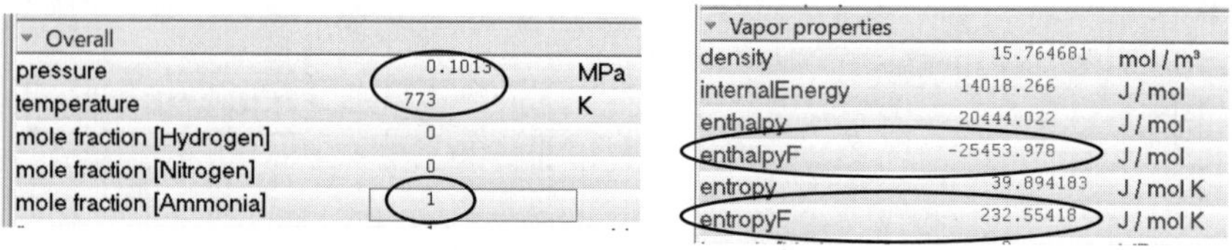

図 **6.9**　Ammonia 純成分の物性値

	NH3	N2	H2
enthalpyF[J/mol]	−25453	14209	13943
entropyF[J/mol k]	232	220	158

図 **6.10**　各成分の生成エンタルピーと生成エントロピー

これより

$$\Delta_r G^\circ_{773} = \sum \nu \, \Delta_f \widehat{H}^\circ_{773} - T \sum \nu \, S^\circ_{773} = 70.8 \text{ kJ/mol}$$

であり，平衡定数は $\underline{K_{773} = 1.63 \times 10^{-5}}$ と推定される。Excel 計算の値とほぼ同じである。

条件を変えた計算を Flowsheet→Parametric study で行う。例えば Inputs, Outputs タブ（図 **6.11**）で圧力変化範囲を指定して，Hydrogen conversion を

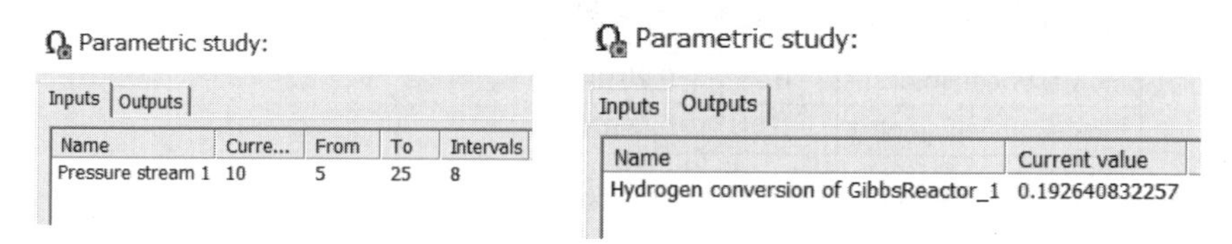

図 **6.11**　Parametric study の Inputs/Outputs 設定

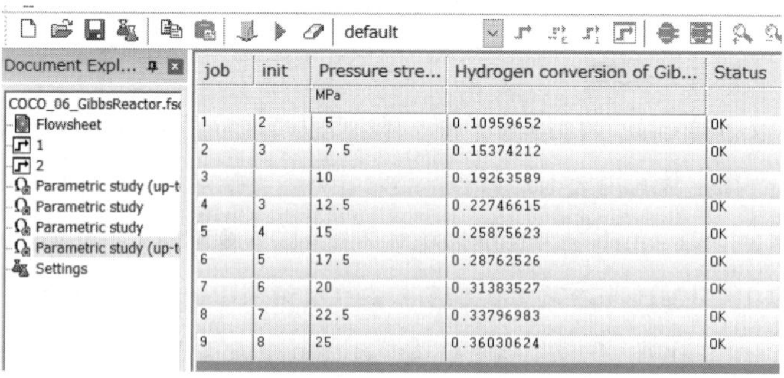

job	init	Pressure stre... MPa	Hydrogen conversion of Gib...	Status
1	2	5	0.10959652	OK
2	3	7.5	0.15374212	OK
3		10	0.19263589	OK
4	3	12.5	0.22746615	OK
5	4	15	0.25875623	OK
6	5	17.5	0.28762526	OK
7	6	20	0.31383527	OK
8	7	22.5	0.33796983	OK
9	8	25	0.36030624	OK

図 **6.12**　反応率の Parametnic study 計算結果

指定すると**図 6.12** の結果が得られる。この COCO のギブス反応器での計算を図 6.4 のグラフで Excel 計算と比較した。

なお参考のため，メタンの水蒸気改質反応（**図 6.13**(a)）とメタノール合成反応（図(b)）の平衡反応率の温度・圧力依存性を，図 6.4 と同様に Excel と COCO で計算して比較して示す（<COCO_06_GibbsReactor.xlsx>を参照）。

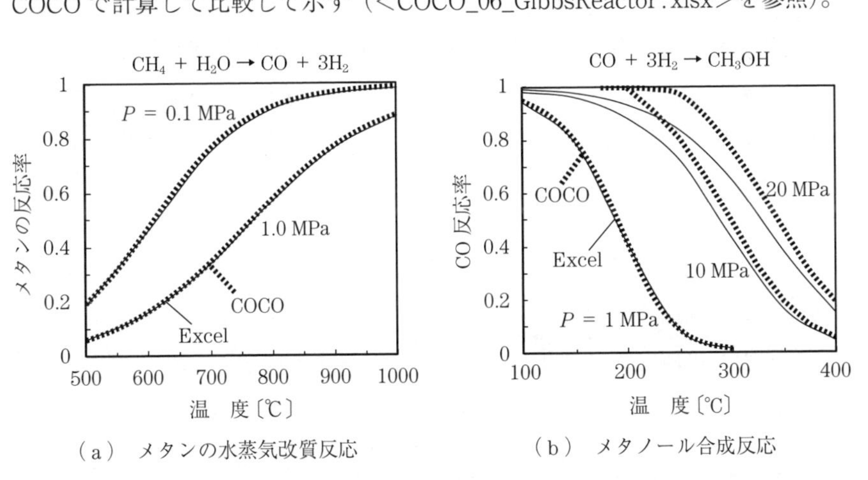

(a) メタンの水蒸気改質反応　　(b) メタノール合成反応

図 6.13　平衡反応率の温度・圧力依存性

【例題 6a】 平衡組成（平衡反応器 Equilibrium reactor）

図 6a.1 のようなアンモニア合成反応で，前の例題と同じ条件（773 K，p = 10.0 MPa）で，平衡定数 K を与えることで平衡反応率と平衡組成を求めよ。

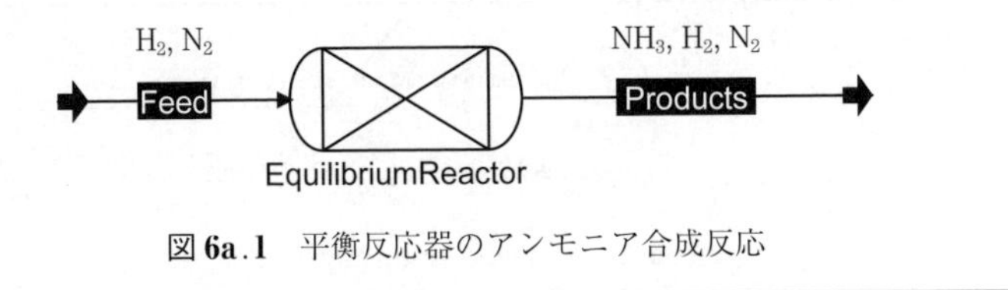

図 6a.1　平衡反応器のアンモニア合成反応

【COCO 解法】（<COCO_06a_EquilibriumReactor.fsd>を参照）

前の例題のように，反応の平衡定数を COCO 内部で熱力学的に計算するのではなく，平衡定数を実験式などでユーザーが与えたい場合には平衡反応器

Equilibrium reactor を用いる。

Settings→Flowsheet configuration→Reaction packages→Add→CORN を Select で New とし，General タブで名前 rxn1 を入力し，Reactions タブで Reaction: rxn1 について，**図 6a.2** のように量論係数と平衡定数 Equilibrium constant を設定する。COCO ではユーザーが与える平衡定数を**濃度平衡定数** $K_c = \prod(c_i)^{\nu_i}$ で記述する。濃度の単位は c_i〔mol/m^3〕，量論係数 ($\sum\nu_i = 2 - 1 - 3 = -2$) なので，この反応系での濃度平衡定数の単位は K_c〔m^6/mol^2〕である（自動的に表示されている）。濃度平衡定数と前の例題で用いた**圧平衡定数** K との関係は

$$K[-] = \left(\frac{RT}{p_0}\right)^{\sum\nu_i} K_c = \left(\frac{RT}{p_0}\right)^{-2} K_c$$

である[A, p.264]。前の例題の Excel シート（<COCO_06_GibbsReactor.xlsx>）で計算した圧平衡定数 K を温度 T の 3 次式で相関しておき，K_c を図中の Expression のように記述した。Equilibrium Reaction のチェックも入れる。

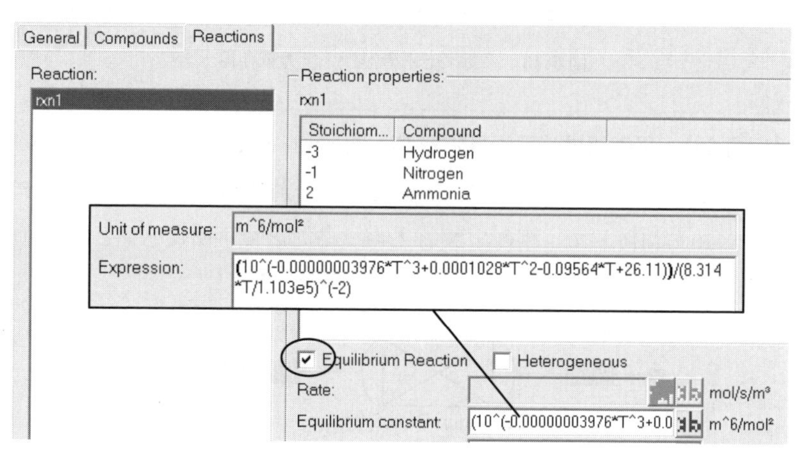

図 6a.2　EquilibriumReactor の設定

Flowsheet で Insert unit operation→Reactors→EquilibriumReactor を選択・配置する（**図 6a.3**(a)）。EquilibriumReactor の Show GUI から Reactions タブで rxn1 を指定し，Operation タブで Isothermal: 773 K を設定する（図

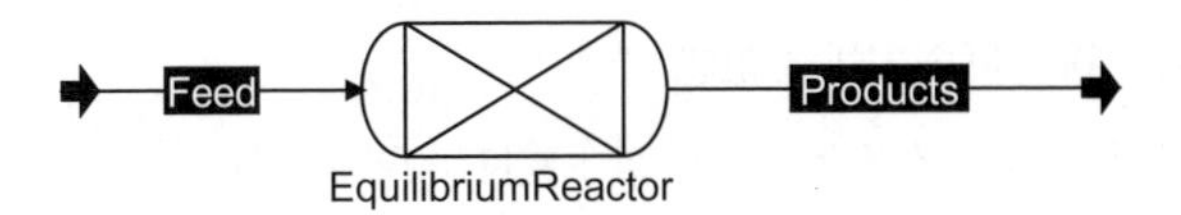

（a） プロセスの構成

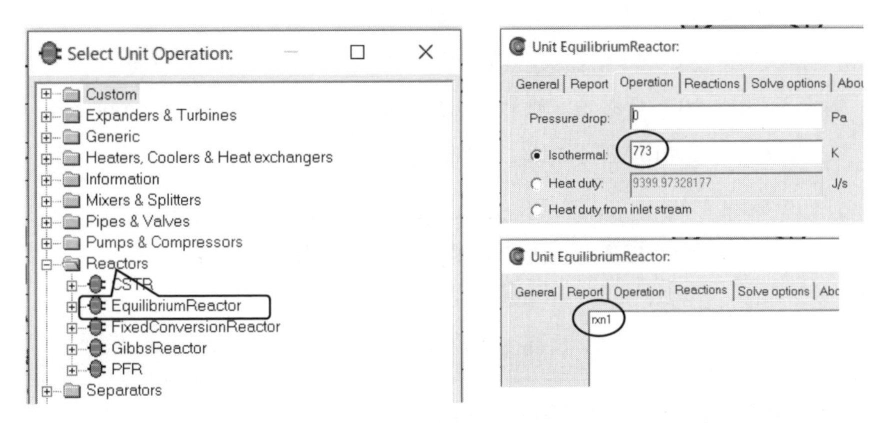

（b） EquilibriumReactor の選択と設定

図 **6a.3** プロセスの構成および EquilibriumReactor の選択と設定

（b））。Stream report を作成し，図 **6a.4** のように構成し，Solve して図の計算結果を得る。平衡組成 $N_2 : H_2 : NH_3 = 0.226 : 0.677 : 0.098$，平衡反応率 x は 0.178 となった。

Stream	Feed	Products
Pressure/[MPa]	10	10
Temperature/[K]	298.15	773
Flow rate/[mol/s]	1	0.91087
Mole frac Hydrogen	0.75	0.67661
Mole frac Nitrogen	0.25	0.22554
Mole frac Ammonia	0	0.097853
Flow Hydrogen/[mol/s]	0.75	0.6163
Flow Nitrogen/[mol/s]	0.25	0.20543
Flow Ammonia/[mol/s]	0	0.089131

EquilibriumReactor	
Parameter	Value
Hydrogen conversion	0.178262

図 **6a.4** 平衡反応器のアンモニア合成反応における平衡反応率と平衡組成の COCO 計算

【例題 6b】　複合反応の平衡組成[IP, p.131)]

図 **6b.1** のような，メタンの改質操作では二つの平衡反応：

$$CH_4 + H_2O \rightarrow CO + 3H_2 \qquad (1)$$

$$CO + H_2O \rightarrow CO_2 + H_2 \qquad (2)$$

が同時に生じている。各反応の平衡定数は 1 000℃ で $K_1 = 7.92 \times 10^3$, $K_2 = 5.70 \times 10^{-1}$ である。原料が CH_4：$a = 1$ mol, H_2O：$b = 3$ mol として，圧力 $p = 1.013$ MPa における平衡組成を求めよ。

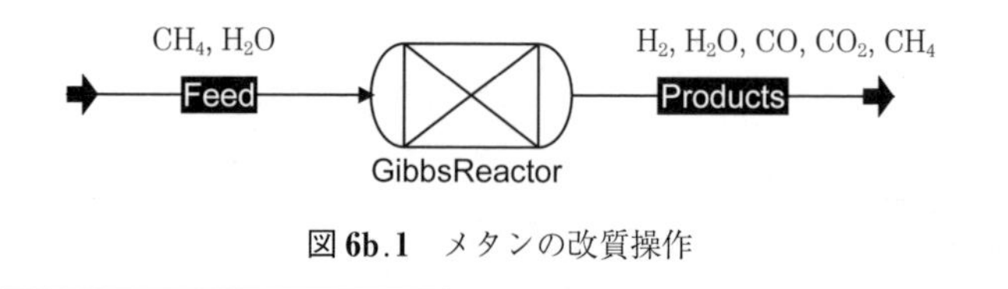

図 **6b.1**　メタンの改質操作

【Excel 解法】（<COCO_06b_GibbsMe.xlsx>を参照）

反応 (1)の CH_4 反応率を x，反応 (2)の CO 反応率を y として，x, y 二つの未知数を解く問題となる。与えられた供給物質量に対して，平衡時の各成分の物質量〔mol〕は CH_4：$a(1-x)$, H_2O：$b-ax(1+y)$, CO：$ax(1-y)$, H_2：$ax(3+y)$, CO_2：axy である。図 **6b.2** のシートで，これらより各成分のモル分率 y_i を求め（5 行），分圧を $p_i = py_i$ で計算する（8 行）。標準圧力を $p_0 = 0.10$ MPa として，平衡定数の定義より次式が成立する。

$$K_1 = \frac{(p_{CO}/p_0)(p_{H_2}/p_0)^3}{(p_{CH_4}/p_0)(p_{H_2O}/p_0)}, \qquad K_2 = \frac{(p_{CO_2}/p_0)(p_{H_2}/p_0)}{(p_{CO}/p_0)(p_{H_2O}/p_0)}$$

この式は未知数 x, y に関する連立方程式である。実際には両式を 0 = [左辺]/($K-1$) として（C12, C13），ソルバーでそれらの残差 2 乗和（C14）を C3:C4 を変化させて最小化する。解かれた x, y により平衡組成が 6 行の値となる。したがって，1 000℃ の平衡組成は <u>H_2：H_2O：CO：CO_2：CH_4 = 0.538：0.295：0.127：0.040：0.001</u> である。図 **6b.3** のグラフは K_1, K_2 の温度依存性を考慮して計算した平衡組成の温度依存性である。

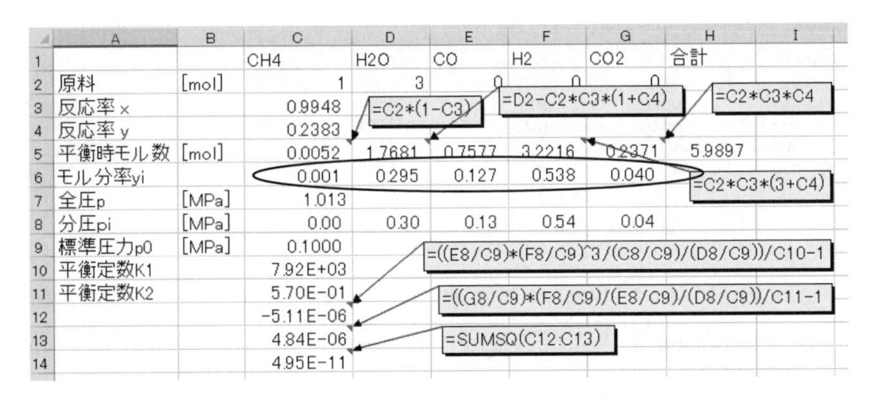

	A	B	C	D	E	F	G	H	I
1			CH4	H2O	CO	H2	CO2	合計	
2	原料	[mol]	1	3	0	0	0		
3	反応率 x		0.9948						
4	反応率 y		0.2383						
5	平衡時モル数	[mol]	0.0052	1.7681	0.7577	3.2216	0.2371	5.9897	
6	モル分率yi		0.001	0.295	0.127	0.538	0.040		
7	全圧p	[MPa]	1.013						
8	分圧pi	[MPa]	0.00	0.30	0.13	0.54	0.04		
9	標準圧力p0	[MPa]	0.1000						
10	平衡定数K1		7.92E+03						
11	平衡定数K2		5.70E-01						
12			-5.11E-06						
13			4.84E-06						
14			4.95E-11						

図 **6b.2**　メタン改質操作の複合反応における平衡組成の Excel 計算

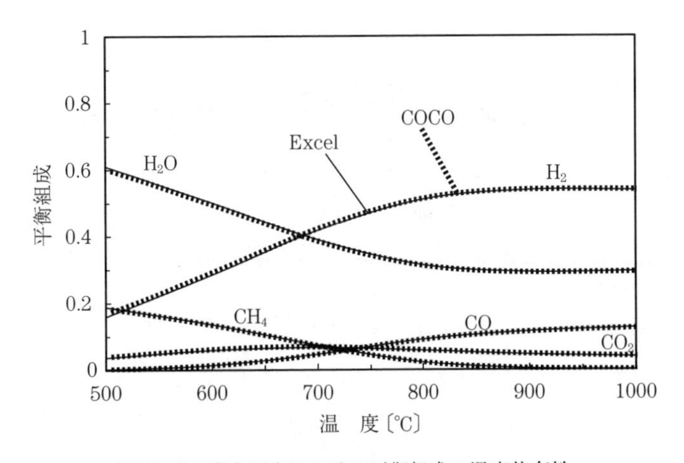

図 **6b.3**　複合反応における平衡組成の温度依存性

【COCO 解法】（＜COCO_06b_GibbsMe.fsd＞を参照）

Settings→Flowsheet configuration→Property packages→Add→TEA を Select で New とし，設定画面で Model set: Peng Robinson とし Compounds の Add で 5 成分を指定する。Reaction package タブ→Add から CORN Reaction Package Manager を Select で New とし，General タブで名前 Me を入力し，Compounds タブで 5 成分を指定する（図 **6b.4**）。GibbsReactor では指定成分間の化学平衡を求めるので，Reactions を設定する必要はない。

General | Compounds | Reactions

Name	ID	Formula	MW	CAS
Methane	Methane	CH4	16.043	74-82-8
Hydrogen	Hydrogen	H2	2.01588	1333-74-0
Carbon dioxide	Carbon dioxide	CO2	44.0095	124-38-9
Carbon monoxide	Carbon monoxide	CO	28.01	630-08-0
Water	Water	H2O	18.015	7732-18-5

Add
Delete
Rename

図 **6b.4**　Settings/Reaction packages/CORN の設定

Flowsheet に戻って Stream と Insert unit operation から GibbsReactor を配置する（図 **6b.5**）。GibbsReactor で右クリック ShowGUI→Reactive compounds タブですべて選択すると，Reactions タブが自動的に入力されている（図 **6b.6**）。Operation タブで Heat duty: 0 を設定（図 **6b.7**）。

Stream report を作成し，図 **6b.8** のように構成する。Stream の **Feed** 列に

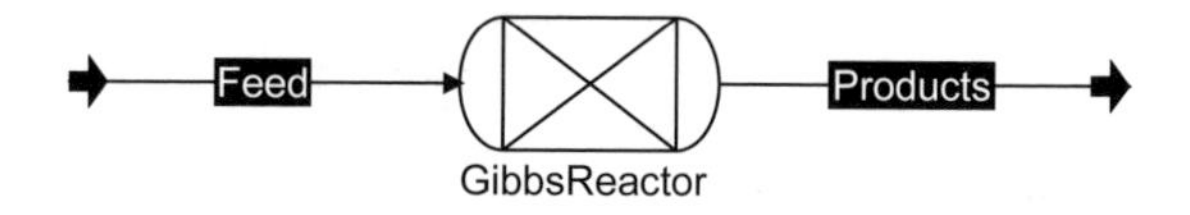

図 **6b.5**　プロセスの構成

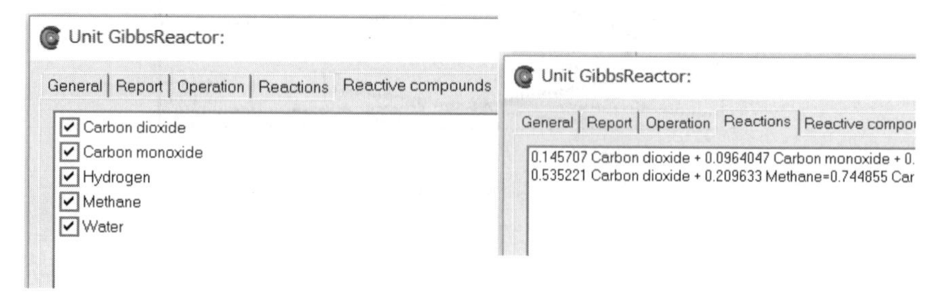

図 **6b.6**　GibbsReactor の設定 (1)

Unit GibbsReactor:

General | Report | Operation | Reactions | Reactive compounds

Pressure drop:	0	Pa
Isothermal:	1273.31439838	K
Heat duty:	0	J/s

図 **6b.7**　GibbsReactor の設定 (2)

Stream	Feed	Products
Pressure/[MPa]	1.013	1.013
Temperature/[°C]	1928	1000.13
Flow rate/[mol/s]	4	5.991 5
Mole frac Methane	0.25	0.000738513
Mole frac Hydrogen	0	0.539502
Mole frac Carbon dioxide	0	0.0409786
Mole frac Carbon monoxide	0	0.125196
Mole frac Water	0.75	0.293586

図 6b.8 メタン改質操作の複合反応における平衡組成の COCO 計算

図の原料流量，条件を設定して Solve する。**Products** 列に計算結果が得られる。吸熱反応により Products の温度が下がるので，これが 1 000℃ となるよう Feed の温度を調整した。これより平衡組成は $H_2 : H_2O : CO : CO_2 : CH_4 = 0.54 : 0.294 : 0.125 : 0.041 : 0.001$ † である。温度（Products 温度）を変えて計算した結果を，すでに図 6b.3 に Excel 計算の結果と比較して示している。ほとんど同じである。

【例題 7】 リサイクル・パージプロセス IP, p.55)

リサイクルとパージを伴うアンモニア合成（$N_2 + 3H_2 \rightarrow 2NH_3$）プロセ

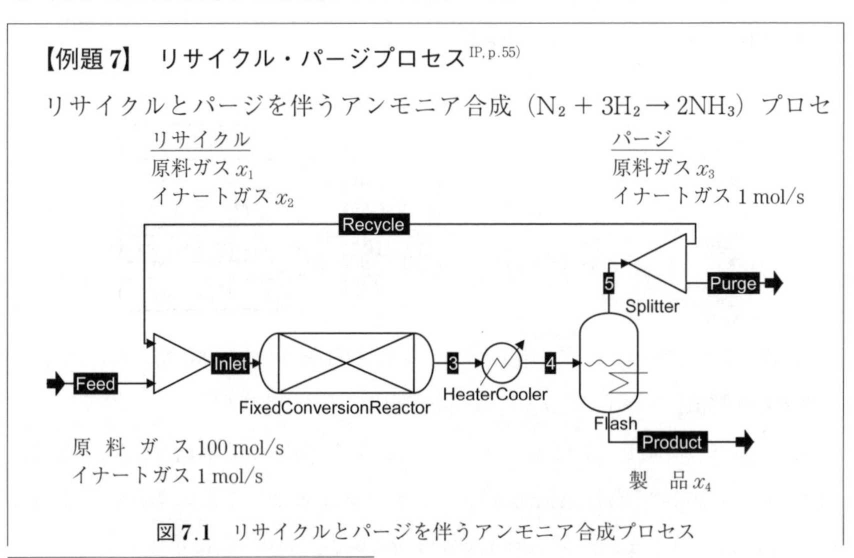

図 7.1 リサイクルとパージを伴うアンモニア合成プロセス

† COCO の Flowsheet 上で計算する場合，今回のように Feed に数値を入力して，Products にその結果が表示されるということが多い。

スを図**7.1**のようにモデル化した。**1回通過反応率**（once-through conversion）0.3，**総括収率** $K = 0.95$ のとき，流量 x_1〜x_4 を求めよ。

【Excel 解法】（＜COCO_07_RecyclePurge.xlsx＞を参照）

系全体の反応ガス収支：

$$100 = x_3 + 2x_4 \tag{1}$$

反応器まわり収支（(反応物)×(1−(1回通過反応率))＝(未反応物)）：

$$(100 + x_1)(1 - 0.3) = x_3 + x_1 \tag{2}$$

制約条件1（リサイクル流れとパージ流れは組成が同じ）：

$$\frac{x_1}{x_2} = \frac{x_3}{1} \tag{3}$$

制約条件2（総括収率 K の指定）：

$$100 \times (1 - K) = x_3 \tag{4}$$

以上で未知数4について四つの連立方程式(1)〜(4)が得られた。図**7.2**がこの方程式の Excel ソルバーによる解法である。解は $x_1 = 216.7$，$x_2 = 43.3$，$x_3 = 5.0$，$x_4 = 47.5$ mol/s である。図**7.3**に統括収率 K とリサイクル量，反応器入口イナートガス濃度の関係を示す。

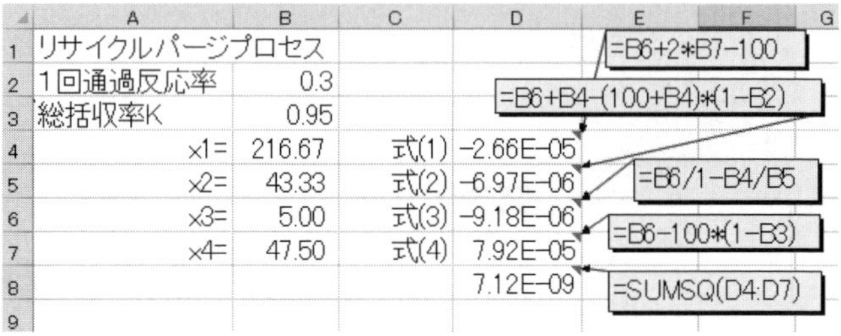

	A	B	C	D	E	F	G
1	リサイクルパージプロセス						
2	1回通過反応率	0.3					
3	総括収率K	0.95					
4	x1=	216.67	式(1)	-2.66E-05			
5	x2=	43.33	式(2)	-6.97E-06			
6	x3=	5.00	式(3)	-9.18E-06			
7	x4=	47.50	式(4)	7.92E-05			
8				7.12E-09			
9							

=B6+2*B7-100

=B6+B4-(100+B4)*(1-B2)

=B6/1-B4/B5

=B6-100*(1-B3)

=SUMSQ(D4:D7)

図**7.2**　リサイクルとパージを伴うアンモニア合成プロセスにおける流量の Excel 計算

【COCO 解法】（＜COCO_07_RecyclePurge.fsd＞を参照）

Settings→Property packages→Add→TEA を Select で New とし，設定画面の Compounds で成分選択をする。イナートガスとして仮に Neon を設定した（図**7.4**(a))。また，Reaction package の設定は図(b)に示す。

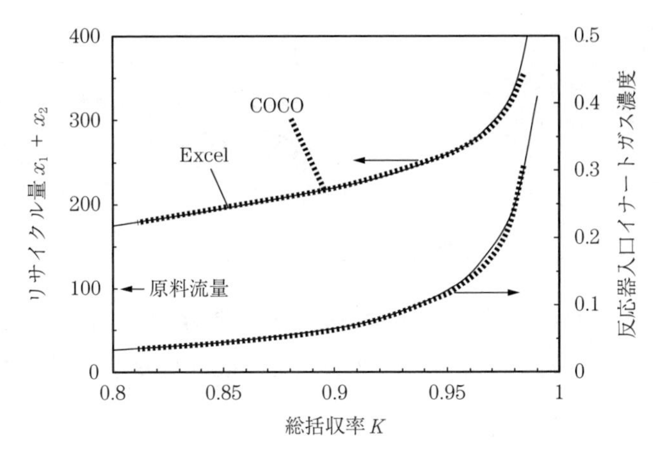

図 7.3 リサイクルとパージを伴うアンモニア合成プロセスにおける
リサイクル量と反応器入口イナートガス濃度の統括収率依存性

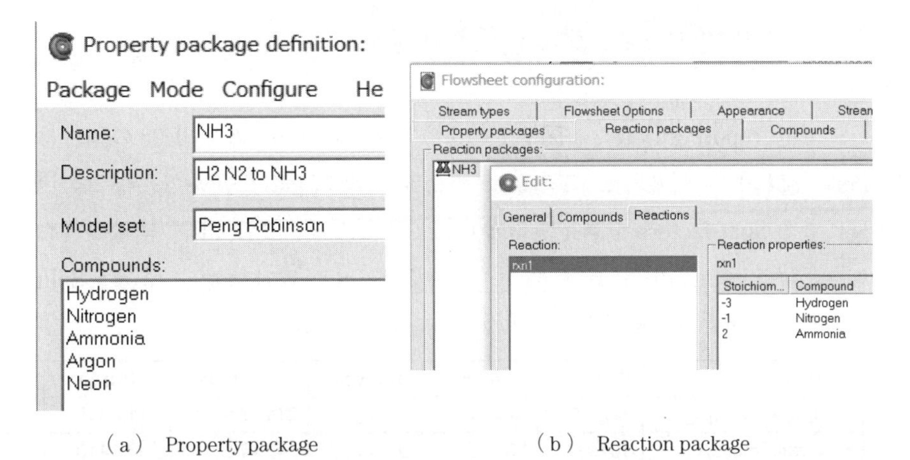

（a） Property package （b） Reaction package

図 7.4 Property package と Reaction package の設定

Streams, Mixer, FixedConversionReactor, HeaterCooler, Flash, Splitter を配置，各 Stream で接続してリサイクル・パージプロセスを構成する（図 7.1）。Feed の成分流量と温度を設定する。**図 7.5** のように，FixedConversionReactor の Show GUI で Conversion を定義する成分として Hydrogen を指定して（Conversion タブ），Reaction タブで Hydrogen の Conversion: 0.3 と設定する。

HeaterCooler の設定を Show GUI で立ち上げ，Heater/Cooler タブで Outlet

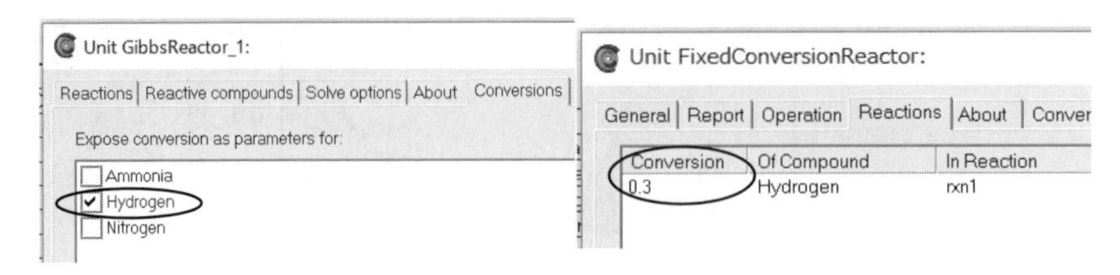

図 **7.5**　Conversion の設定

temperature: 190 K にして，NH_3 を Flash で凝縮分離する設定とする。Splitter の Edit unit operation/Edit タブで Split factors を仮設定する（図 **7.6**）。

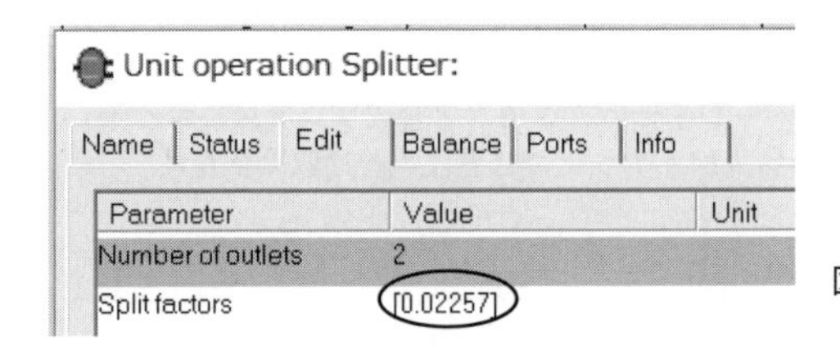

図 **7.6**　Splitter の設定

Stream report を作成し，図 **7.7** のような構成にする。$K = 0.95$ の条件は Purge 流れ中の H_2 流量が $75 \times 0.05 = 3.75$ なので，試行 Solve をしてこの流量になる Split factors を試行すると 0.022 57 となる。これで図の結果が得られた。解は $x_1 = 216.7$，$x_2 = 42.9$，$x_3 = 5.0$，$x_4 = 47.4$ mol/s である。Split factors を変えた計算結果を図 7.3 のグラフで Excel 計算と比較した。

Stream	Feed	Inlet	Recycle	Product	Purge
Temperature/[K]	773.15	374.12	211.58	211.58	211.58
Flow rate/[mol/s]	101	362.66	261.66	47.47	6.0419
Flow Hydrogen/[mol/s]	75	237.43	162.43 x_1	0.018932	3.7508 x_3
Flow Nitrogen/[mol/s]	25	79.215	54.216	0.004331	1.2519
Flow Ammonia/[mol/s]	0	2.1355	2.1356	47.437 x_4	0.049312
Flow Neon/[mol/s]	0.9999	43.871	42.871 x_2	0.0094795	0.98995
Mole frac Neon	0.0099	0.12097	0.16385	0.0001997	0.16385

Splitter	
Parameter	Value
Split factors[0]	0.02257

図 **7.7**　リサイクルとパージを伴うアンモニア合成プロセスにおける流量の COCO 計算

4 熱 交 換 器

熱交換器は化学プロセス設計で重要なパーツである。プロセスシミュレータを使うと熱交換器の計算が格段に手軽になる。しかし，使いこなすには総括伝熱係数 U や対数平均温度差 ΔT_{lm} などの基礎知識が必要である。

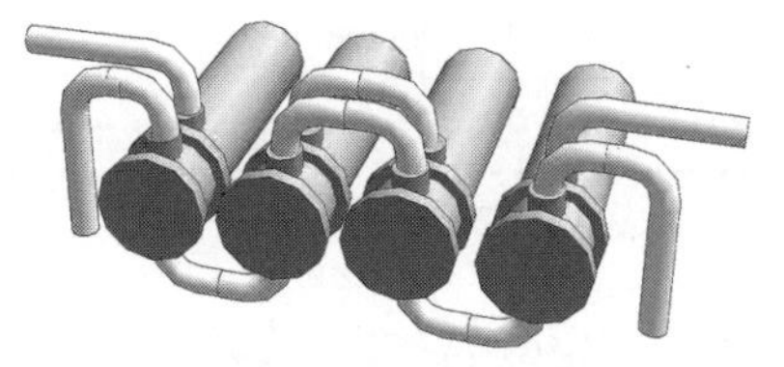

熱交換器システム

【例題 8】 熱交換器（並流）[IK, p.90]

図 **8.1** のような**並流熱交換器**で，流量 $w_H = 0.5$ kg/s，$T_{Hin} = 375$ K のオイル（高温流体，$C_{pH} = 2\,090$ J/(kg·K)）を $T_{Hout} = 350$ K に冷却する。低温流体は水（$C_{pC} = 4\,177$）で，流量 $w_C = 0.201$ kg/s，$T_{Cin} = 280$ K である。**総括伝熱係数** $U = 250$ W/(m²·K) として，必要な伝熱面積 A〔m²〕を求めよ。

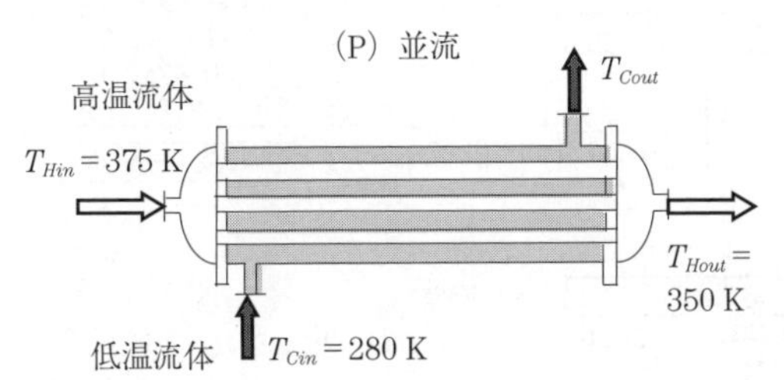

図 **8.1** 並流熱交換器

【Excel 解法】（＜COCO_08_HXcocurrent.xlsm＞を参照）

記号を**図 8.2** のようにする。微小伝熱面積 dA について，両流体温度に関する連立常微分方程式が次式である（± については，並流が −，向流が + である）。

$$\begin{cases} \dfrac{dT_H}{dA} = \pm \dfrac{1}{w_H C_{pH}} U(T_H - T_C) \\ \dfrac{dT_C}{dA} = \dfrac{1}{w_C C_{pC}} U(T_H - T_C) \end{cases} \qquad (1)$$

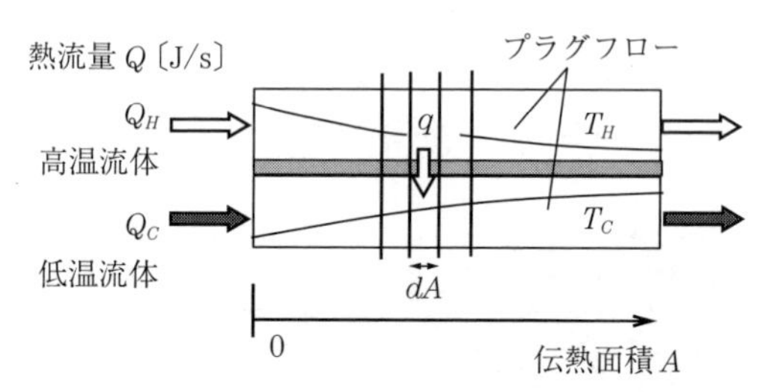

図 8.2　並流熱交換器の模式図

この式を $A = 0$ から積分して，所定の T_H, T_C になるところが伝熱面積 A である。常微分方程式解法シート（**図 8.3**）で T_H, T_C に関する連立常微分方程式を B5, C5 に記述し，初期値 T_{Hin}, T_{Cin} から伝熱面積 A に関して積分する。$T_{Hout} = 350$ K になる $A = 1.66\ \mathrm{m}^2$ が解である。**図 8.4** に得られた熱交換器内の温度分布を示す。

	A	B	C	D	E	F	G	H
1	微分方程式数	2				定数		
2	A=	TH=	TC=			wH	0.5	kg/s
3	2.0000	347.13649	314.681			CpH	2090	J/kg-K
4		TH'=	TC'=			wC	0.201	kg/s
5	微分方程式→	-7.76	9.66E+00			Cpc	4177	J/kg-K
6						U	250	W/m2-K
7	積分区間A=[0	0				=(1/G4/G5)*(G6*(B3-C3))		
8	A]	2	Runge-Kutta			=(1/G2/G3)*(-G6*(B3-C3))		
9	積分刻み幅Δ	0.02						
10	計算結果							
11	A [m2]	TH [K]	TC [K]					
12	0.00	375.0	280.0	←初期値				
13	0.02	374.5	280.6					
14	0.04	374.1	281.1					
15	0.06	373.7	281.7					

図 8.3　並流熱交換器における伝熱面積の Excel 計算（常微分方程式解法シート）

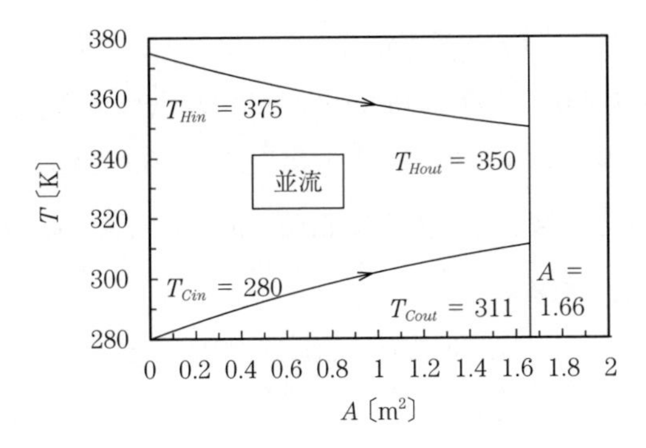

図 **8.4** 並流熱交換器内の温度分布

【COCO 解法】（＜COCO_08_HXcocurrent.fsd＞を参照）

Settings→Flowsheet configuration→Property packages→Add→TEA を Select で New とし，設定画面で Model set: Peng Robinson とし Compounds の Add で成分 Water と N-octadecane を指定する。Flowsheet で図 **8.5**(a)のように Stream と Insert unit operation から HeatExchanger を配置する。Stream report を作成し，図(b)のように構成して，Stream1, 3 の流量，温度を設定する。HeatExchanger の Show GUI→Heat exchanger タブで co-

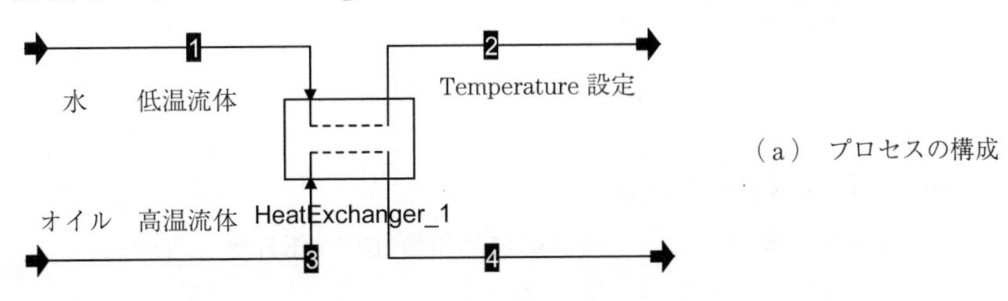

（a） プロセスの構成

Stream	1	2	3	4
Pressure/[kPa]	200	200	200	200
Temperature/[K]	280	311.6	375	350.031
Flow rate/[kg/s]	0.2	0.2	0.5	0.5
Mole frac Water	1	1	0	0
Mole frac N-octadecane	0	0	1	1

（b） Stream report の作成

図 **8.5** 並流熱交換器におけるプロセスの構成と伝熱面積の COCO 計算

current を指定する。また，Type: Temperature を選択し，Temperature: 311.6 K を仮入力する（この Temperature は Outlet1 の温度（低温側流体出口の温度 T_{Cout}）のことなので，高温側出口温度が指定値になるよう試行する）。Solve ▶ すると図（b）のように Stream4 出口温度 $T_{Hout} = 350$ K が得られたのでこれが解である。

再度 HeatExchanger を Edit unit operation で開くと

Heat transfer：

$$\frac{\Delta Q}{\Delta T_{lm}} = UA = 455.8 \text{ W/K}$$

と表示されているので，伝熱面積 $\underline{A = 455.8/250 = 1.82 \text{ m}^2}$ である（図 **8.6**）。

Unit operation HeatExchanger_1 :

Name | Status | Edit | Balance | Ports | Info

Parameter	Value	Unit
Type	Temperature	
Temperature	311.6	K
Heat exchange	28492.0354698	W
Heat transfer	455.827069218	W/K
Mode	co-current	
Pressure drop stream 1	0	Pa
Pressure drop stream 2	0	Pa
Adapt outlet temperatures	Yes	

図 **8.6**　伝熱面積の計算結果

【例題 9】　熱交換器（向流）[IK, p.90)]

例題 8 と同じ条件で向流の場合の伝熱面積はどうなるか（図 **9.1**）。

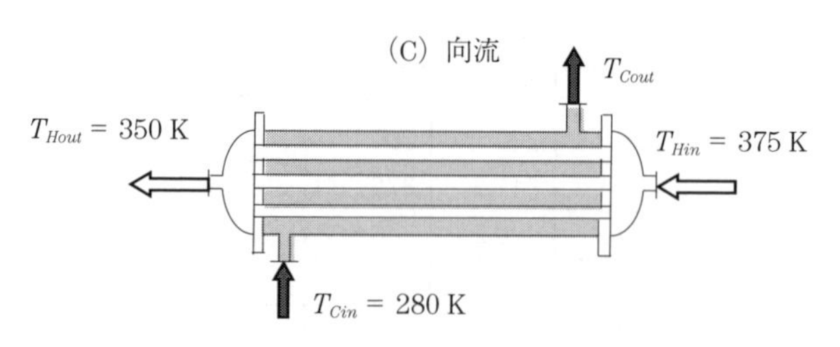

図 **9.1**　向流熱交換器とその模式図

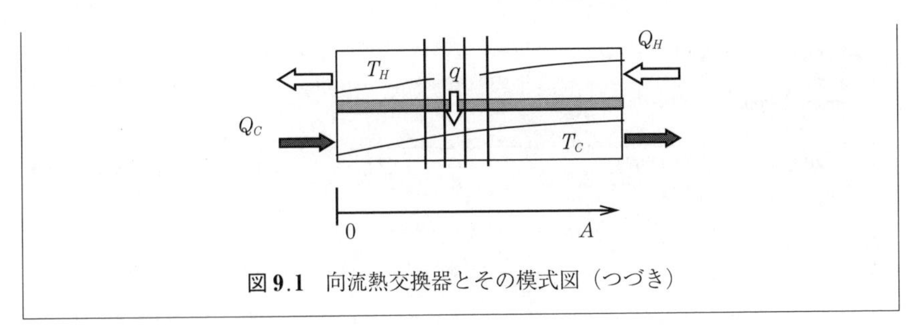

図 9.1　向流熱交換器とその模式図（つづき）

【Excel 解法】　（<COCO_09_HXcounter.xlsm>を参照）

向流の連立常微分方程式を初期値 $T_{Hout} = 350$ K，$T_{Cin} = 280$ K から積分する。$\underline{A = 1.56\ \mathrm{m}^2}$ が向流の解である。（並流の 0.94 倍）。温度分布のグラフを**図 9.2** に示す。

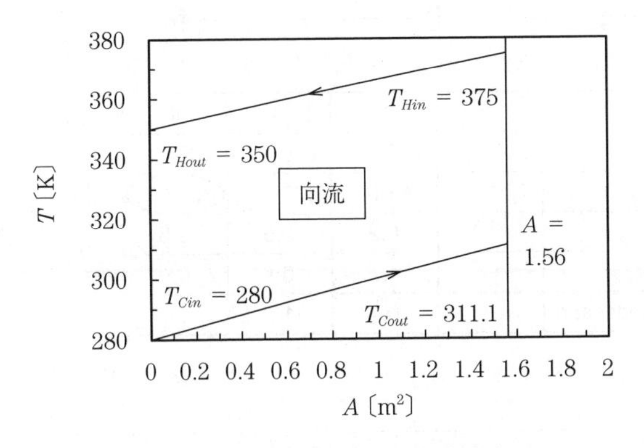

図 9.2　向流熱交換器内の温度分布

【COCO 解法】　（<COCO_09_HXcounter.fsd>を参照）

例題 8 の Flowsheet で Stream を入れ替える。また，HeatExchanger の Show GUI→Heat exchanger タブで counter-current を設定する。Type: Temperature を選択し，Temperature に 311.6 K を入力して Solve する（**図 9.3**）。Stream report の構成と入力は，例題 8 と同じである。

再度 HeatExchanger を Edit unit operation で開くと Heat transfer: 427.4 W/K となっているので，これから伝熱面積 $\underline{A = 427.4/250 = 1.71\ \mathrm{m}^2}$ となる（並流の 0.94 倍）。

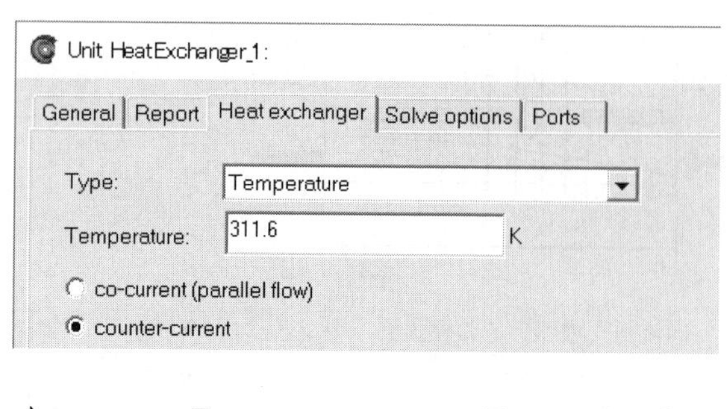

（a） HeatExchanger の設定

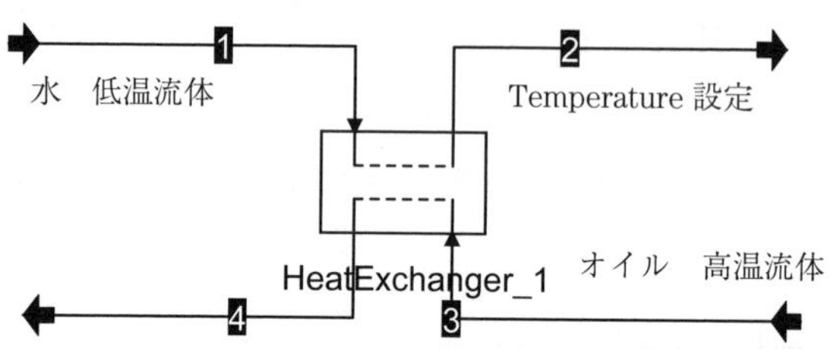

（b） プロセスの構成

Stream	1	2	3	4
Pressure/[kPa]	200	200	200	200
Temperature/[K]	280	311.6	375	350.031
Flow rate/[kg/s]	0.2	0.2	0.5	0.5
Mole frac Water	1	1	0	0
Mole frac N-octadecane	0	0	1	1

（c） Stream report の作成

図 9.3　向流熱交換器におけるプロセスの構成と伝熱面積の COCO 計算

【例題 10】　内部で相変化のある熱交換器

0℃の水 1 mol/s を熱交換器で 200℃の水蒸気にする。高温流体の温度変化を求めよ。

【COCO 解法】（＜COCO_10_HXevap.fsd＞を参照）

例題 8 とほぼ同じ設定（**図 10.1**）だが，水の出口温度を 200℃とする。

Solve して Stream report（図（b））を見ると，水の出口が Vapor phase となっている。また，HeatExchanger で Edit unit operation を開くと Heat exchange: 53.7 kW である。これは 2 章の例題 3（相変化を伴う加熱）の加熱量と一致している。よって，熱交換器内で相変化がある場合も正しく計算されて

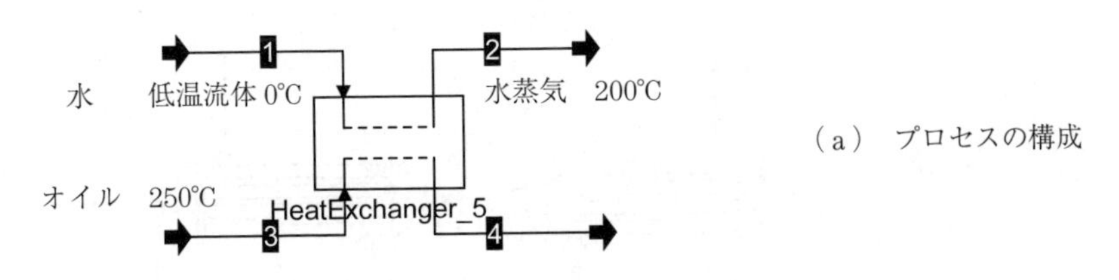

（a） プロセスの構成

Stream	1	2	3	4
Pressure/[kPa]	101.3	101.3	101.3	101.3
Temperature/[°C]	0	200	250	213.149
Flow rate/[mol/s]	1	1	2	2
Mole frac Water	1	1	0	0
Mole frac N-octadecane	0	0	1	1
Vapor phase				
Mole phase fraction		1		
Liquid phase				
Mole phase fraction	1		1	1

HeatExchanger_5	
Parameter	Value
Heat exchange/[W]	53674.4

（b） Stream report の作成

図 10.1 内部で相変化のある熱交換器におけるプロセスの構成と高温流体の温度変化の COCO 計算

いる。

【例題 11】 熱交換器システム [IC, p.118)]

四つの向流熱交換器で構成したプロセスの各流体の流量と温度が**図 11.1** のように与えられる。

各出口温度 t_1, t_2, t_3 を求めよ。ただし，すべての熱交換器の総括伝熱係数，伝熱面積は等しく，$UA = 1\,000$ J/(s·K) である。また，排ガス（N_2），低温流体（水）の熱容量は，それぞれ $C_p = 1\,052$ J/(kg·K)，$c_{p1} = c_{p2} = 4\,575$ J/(kg·K) である。

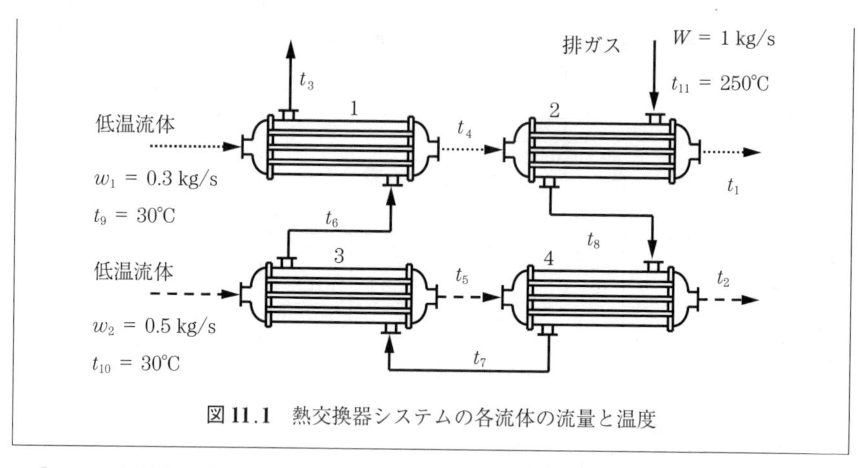

図 11.1　熱交換器システムの各流体の流量と温度

【Excel 解法】　(<COCO_11_4HXs.xlsx>を参照)

向流熱交換器では，各温度と伝熱量 Q〔J/s〕との関係は次式である（T：高温側，t：低温側，1：in，2：out)。

$$Q = WC_p(T_1 - T_2) = wc_p(t_2 - t_1)$$

また，熱交換器の伝熱速度式は

$$Q = UA(\Delta t) = UA(\Delta t)_{lm} = UA\,\frac{(T_1 - t_2) - (T_2 - t_1)}{\ln\{(T_1 - t_2)/(T_2 - t_1)\}}$$

である。平均温度差 Δt には対数平均温度差 $(\Delta t)_{lm}$ が用いられる。複数熱交換器では個々の熱交換器でこの式が成り立つが，これを四つの熱交換器で同時に解くのは難しいので，普通は連立方程式を線形化して取り扱う。

この式から Q を消去して未知数を二つにすることにより，例えば熱交換器 1 における出口温度は，入口温度の線形関数としてつぎのように表せる。

$$\begin{cases} t_3 = a_1 t_6 + b_1 t_9 \\ t_4 = c_1 t_6 + d_1 t_9 \end{cases}$$

ただし a, b, c, d は以下の既知の定数である。

$$a_1 = \frac{R-1}{kR-1},\quad b_1 = \frac{R(k-1)}{kR-1},\quad c_1 = \frac{k-1}{kR-1},\quad d_1 = \frac{k(R-1)}{kR-1}$$

$$R = \frac{w_1 c_p}{WC_p},\qquad k = \exp\left\{\frac{UA}{w_1 c_p}(R-1)\right\}$$

他の熱交換器も同様に以下の式となる。

$$\begin{cases} t_8 = a_2 t_{11} + b_2 t_4 \\ t_1 = c_2 t_{11} + d_2 t_4 \end{cases}, \quad \begin{cases} t_6 = a_3 t_7 + b_3 t_{10} \\ t_5 = c_3 t_7 + d_3 t_{10} \end{cases}, \quad \begin{cases} t_7 = a_4 t_8 + b_4 t_5 \\ t_2 = c_4 t_8 + d_4 t_5 \end{cases}$$

これらを整理すると，システム全体の熱収支が**図 11.2** のシートの A9:K16 に示した行列式で表せる。

	A	B	C	D	E	F	G	H	I	J	K	L
1	熱交換器No	cp	Cp	w	W	R	UA/wcp	k	ai	bi	ci	di
2	1	4575	1052	0.3	1	1.3	0.7286	1.2485	0.48442	0.516	0.3952	0.605
3	2	4575	1052	0.3	1	1.3	0.7[illegible]	[illegible]	[illegible]42	0.516	0.3952	0.605
4	3	4575	1052	0.5	1	2.17	0.43[illegible]	[illegible]	[illegible]7	0.554	0.2548	0.745
5	4	4575	1052	0.5	1	2.17	0.43[illegible]	[illegible]	[illegible]7	0[illegible]	[illegible]	[illegible]
6	t9=	30										
7	t10=	30										
8	t11=	250					係数行列		未知数		定数	
9	0	0	−1	0	0	a_1	0	0	t1	=	$-b_1t_9$	
10	0	0	0	−1	0	c_1	0	0	t2		$-d_1t_9$	
11	0	0	0	b_2	0	0	0	−1	t3		$-a_2t_{11}$	
12	−1	0	0	d_2	0	0	0	0	t4		$-c_2t_{11}$	
13	0	0	0	0	0	−1	a_3	0	t5		$-b_3t_{10}$	
14	0	0	0	0	−1	0	c_3	0	t6		$-d_3t_{10}$	
15	0	0	0	0	b_4	0	−1	a_4	t7		0	
16	0	−1	0	0	d_4	0	0	c_4	t8		0	
17							係数行列の逆行列		定数		解	
18	0	−0.63	−0.06	−1	−0.25	−0.1	−0.1303	0	−15.786	=	t1=	123.1
19	0	−0.19	−0.37	0	−0.08	−0.9	−0.2603	−1	−17.471		t2=	69.5
20	−1	−0.06	−0.12	0	−0.51	−0.1	−0.264	0	−118.45		t3=	42.5
21	0	−1.05	−0.1	0	−0.41	−0.1	−0.2154	0	−104.41		t4=	40.2
22	0	−0.07	−0.14	0	−0.03	−1.2	−0.3114	0	−17.037		t5=	44.8
23	0	−0.13	−0.24	0	−1.05	−0.3	−0.545	0	−21.887		t6=	55.9
24	0	−0.28	−0.54	0	−0.11	−0.7	−1.222	0	0		t7=	88.1
25	0	−0.54	−1.05	0	−0.21	−0.1	−0.111	0	0		t8=	141.8

=D2*B2/E2/C2
=1000/D2/B2
=EXP(G2*(F2−1))
=(F2−1)/(H2*F2−1)
=(F2*(H2−1))/(H2*F2−1)
=(H2−1)/(H2*F2−1)
=(H2*(F2−1))/(H2*F2−1)

図 11.2　向流熱交換器の各出口温度の Excel 計算

この 8 元連立 1 次方程式の解を行列演算関数により求める。解を記入するセル範囲 A18:H25 を選択し，“=MINVERSE(A9:H16)”を配列数式入力する。つぎに L18:L25 を選択し，“=MMULT(A18:H25, I18:I25)”を配列数式入力することで，L18:L25 に連立 1 次方程式の解が得られる。計算の結果 $t_1 = 123$, $t_2 = 69.5$, $t_3 = 42.5$℃となった。

【COCO 解法】（＜COCO_11_4HXs.fsd＞を参照）

図 11.3(b)のように Stream, HeatExchanger を配置，Stream で接続する。図(a)のように，各 Heat exchanger の Show GUI→Heat exchanger タブで Type: Effectiveness from UA，Heat transfer: 1 000 W/K を設定する。

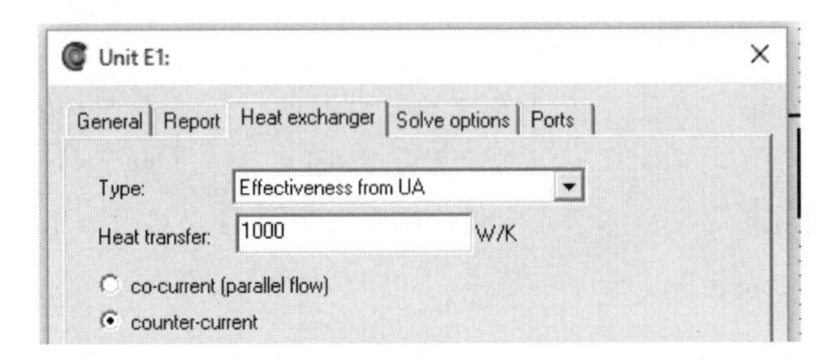

（a）HeatExchanger の設定

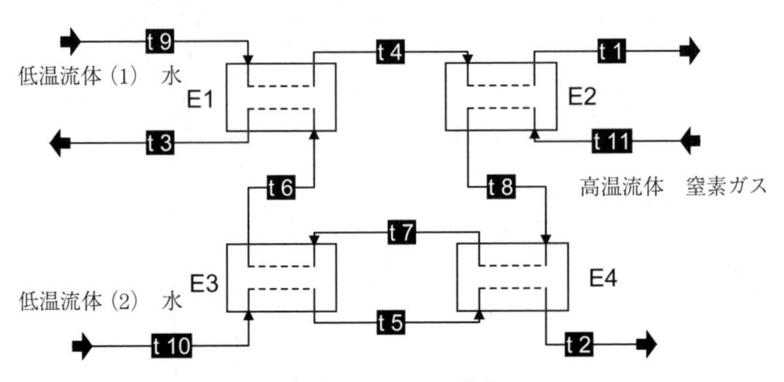

（b）プロセスの構成

Stream	t 9	t 1	t 10	t 2	t 11	t 3
Mole frac Water	1	1	1	1	0	0
Mole frac Nitrogen	0	0	0	0	1	1
Flow rate/[kg/s]	0.3	0.3	0.5	0.5	1	1
Temperature/[°C]	30	121.252	30	65.755	250	39.7242

（c）Stream report の作成

図 11.3　プロセスの構成と向流熱交換器の各出口温度の COCO 計算

Stream report を作成し，図（c）のように各入口流体 t9, t10, t11 の流量・温度を設定して，Solve の結果 $t_1 = 121$，$t_2 = 65.8$，$t_3 = 39.7$°C が得られた。

【参考例題】 冷蔵庫のモデル（冷凍サイクル）（<COCO_39_refrig.fsd>を参照）

イソブタンを冷媒とした家庭用冷蔵庫の冷凍サイクルを，COCO でモデル化した（**図 4.a**）。計算で得られた冷凍サイクルの過程をイソブタンの p-h 線図上に示す（**図 4.b**）。

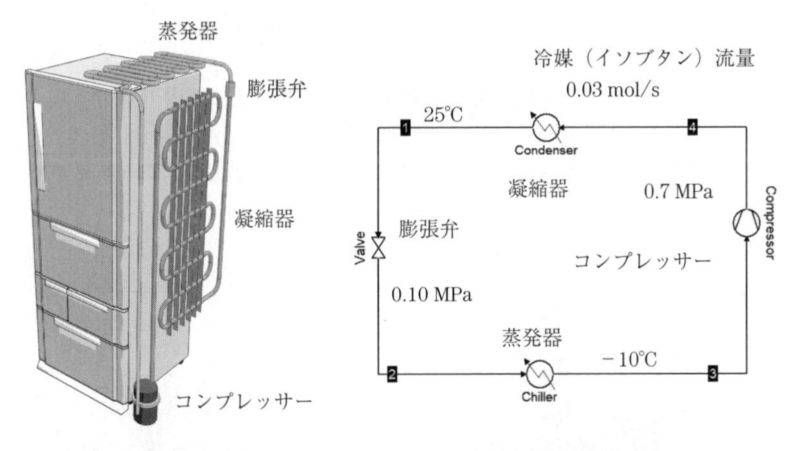

（a） 家庭用冷蔵庫　　（b） プロセス構成図

図 4.a 家庭用冷蔵庫の冷凍サイクル

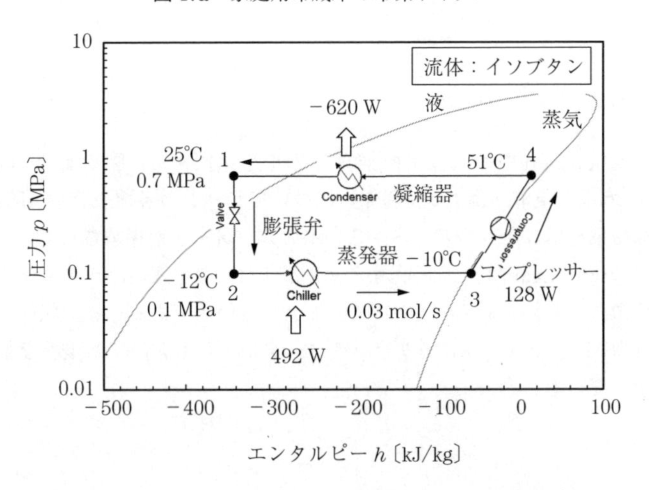

図 4.b 冷凍サイクルの過程（イソブタンの p-h 線図）

5 蒸　留

COCO に統合されている ChemSep は蒸留，吸収，抽出の平衡段分離装置のためのシミュレータである。そのため蒸留の計算は気液平衡推算をはじめ高度な機能を備えている。ChemSep の Results 中に McCabe-Thiele 法や多成分系の Fenske-Underwood-Gilliland 法（FUG）も含まれているので，これらを確認することができる。

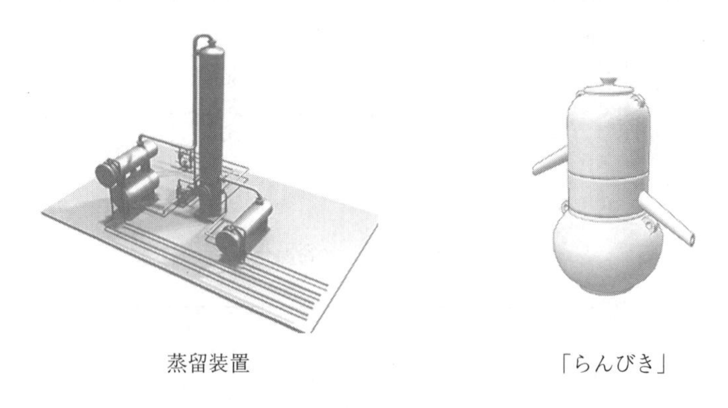

蒸留装置　　「らんびき」

まず ChemSep 中の気液平衡推算モデルを比較する。**図 5.a**(b)はエタノール/水系の気液平衡（x-y 関係）についてデータと各種モデル（図(a)）の計算結果を示したものである。この系のパラメータが掲載されている活量係数式の Van Laar は，気液平衡データと一致している。パラメータ不要の活量係数式にもかかわらず UNIFAC モデルも優秀である。また状態方程式型の EOS/Predictive SRK（成分パラメータ不要）も常圧でも優秀な推算結果を示している。

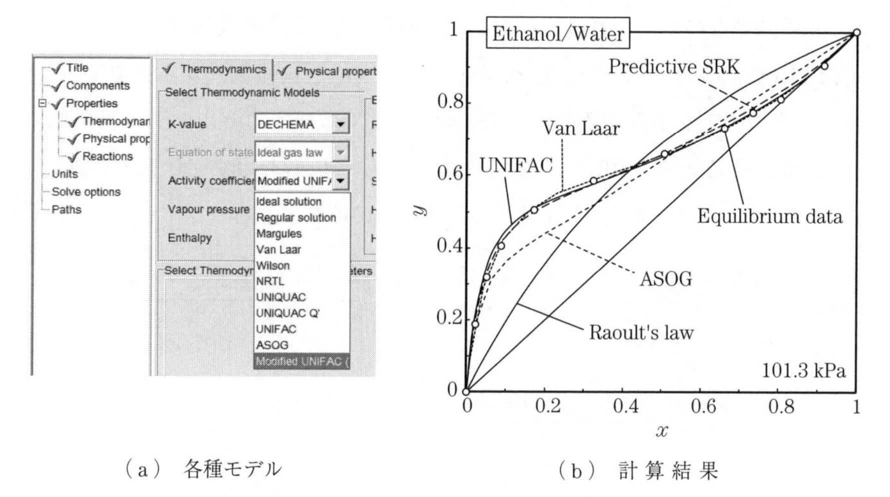

（a） 各種モデル　　　　（b） 計 算 結 果

図 5.a 気液平衡推算モデルの比較（エタノール/水系）

【例題 11a】 2 成分系フラッシュ蒸留（エタノール/水系）[IS, p.25)]

図 11a.1 のように，エタノールモル分率 $x_F = 0.3$ のエタノール水溶液 $F = 1$ mol/s をフラッシュ蒸留して，$D = 0.5$ mol/s の留出液を得る。留出液，缶出液の濃度 y_D, x_W を求めよ。

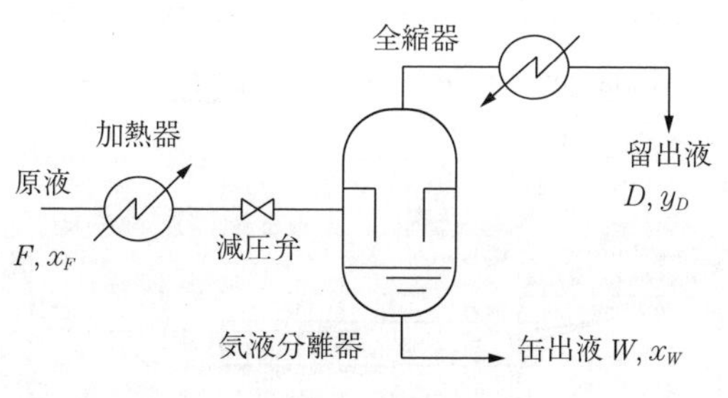

図 11a.1 2 成分系フラッシュ蒸留（エタノール/水系）

【Excel 解法】（<COCO_11a_FlashDistill.xlsx>を参照）

低沸点成分（エタノール）の物質収支より

$$Fx_F = Dy_D + Wx_W$$

である。x_F，および $F, D, W(= F - D)$ は指定されており，気液平衡から y_D

は x_W の関数なので，これは x_W に関する非線形方程式を解く問題となる。

図 11a.2 のシートでは y_D を x_W から Van Laar 活量係数式から計算している。上式の残差を B7 に記述し，ゴールシークで数式入力セル：B7，目標値：0，変化させるセル：B6 として実行する。$y_D = 0.474$，$x_W = 0.126$ である。右グラフにエタノール/水系気液平衡と共にこの解を示す。

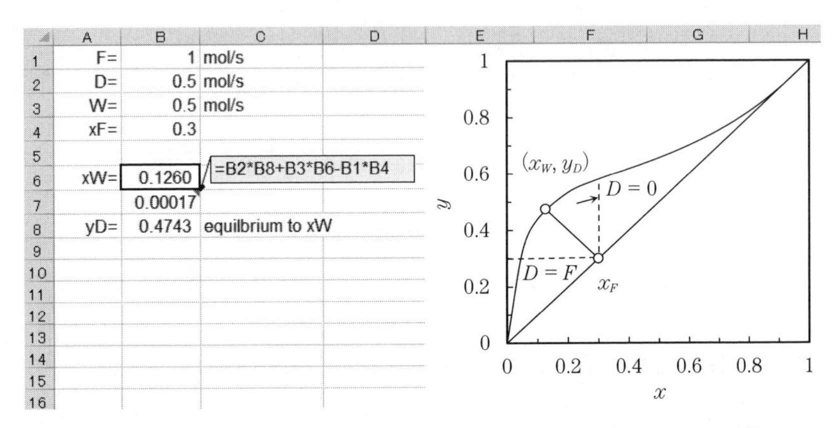

図 **11a.2**　2 成分系フラッシュ蒸留の留出液濃度と缶出液濃度の Excel 計算

【COCO 解法】（<COCO_11a_FlashDistill.fsd>を参照）

Settings→Flowsheet configuration→Property packages→Add→ChemSep Property Package Manager を Select，ChemSep が立ち上がる（図 **11a.3**）。

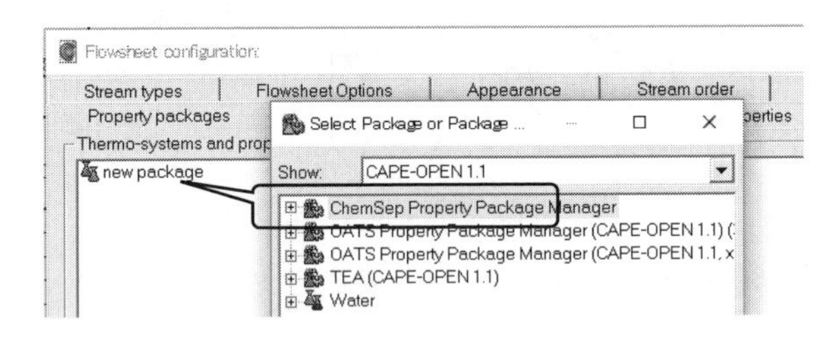

図 **11a.3**　ChemSep Property Package の Settings

ChemSep ウィンドウで設定項目を順次指定していく（図 **11a.4**(a)）。ここでは図(b)のように Components で成分を指定する。

Thermodynamics で K-value: DECHEMA，Activity coefficient: Van Laar,

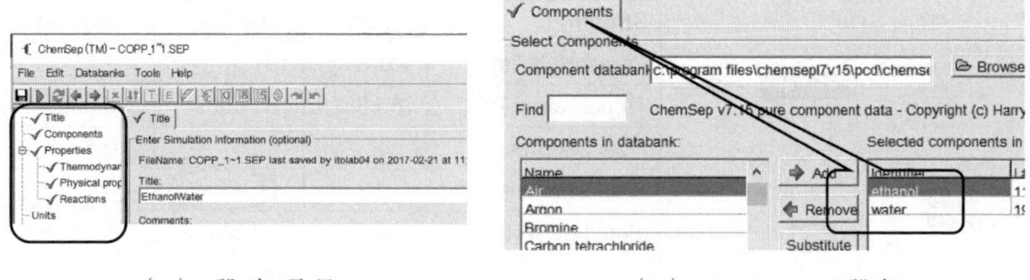

（a） 設 定 項 目　　　　（b） Components 設定

図 **11a.4**　ChemSep の各設定

Vapor pressure: Extended Antoine，Enthalpy: Ideal を図 **11a.5**（a）のように選択。図（b）の Select Thermodynamic Model parameters で Load→vanlaar.ipd 選択するとこの系の Van Laar 定数が入る。Extended Antoine も同様にパラメータを選択する。

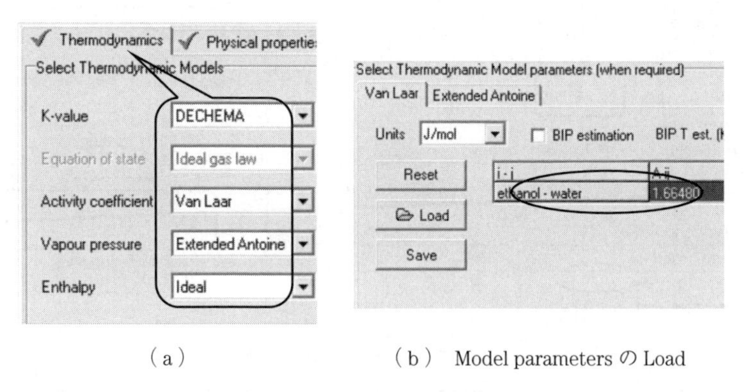

（a）　　　　（b） Model parameters の Load

図 **11a.5**　Thermodynamics の設定

保存→Exit して ChemSep を終え，Flowsheet に戻る。

Insert Unit operation から Separators→Flash を選択して配置する。図 **11a.6**（a）のように各 Stream を追加してプロセスを構成し，Insert/Stream report で図のような構成で Stream report を作成する（図（b））。

Feed をダブルクリックしてこの Stream の設定を行う（図 **11.7**）。流量，組成を入力する。Phase Fraction で molar phaseFraction[Vapor]: 0.5 を設定することで $D = 0.5$ の条件となる。このとき temperature が自動計算されてい

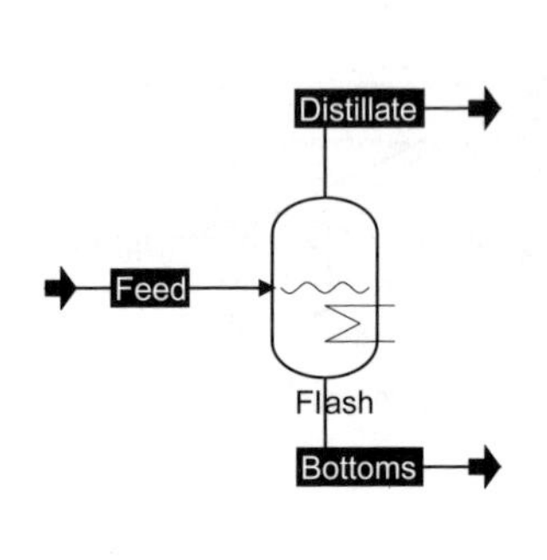

Stream	Feed	Distillate	Bottoms
Pressure/[kPa]	101.3	101.3	101.3
Temperature/[°C]	85.8889	85.8889	85.8888
Flow rate/[mol/s]	1	0.5	0.5
Mole frac ethanol	0.3	0.470473	0.129527
Mole frac water	0.7	0.529527	0.870473
Vapor phase			
Mole phase fraction	0.5	1	0
Liquid phase			
Mole phase fraction	0.5	0	1

（a）　プロセスの構成　　　　　　　　（b）　Stream report の作成

図 11a.6　2 成分系フラッシュ蒸留のプロセスの構成と留出液と缶出液濃度の COCO 計算

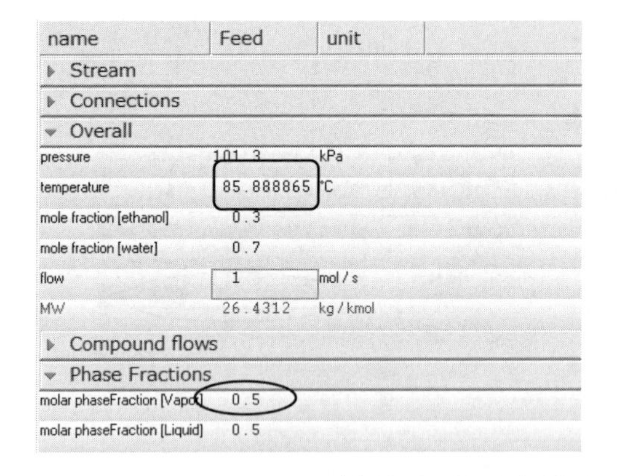

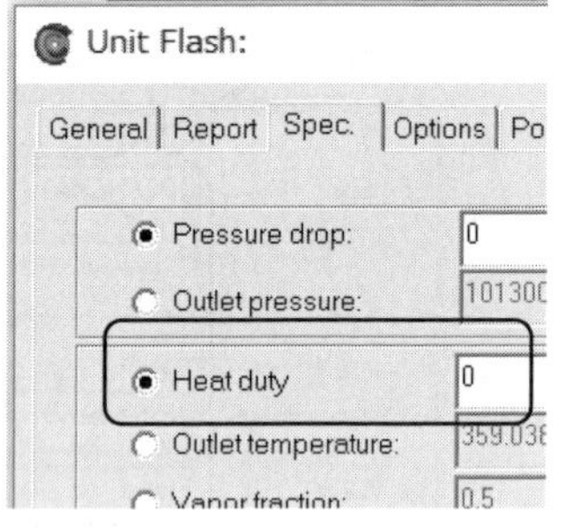

図 11a.7　Feed と Flash の設定

る。Flash の設定では Show GUI から Heat duty: 0 の設定のみである。

Solve すると図 11a.6（b）の Stream report の結果が得られる。$y_D = 0.470$, $x_W = 0.130$ である。

【例題 11b】　3 成分系フラッシュ蒸留（炭化水素系）[IS, p.27]

図 11b.1 のように，ベンゼン(1)，トルエン(2)，p-キシレン(3)の各流量 $F_1 = 40$ mol/s，$F_2 = 40$ mol/s，$F_3 = 20$ mol/s の混合液を供給して，$T = 120$°C，$P = 150$ kPa の条件でフラッシュ蒸留を行う。留出，缶出の各成分流量 D_i, W_i を求めよ。

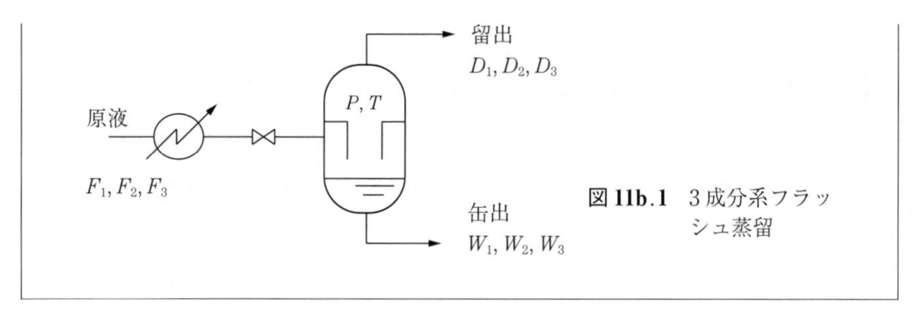

図 11b.1 3 成分系フラッシュ蒸留

【Excel 解法】 （<COCO_11b_3FlashDistill.xlsx>を参照）

成分収支式：

$$F_1 = D_1 + W_1 \quad (1), \qquad F_2 = D_2 + W_2 \quad (2), \qquad F_3 = D_3 + W_3 \quad (3)$$

気 液 平 衡：

$$y_1 = \frac{D_1}{D_1 + D_2 + D_3} = \frac{P_1^*}{P}\frac{W_1}{W_1 + W_2 + W_3} = \frac{P_1^*}{P}x_1 \qquad (4)$$

$$y_2 = \frac{D_2}{D_1 + D_2 + D_3} = \frac{P_2^*}{P}\frac{W_2}{W_1 + W_2 + W_3} = \frac{P_2^*}{P}x_2 \qquad (5)$$

$$y_3 = \frac{D_3}{D_1 + D_2 + D_3} = \frac{P_3^*}{P}\frac{W_3}{W_1 + W_2 + W_3} = \frac{P_3^*}{P}x_3 \qquad (6)$$

の六つの式で六つの未知数を求める問題となる（P_i^* は各成分蒸気圧）。

図 11b.2 のシートで D3:D5 に各成分の蒸気圧 P_i^* を Antoine 式で計算し，式(1)～(6)の残差を D8:D13 に書く。D14 の残差 2 乗和を最小化する B8:B13 をソルバーで求めることで解を得る。$D_1 = 30.8$，$D_2 = 23.8$，$D_3 = 8.0$，W_1

	A	B	C	D	E	F	G	H	I
1	T=	120	℃			Antoine定数			
2	全圧P=	150	kPa				ln p[Pa]=A−B/(C+T[K])化工便覧		
3	F1=	40	P1*=	300.2	kPa	ベンゼン	20.7936	2788.51	−52.36
4	F2=	40	P2*=	131.5	kPa	トルエン	20.9065	3096.52	−53.67
5	F3=	20	P3*=	60.5	kPa	p−キシレン	20.9891	3346.65	−57.84
6									
7	未知数								
8	Benzene D1=	30.8	mol/s	5.376E−05	式(1)				
9	Toluene D2=	23.8	mol/s	−4.21E−05	式(2)				
10	Xylene D3=	8.0	mol/s	−0.00014	式(3)	y3	0.13		
11	Benzene W1=	9.2	mol/s	0.0015465	式(4)				
12	Toluene W2=	16.2	mol/s	0.0004645	式(5)				
13	Xylene W3=	12.0	mol/s	0.0003975	式(6)	x3	0.32		
14				2.79E−06		V	62.6		

=B8+B11-B3
=(D3/B2)*(B11/(B11+B12+B13))-B8/(B8+B9+B10)
=SUMSQ(D8:D13)

図 11b.2 3 成分系フラッシュ蒸留の留出と缶出の各成分液量の Excel 計算

$= 9.2$，$W_2 = 16.2$，$W_3 = 12.0$ mol/s である。

【COCO 解法】（<COCO_11b_3FlashDistill.fsd>を参照）

Settings→Flowsheet configuration→Property packages→Add→ChemSep Property Package Manager を Select，New で ChemSep が立ち上がる。Components で 3 成分を選択。

Thermodynamics では理想溶液を仮定して，K-value: Raoul's law，Vapor pressure: Antoine，Enthalpy: Ideal を図 **11b.3** のように選択。

Flowsheet に戻り，Insert unit operation から Separators→Flash を選択して配置する。図 **11b.4**(a)のように各 Stream を追加してプロセスを構成

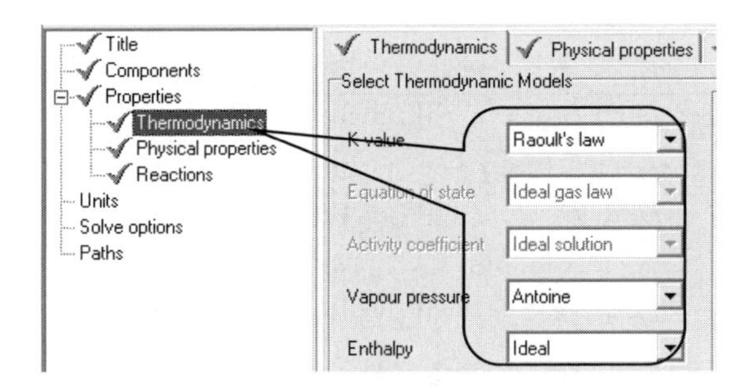

図 **11b.3**　Thermodynamics の設定

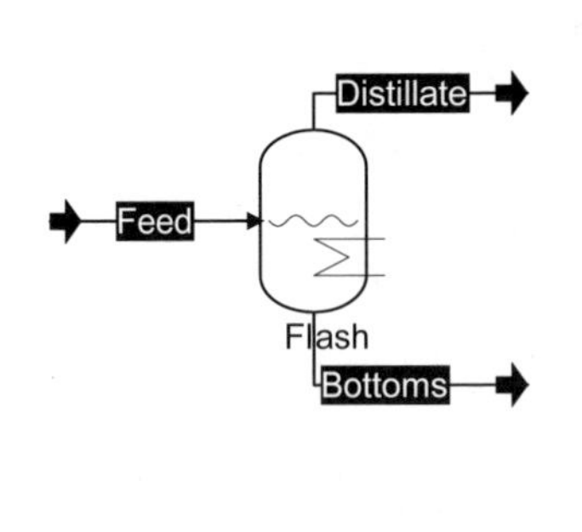

(a)　プロセスの構成

Stream	Feed	Distillate	Bottoms
Pressure/[kPa]	150	150	150
Temperature/[°C]	25	120	120
Flow rate/[mol/s]	100	64.2704	35.7296
Flow Benzene/[mol/s]	40	31.2772	8.72277
Flow Toluene/[mol/s]	40	24.5832	15.4168
Flow p-xy/[mol/s]	20	8.40997	11.59
Vapor phase			
Mole phase fraction		1	0
Liquid phase			
Mole phase fraction	1	0	1

(b)　Stream report の作成

図 **11b.4**　3 成分系フラッシュ蒸留のプロセスの構成と留出と缶出の各成分液量の COCO 計算

し，図(b)のような構成で Stream report を作成する。

Feed を図(b)のように設定。**図 11b.5** のように Flash で，Edit Unit operation から温度と圧力を指定。

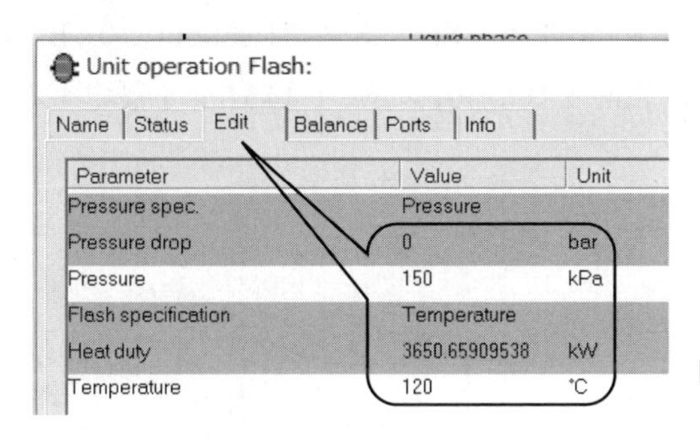

図 11b.5 Flash の設定

Solve すると図 11b.4(b)のように Stream report の結果が得られる。$D_1 = 31.3$，$D_2 = 24.6$，$D_3 = 8.4$，$W_1 = 8.7$，$W_2 = 15.4$，$W_3 = 11.6$ mol/s である。

【例題 11c】 断熱フラッシュ[S, p.163)]

図 11c.1 のように，ガソリン製造プロセスで，Feed 組成・条件の H_2 と炭化水素を蒸留塔に 1.14 MPa に減圧して供給する。供給気液の組成と温度を求めよ。

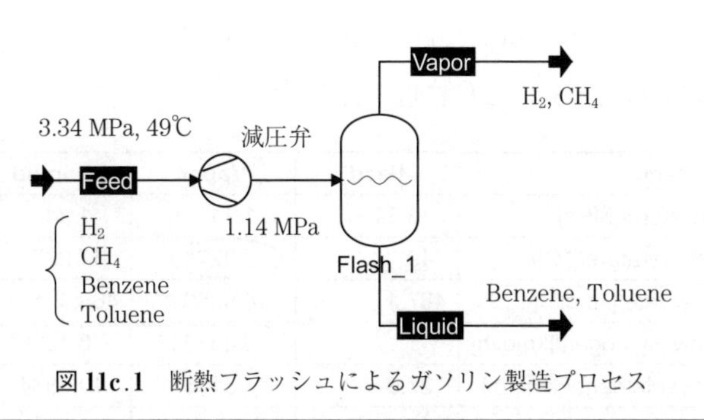

図 11c.1 断熱フラッシュによるガソリン製造プロセス

【COCO 解法】 （<COCO_11c_AdiabaFlash.fsd>を参照）

Settings→Flowsheet configuration→Property packages→Add→TEA を Select で New とし，Model set: Peng Robinson として Compounds の Add で 4 成分を選択する。Flowsheet に戻り，Insert unit operation から Separators→Flash および Expander を選択・配置して，Stream を追加して図 11c.1 のプロセスを構成する。Flash の Show GUI の Spet. タブで Heat duty: 0，Expander の Edit unit operation の Edit タブで Pressure: 1.14 MPa を設定する（図 **11c.2**）。

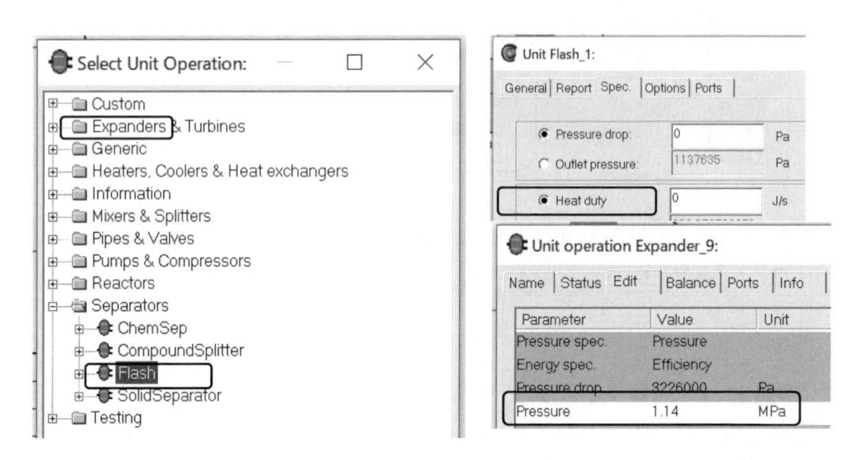

図 **11c.2**　Flash と Expander の設定

Stream report を作成して図 **11c.3** のように構成し，Feed の各成分流量を設定して Solve すると，図のように気液の組成が得られる。また，断熱膨張により，温度が 49℃ から 47.2℃ に低下した。

Stream	Feed	Vapor	Liquid
Pressure/[MPa]	3.34	1.14	1.14
Temperature/[°C]	49	47.2275	47.2275
Flow rate/[kmol/h]	487.4	18.9089	468.491
Flow Hydrogen/[kmol/h]	1	0.836917	0.163083
Flow Methane/[kmol/h]	27.9	17.5136	10.3864
Flow Benzene/[kmol/h]	345.1	0.501147	344.599
Flow Toluene/[kmol/h]	113.4	0.0572098	113.343

図 **11c.3**　断熱フラッシュによるガソリン製造プロセスにおける供給気液の組成と温度の COCO 計算

【例題 11d】 単　蒸　留[IS, p.22)]

図 11d.1 のように，初期濃度 $x_0 = 0.20$ のエタノール水溶液 W_0〔mol〕をスチルに仕込み，単蒸留を行う。留出率 β $(= 1 - W/W_0)$ に対する蒸気組成 y，留出液平均組成 x_D $(= x_0 - (1 - \beta)x/\beta)$ の関係を求めよ。

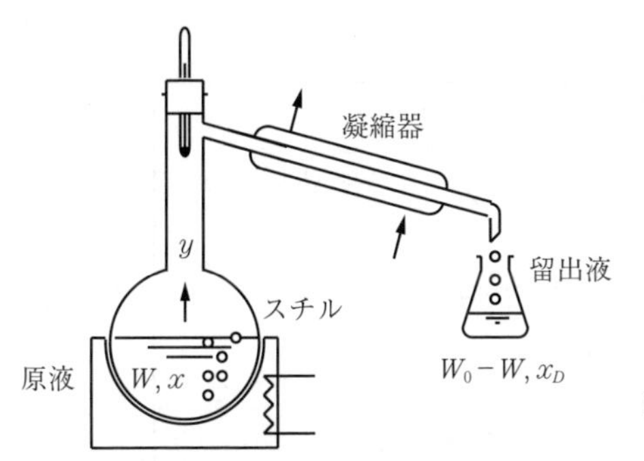

図 11d.1　単　蒸　留

【Excel 解法】（<COCO_11d_SimpleDistill.xlsm>を参照）

微少量 dW だけ蒸留が進行し，液組成が dx 変化したとすると，物質収支は

$$Wx = (W - dW)(x - dx) + ydW$$

となり，2 次の微分項を省略して整理すると次式(a)となる。

$$\frac{dW}{W} = \frac{dx}{y - x} \quad \text{(a)}, \qquad \frac{dx}{d\beta} = -\frac{y - x}{1 - \beta} \quad \text{(b)}$$

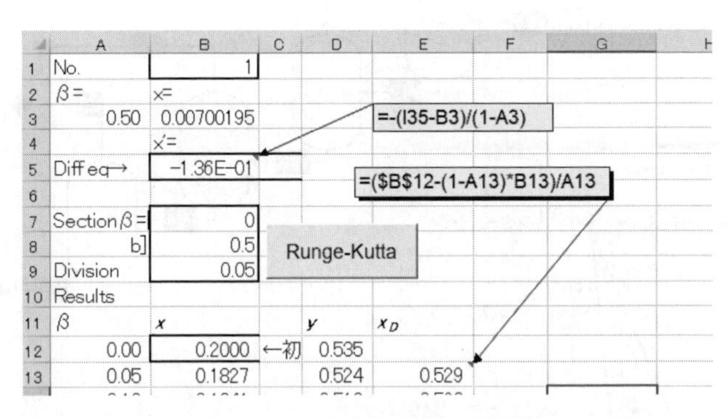

	A	B	C	D	E
1	No.	1			
2	β=	x=			
3	0.50	0.00700195			
4		x'=			
5	Diff eq→	−1.36E−01			
6					
7	Section β=	0			
8	b]	0.5			
9	Division	0.05			
10	Results				
11	β	x		y	x_D
12	0.00	0.2000	←初	0.535	
13	0.05	0.1827		0.524	0.529

図 11d.2　単蒸留の Excel 計算

これは留出率βを用いて書き換えると，式(b)となり，yとxの関係($y = f(x)$)が既知であれば，βに関するxの常微分方程式となる。**図11d.2**のシートでB5に式(b)を書き，$\beta = 0$〜0.5間で積分する。このときyはxからVan Laar式で計算している（I35）。計算で得られた蒸留曲線を**図11d.3**に示す。

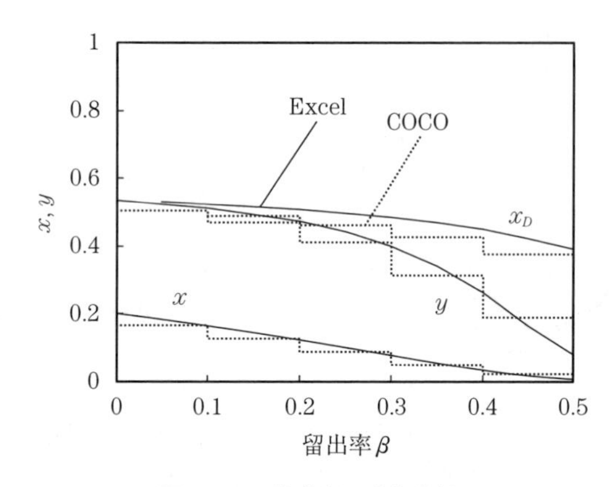

図11d.3　単蒸留の蒸留曲線

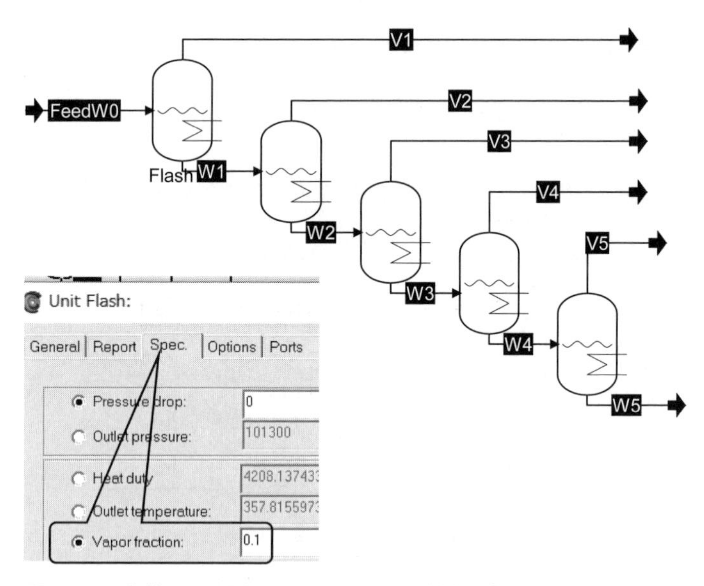

図11d.4　複数Flash配置によるプロセスの構成と各FlashのSpec.設定

【COCO 解法】（<COCO_11d_SimpleDistill.fsd>を参照）

COCO/ChemSep は基本的に定常プロセスシミュレータなので，単蒸留のような非定常プロセス（微分方程式となるプロセス）は直接には扱えない。ここでは近似的に Flash 操作の繰返しにより単蒸留を模擬してみた。

例題 11a のエタノール/水系 Flash 器を 5 個接続して，前ページの図 **11d.4** のプロセスを作成する。各 Flash Unit の設定で，Show GUI の Spec. タブの Vapor fraction の値を留出率が 0.1 ごとに増えるよう調整した。

図 **11d.5** の結果が得られた。図 11d.3 中で Excel による微分方程式の結果（蒸留曲線）と比較している。

Stream	FeedW0	W1	W2	W3	W4	W5
Pressure/[kPa]	101.3	101.3	101.3	101.3	101.3	101.3
Temperature/[°C]	82.3229	84.6656	85.9392	88.0279	91.2892	95.23
Flow rate/[mol/s]	1	0.9	0.8001	0.700088	0.599975	0.499979
Mole frac ethanol	0.2	0.166108	0.128282	0.0880266	0.0503005	0.022752
Mole frac water	0.8	0.833892	0.871718	0.911973	0.9497	0.977248

Stream	V1	V2	V3	V4	V5
Pressure/[kPa]	101.3	101.3	101.3	101.3	101.3
Temperature/[°C]	84.6655	85.9391	88.0279	91.2889	95.2299
Flow rate/[mol/s]	0.1	0.0999	0.100013	0.100113	0.099996
Mole frac ethanol	0.505025	0.469059	0.410071	0.314119	0.188042
Mole frac water	0.494975	0.530941	0.589929	0.685881	0.811958

図 **11d.5** 単蒸留の COCO 計算

【例題 12】 2 成分系蒸留（エタノール/水系）[IK, p.154)]

理論段の数 8 の**蒸留塔**でエタノール(1)/水(2)の 2 成分系混合液を分離する。供給液量 $F = 1$ kmol/s，供給組成 $z_F = 0.4$，供給液の液割合 $q = 0.5$，供給段：7 段（図参照），還流比 $R(= L/D) = 1$，缶出液量 $W = 0.5$ kmol/s の操作条件で塔内組成分布を計算し，塔の分離性能 x_D, x_W を求めよ。流量，組成の記号を図 **12.1** に示す。

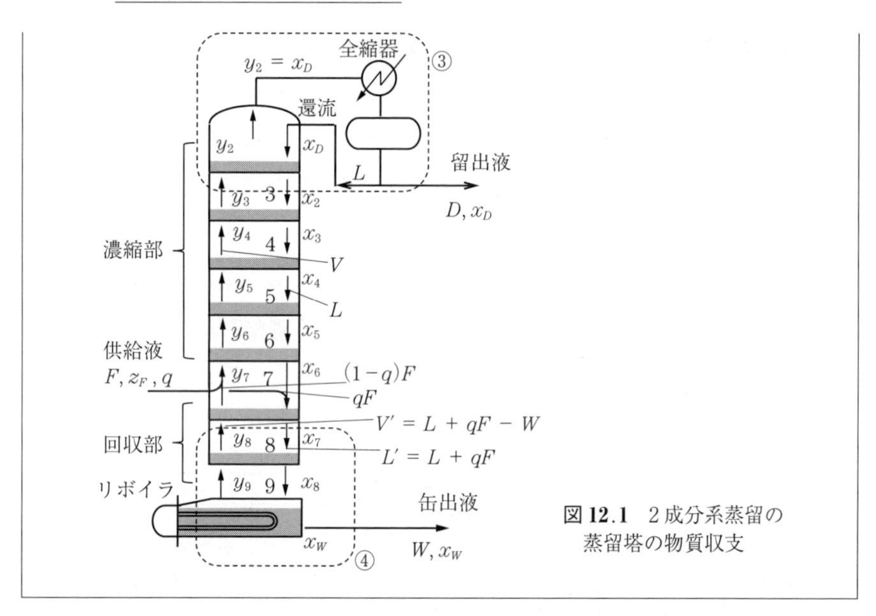

図 12.1　2成分系蒸留の蒸留塔の物質収支

【Excel 解法】　(<COCO_12_BiDistill.xlsx>を参照)

塔内各段 i での低沸点成分気液組成 x_i, y_i について収支式を作成する。

① 塔全体の低沸点物質収支：

$$Fz_F = Dx_D + Wx_W \qquad (1)$$

② 塔頂での関係：塔頂蒸気 y_2 は全縮器ですべて凝縮されて x_D になるので，次式である。

$$x_D = y_2 \qquad (2)$$

③ 濃縮部の $[x_2, y_3], [x_3, y_4], [x_4, y_5], [x_5, y_6], [x_6, y_7]$ の関係：

$$y_3 = \frac{L}{L+D}x_2 + \frac{D}{L+D}x_D \qquad (3)\sim(7)$$

④ 回収部の $[x_7, y_8], [x_8, y_9]$ の関係：

$$y_8 = \frac{L+qF}{L+qF-W}x_7 - \frac{W}{L+qF-W}x_W \qquad (8), (9)$$

y_i は気液平衡関係から x_i の関数である。以上により 9 個の未知数 x_i に関する 9 個の連立方程式（式(1)〜(9)）が得られた。この連立方程式を塔頂条件 $R = 1.0$ と塔底条件 $W = 0.5$ kmol/s で解く。

図 12.2 の Excel シートで B1:B7 にパラメータ，B9:B17 に未知数の適当な初期値を入れる。C10:C17 に相対揮発度 α を設定し，D9:D17 で y_i を計算する（α はあらかじめ気液平衡を相関した式で表す）。E9:E17 に式(1)～(9)の残差（(右辺) − (左辺)）を書く。E18 に残差 2 乗和を計算し，ソルバーで E18 を目的セル，B9:B17 を変化させるセルとして最小化する。これで連立方程式が解かれ，解が B9:B17 に得られる。$x_D = 0.747$，$x_W = 0.053$ である。得られた蒸留塔内組成分布を McCabe-Thiele 階段作図で**図 12.3** に示す。

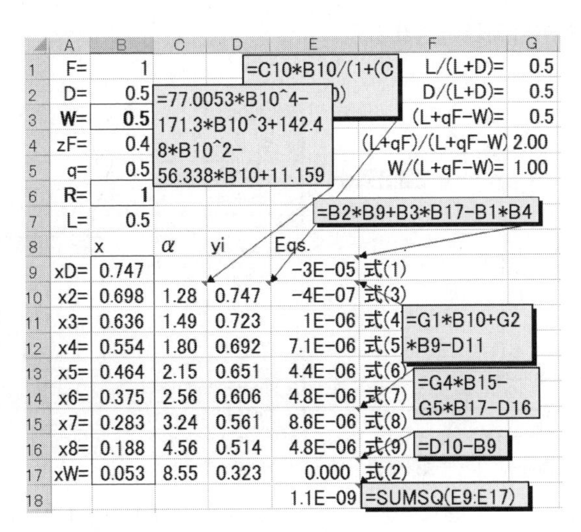

	A	B	C	D	E	F	G
1	F=	1				L/(L+D)=	0.5
2	D=	0.5				D/(L+D)=	0.5
3	W=	0.5				(L+qF-W)=	0.5
4	zF=	0.4				(L+qF)/(L+qF-W)	2.00
5	q=	0.5				W/(L+qF-W)=	1.00
6	R=	1					
7	L=	0.5					
8		x	α	yi	Eqs.		
9	xD=	0.747			-3E-05	式(1)	
10	x2=	0.698	1.28	0.747	-4E-07	式(3)	
11	x3=	0.636	1.49	0.723	1E-06	式(4)	
12	x4=	0.554	1.80	0.692	7.1E-06	式(5)	
13	x5=	0.464	2.15	0.651	4.4E-06	式(6)	
14	x6=	0.375	2.56	0.606	4.8E-06	式(7)	
15	x7=	0.283	3.24	0.561	8.6E-06	式(8)	
16	x8=	0.188	4.56	0.514	4.8E-06	式(9)	
17	xW=	0.053	8.55	0.323	0.000	式(2)	
18					1.1E-09	=SUMSQ(E9:E17)	

図 12.2　2 成分系蒸留塔の分離性能の Excel 計算

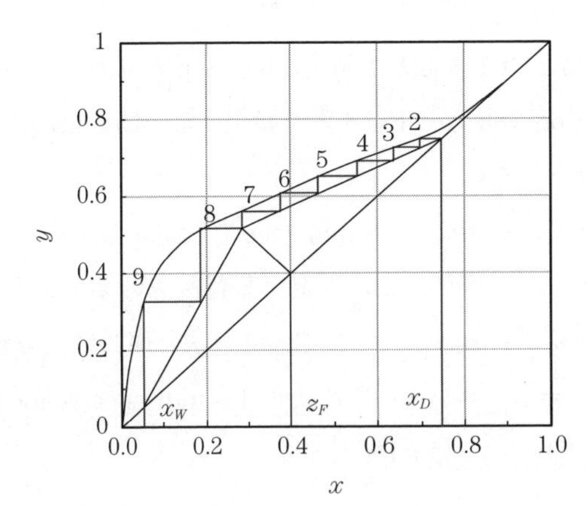

図 12.3　2 成分系蒸留塔内組成分布の McCabe-Thiele 図

【COCO 解法】（<COCO_12_BiDistill.fsd>を参照）

Settings（Thermodynamics）は例題 11a と同じである（K-value: DECHEMA, Activity coefficient: VanLaar, Vapor pressure: Extended Antoine, Enthalpy: Ideal）。

Flowsheet で Insert unit operation から Separators/ChemSep を選択して配置し，Stream を配置，接続する（**図 12.4**（a））。Stream report を作成し，Feed の圧力，温度，流量，組成，Phase fractions（$= q$）$= 0.5$ を設定する（図（b），温度が自動設定される）。

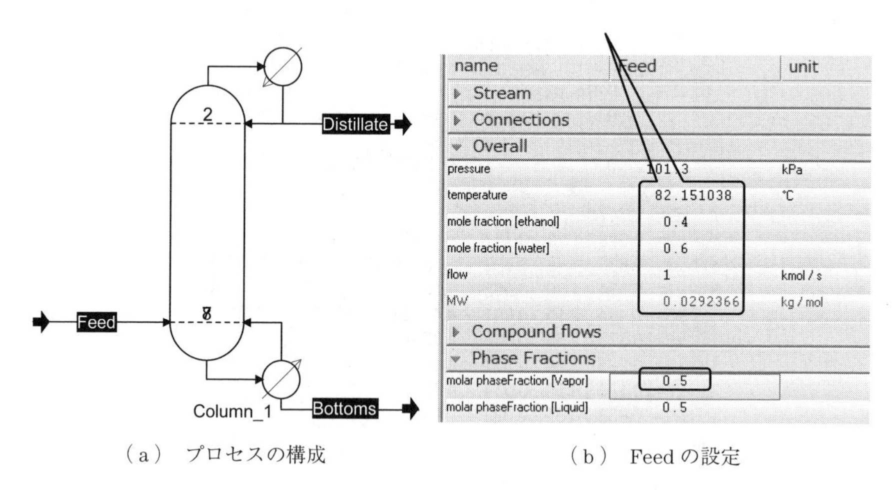

（a） プロセスの構成　　　（b） Feed の設定

図 12.4　プロセスの構成と Feed の設定

Column_1 で右クリック→Show GUI すると，再度 ChemSep が立ち上がる。**図 12.5** のように，まず Operation で段数と Feed 段を指定する。ChemSep での段数は塔頂全縮器とリボイラを含む。

次いで，**図 12.6** のように，Specifications/Column spec を設定する。蒸留計算の設定は Top と Bottom の二つで行う。この設定が蒸留計算の要であり，解を得るために適切な設定が必要である。ここでは Excel 解法と同じ塔頂条件 Top specification: Reflux ratio（$= R$）$= 1.0$，塔底条件 Bottom specification: Bottom product flow rate（$= W$）$= 0.5$ kmol/s とする。

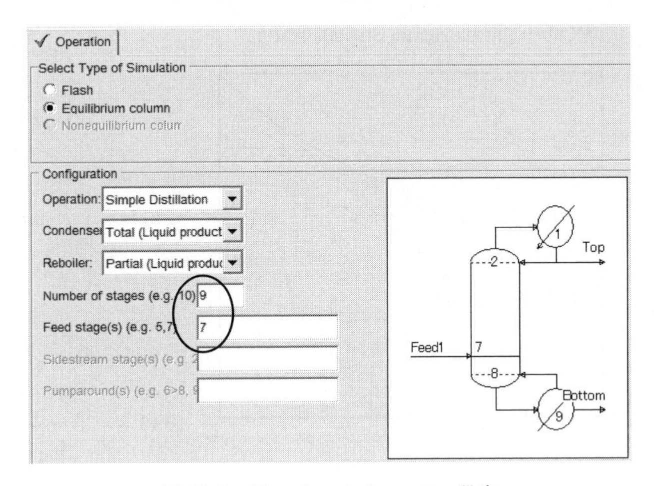

図 **12.5**　ChemSep の Operation 設定

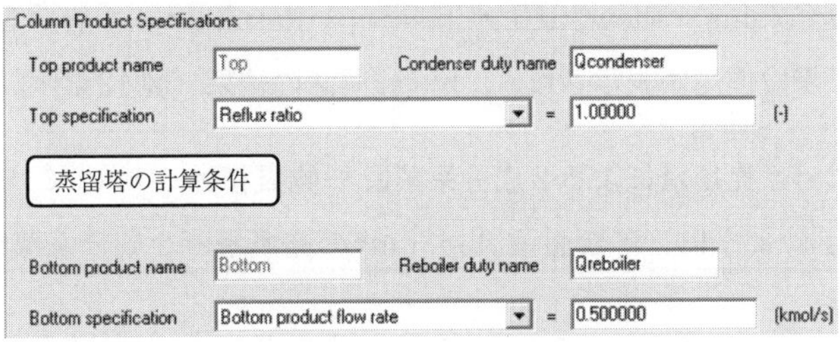

Column Product Specifications
Top product name　Top　Condenser duty name　Qcondenser
Top specification　Reflux ratio　=　1.00000　[-]
蒸留塔の計算条件
Bottom product name　Bottom　Reboiler duty name　Qreboiler
Bottom specification　Bottom product flow rate　=　0.500000　[kmol/s]

図 **12.6**　Column spec の設定

設定終了したので，Flowsheet に戻って図 **12.7** のような構成で Stream report を作成し，Solve すると同じ表に留出液，缶出液が計算される。$x_D = 0.735$，$x_W = 0.065$ が得られた。

Stream	Feed	Distillate	Bottoms
Pressure/[kPa]	101.3	101.325	101.325
Temperature/[°C]	83.0271	79.3176	89.8108
Flow rate/[kmol/s]	1	0.5	0.5
Mole frac ethanol	0.4	0.734989	0.0650115
Mole frac water	0.6	0.265011	0.934989

図 **12.7**　2成分系蒸留塔の分離性能の COCO 計算

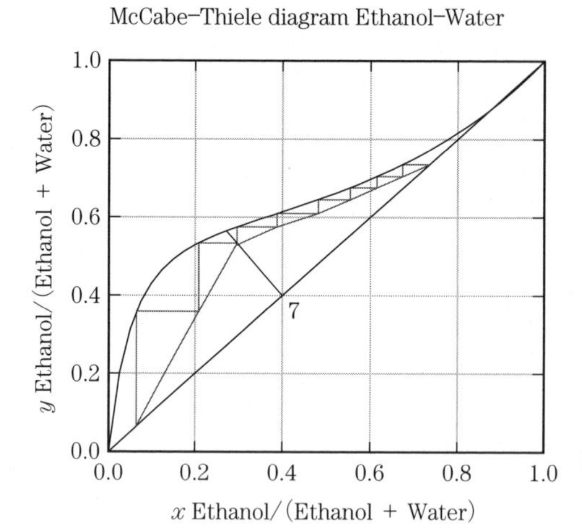

図 **12.8**　ChemSep の McCabe–Thiele 図

さらに，Column→Show GUI→ChemSep→Results→McCabe–Thiele で**図 12.8** の x-y 階段作図が表示される。Excel 解法の結果（図 12.3）と比較せよ。

【例題 12a】　充填塔による 2 成分系蒸留 —物質移動モデル—S, p.309)

図 12a.1 のように，塔断面積 $A = 1\ \mathrm{m}^2$ の**充填塔**で 2 成分系蒸留を行う。

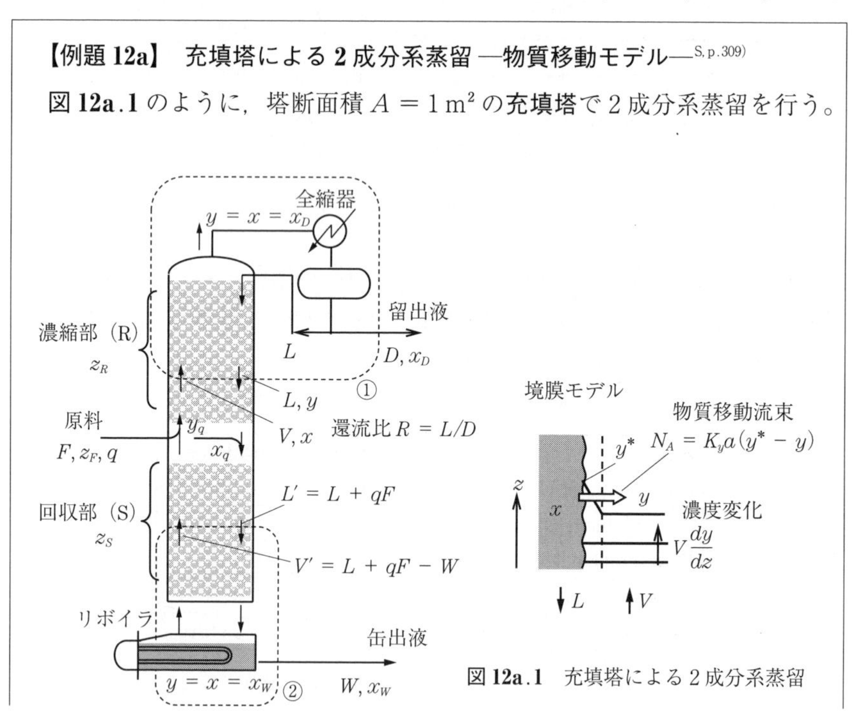

図 12a.1　充填塔による 2 成分系蒸留

原料はイソプロピルエーテル(1)/イソプロパノール(2)の $z_f = 0.4$ の混合液で，供給量 $F = 250\ \mathrm{kmol/(m^2{\cdot}h)}$ を塔頂で $D = 134\ \mathrm{kmol/(m^2{\cdot}h)}$，$x_D = 0.7$，塔底で $W = 116\ \mathrm{kmol/(m^2{\cdot}h)}$，$x_W = 0.05$ に分離する。原料気液比は $q = 1$ の液供給とする。物質移動は蒸気相支配を仮定し，総括物質移動容量係数を $K_y a = 725\ \mathrm{kmol/(m^3{\cdot}h)}$ とする。濃縮部と回収部の充填物高さ z_R, z_S〔m〕を求めよ。

【Excel 解法】 （<COCO_12a_PackedBedDistill.xlsxm>を参照）

充填蒸留塔の気液流量，組成の記号は図 12a.1 に示されている。ほとんど段塔の例題 12 と同じだが，x, y は連続値である。

濃縮部（図の境界①）について低沸点成分の物質収支をとると

$$y = \frac{L}{L+D}x + \frac{D}{L+D}x_D \qquad \left(x = \frac{L+D}{L}y - \frac{D}{L}x_D\right)$$

であり，濃縮部操作線の式である。( ) 内のように y から x を求める式に変形しておく。低沸点成分の物質移動を蒸気相支配の境膜モデルで考えると，充填塔の微小高さ dz についての収支は次式である（図(b)）。

$$V\frac{dy}{dz} = K_y a(y^* - y) \quad \mathrm{〔kmol/(m^3{\cdot}h)〕}$$

ここで $K_y a$ は気相基準総括物質移動容量係数で，y^* は同じ z 位置の液本体組成 x に平衡な蒸気組成である。y^* は x で表せ，x は操作線の式より y から得られるので，上式は y に関する常微分方程式となる。これを y_q から x_D まで積分して，濃縮部の高さ z_R が求められる。y_q は濃縮部，回収部の操作線の交点として次式である。

$$y_q = \frac{(D/L)x_D + (W/L')x_W}{(L+D)/L - V'/L'}$$

蒸留塔の回収部（図の境界②）についても同様に取り扱い，回収部の操作線の式が次式である。

$$y = \frac{L + qF}{L + qF - W}\,x - \frac{W}{L + qF - W}\,x_W$$

$$= \frac{L'}{V'}\,x - \frac{W}{V'}\,x_W \qquad \left(x = \frac{V'}{L'}\,y + \frac{W}{L'}\,x_W\right)$$

微小高さ dz についての収支が次式である。

$$V'\,\frac{dy}{dz} = -\,K_y a(y^* - y)$$

回収部についても，この y に関する常微分方程式を y_q から x_W まで積分することで回収部の高さ z_S が求められる。

図 12a.2 の常微分方程式解法シートで濃縮部および回収部の蒸気組成 y_R, y_S に関する常微分方程式をそれぞれ積分する（連立ではない）。濃縮部を添字 R，回収部を添字 S で表し，B 列が濃縮部の y_R，C 列が回収部の y_S である。E-J 列で各定数，および B3 の y_R および C3 の y_S から x, y^* を計算する（H6, H7, J6, J7）。なお，x-y 関係は以下の ChemSep で求めたこの系の気液平衡（101.3 kPa）を比揮発度 $\alpha(x)$ で相関した式で求めている。B5, C5 に微分方程式を書き，y_q を初期値として積分を行う。塔頂，塔底で指定の組成 x_D, x_W になった z が充填塔高さである。

	A	B	C	D	E	F	G	H	I	J
1	微分方程式数	2	=(H5/H2)*(H7−B3)		F=	250	L=DR	134	L′=L+qF=	384
2	z=	yR=	yS= =−(H5/J2)*(J7−C3)		D=	134	V=L+D	268	V′=L+qF−W=	268
3	2.00	0.73254486			W=	116	yq=	0.549		
4		yR′=	yS′		zF=	0.4	xq=	0.40		
5	微分方程式	3.88E−02	2.92E−03		q=	1.0	Kya=	725		
6					xD=	0.7	xR=	0.765	xS=	−0.006
7	積分区間z=[a	0			xW=	0.05	yR*=	0.747	yS*=	−0.031
8	b]	2	Runge-Kutta		R=	1	αR=	0.905926	αS=	5.360251
9	積分刻み幅	0.2								
10	計算結果									
11	z	yR	yS	xR	αR	yR*	xS	αS	yS*	zS
12	0.00	0.549	0.549	0.398	2.4675	0.620	0.398	2.467533	0.620	0.00
13	0.20	0.586	0.503	0.472	2.074	0.649	0.366	2.654546	0.605	−0.20

図 12a.2　充填塔による 2 成分系蒸留の濃縮部と回収部の充填物高さの Excel 計算

計算結果の塔内濃度分布を**図 12a.3**(a)に，操作線を図(b)に示す。この結果より $z_R = 1.2$ m，$z_S = 1.1$ m と求められた。

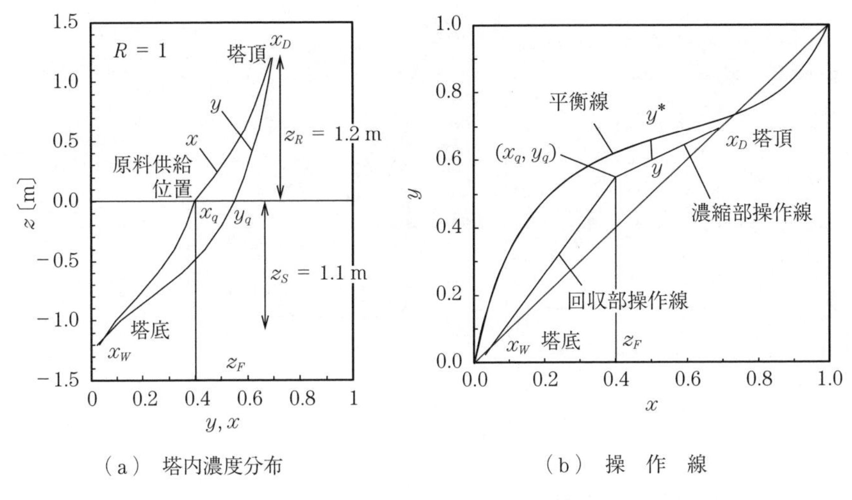

（a） 塔内濃度分布　　（b） 操 作 線

図 **12a.3** 充填塔による2成分系蒸留操作

【COCO 解法】 （<COCO_12a_PackedBedDistill.fsd>を参照）

COCO/ChemSep では充填塔は計算できないので，平衡段モデルでまず計算し，その後 **HETP** により充填物高さを推算する方法による。

Settings→Flowsheet configuration→Property packages→Add→ChemSep Property Package Manager を Select, ChemSep が立ち上がる。

図 **12a.4** のように，Components で成分を指定する。

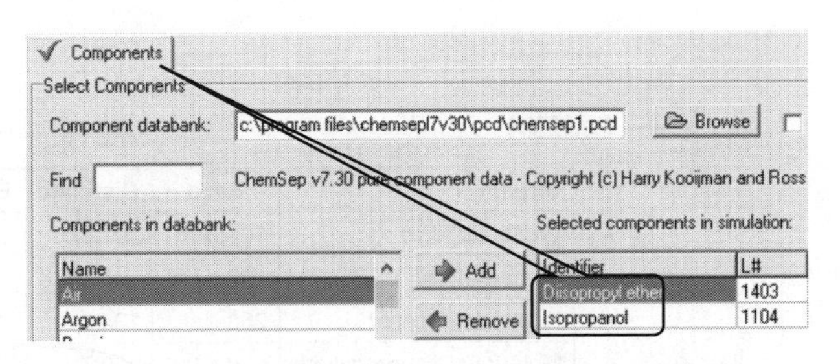

図 **12a.4** Components の設定

Thermodynamics で K-value: DECHEMA, Activity coefficient: Modified UNIFAC（成分パラメータ不要）, Vapor pressure: Antoine, Enthalpy: Ideal

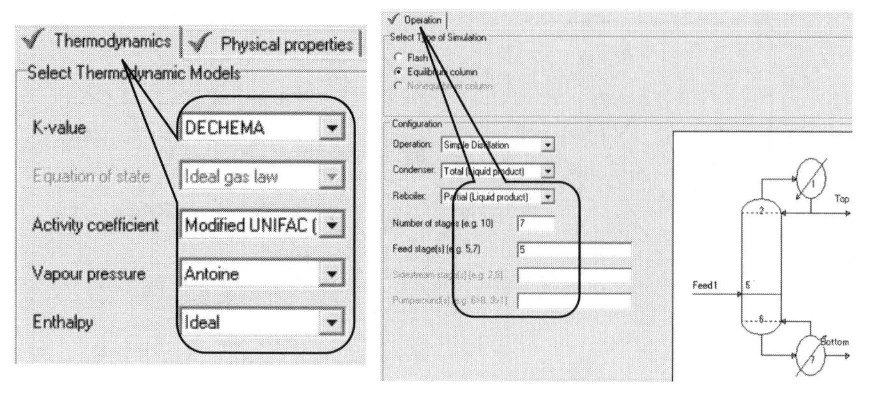

図 12a.5　Thermodynamics の設定と ChemSep の Operation 設定

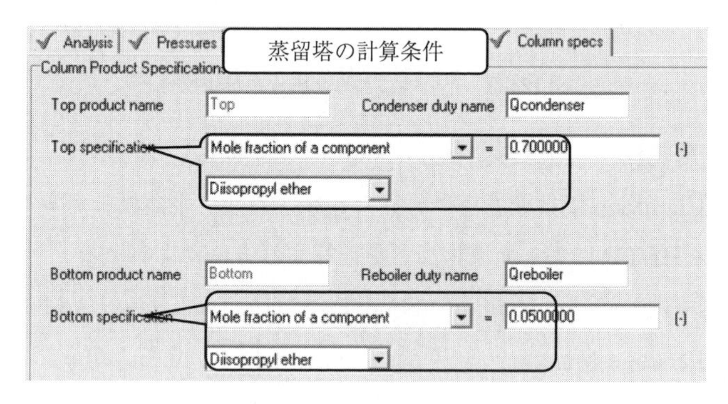

（a）　ChemSep の Column specs 設定

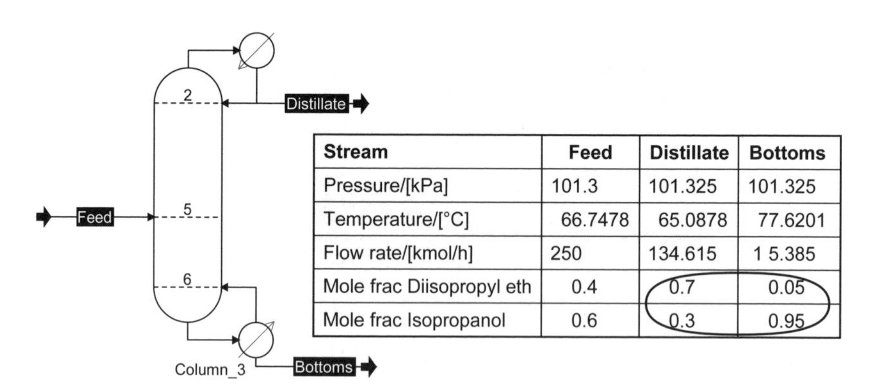

Stream	Feed	Distillate	Bottoms
Pressure/[kPa]	101.3	101.325	101.325
Temperature/[°C]	66.7478	65.0878	77.6201
Flow rate/[kmol/h]	250	134.615	1 5.385
Mole frac Diisopropyl eth	0.4	0.7	0.05
Mole frac Isopropanol	0.6	0.3	0.95

（b）　プロセスの構成と Stream report の作成

図 12a.6　2 成分系蒸留の COCO 計算

のように選択する。Flowsheet→Insert unit operation から Separators→ChemSep を選択して配置する。また，ChemSep の Operation で Simple Distillation，Number of stages: 7，Feed stage: 5 を設定（図 **12a.5**）。

図 **12a.6**(a) のように，Column specs は塔頂条件 $x_D = 0.7$，塔底条件 $x_W = 0.05$ を設定。Feed の Phase fractions で molar phase fraction [liquid]: 1.0（$q = 1$）を設定する。Flowsheet に戻って各 Stream を追加してプロセスを構成し，また Stream report を図(b)のような構成で作成し，Solve して同じ表に結果を得る。問題の条件に一致している。Column の Show GUI→McCabe-Thiele で図 **12a.7** が表示される。

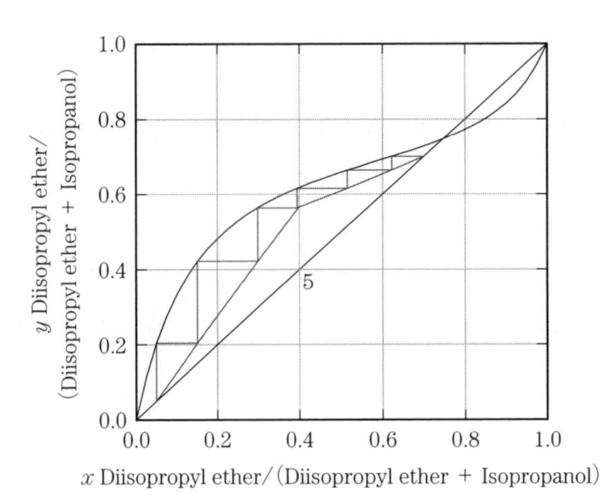

12a.7 ChemSep による McCabe-Thiele 図

この結果から濃縮部3段，回収部3段（うち1段はリボイラ）である。蒸留の HETP は 0.4 m 程度[S, p.308]なので，$z_R = 1.2$ m，$z_S = 0.8$ m となる。

> **【例題 12b】 2成分系精密蒸留**[S, p.299]
>
> 60 mol% のベンゼン/トルエン混合液をおのおの 99.9% の純度に蒸留分離せよ。

【COCO 解法】（<COCO_12b_SharpSeparation.fsd>を参照）

図 **12b.1** のように，Settings→Property packages→Add→ChemSep Property Package Manager から ChemSep を立ち上げ，2成分を選択。Thermody-

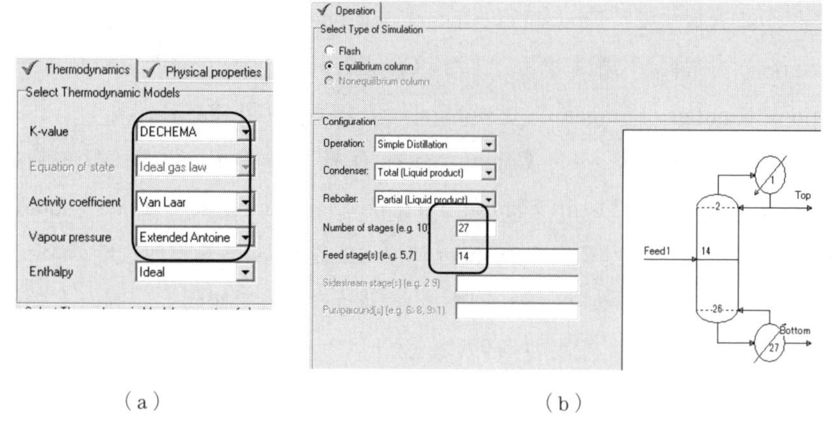

（a）　　　　　　　　（b）

図 **12b.1**　Thermodynamics の設定と ChemSep の Operation 設定

namics は DECHEMA/Van Laar/Extended Antoine とする（図(a)）。Flowsheet に戻り，Insert unit operation→Separators→ChemSep から 27 段の蒸留塔を選択し，Thermodynamics は Settings と同じにする（図(b)）。

図 12b.2(a)のように，Flowsheet に戻って，各 Stream を追加してプロセスを構成し，また Stream report を作成して図(b)のような構成とする。**図 12b.3**(a)の Feed を設定する。この際供給液の Vapor fraction: 0.5 を設定すると Feed の温度が自動計算される。蒸留塔の Show GUI→ChemSep→

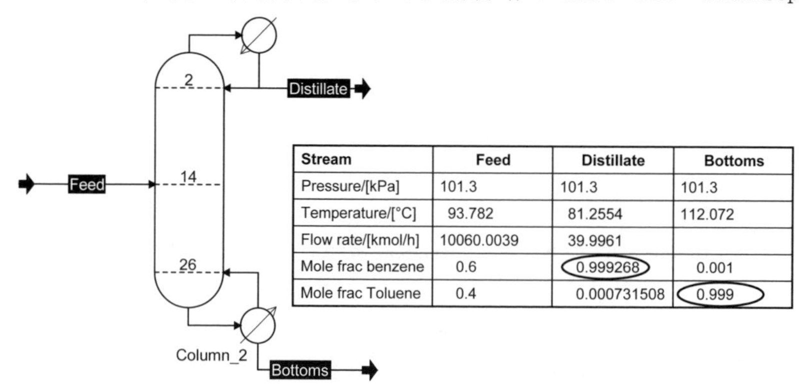

Stream	Feed	Distillate	Bottoms
Pressure/[kPa]	101.3	101.3	101.3
Temperature/[°C]	93.782	81.2554	112.072
Flow rate/[kmol/h]	10060.0039	39.9961	
Mole frac benzene	0.6	0.999268	0.001
Mole frac Toluene	0.4	0.000731508	0.999

（a）　プロセスの構成　　　　（b）　Stream report の作成

図 **12b.2**　プロセスの構成と 2 成分系精密蒸留の COCO 計算

供給液 Feed 条件

Overall		
pressure	101.3	kPa
temperature	93.782006	℃
mole fraction [benzene]	0.6	
mole fraction [toluene]	0.4	
flow	100	kmol / h
MW	0.083724799	kg / mol
Compound flows		
Phase Fractions		
molar phaseFraction [Vapor]	0.5000138	
molar phaseFraction [Liquid]	0.4999862	

（a） Feed の設定

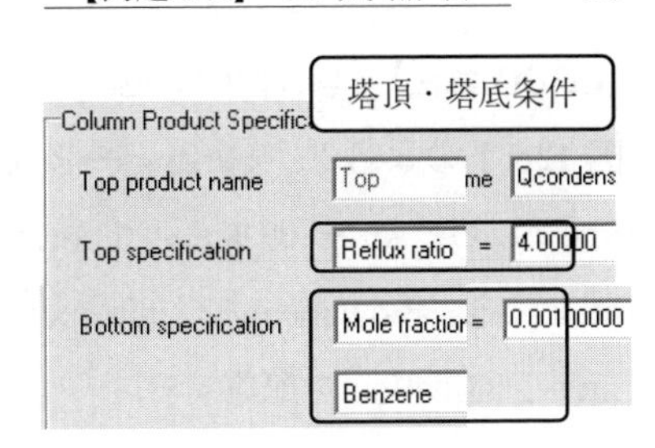

（b） Column specs での塔頂・塔底の設定

図 12b.3 Feed の設定と ChemSep の Column specs の設定

Specifications→Column specs で塔頂で Reflux ratio: 4，塔底で Benzene mole fraction: 0.001 を設定（図(b)）する。

Solve して図 12b.2(b)の計算結果が得られ，塔頂からベンゼン：0.999，塔低からトルエン：0.999 が得られた。**図 12b.4** に塔内組成の McCabe-Thiele 図（ChemSep→Results→McCabe-Thiele）を示す。

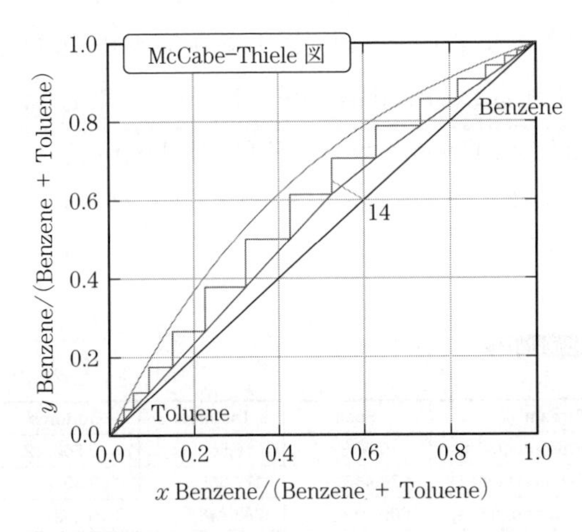

図 12b.4 ChemSep による McCabe-Thiele 図

【例題 12c】 空 気 蒸 留

空気を 0.57 MPa，－170℃ で蒸留して，99% の窒素を製造する。蒸留塔の操作条件を求めよ。

【COCO 解法】（＜COCO_12c_AirDistill.fsd＞を参照）

図 12c.1 のように，Settings→Property packages→ChemSep から Components: N_2, O_2, Ar を選択し，Thermodynamics: EOS/Peng-Robinson 76/Excess を設定。Flowsheet で Unit operation→Separators→ChemSep から蒸留塔 Simple Distillation を配置する。

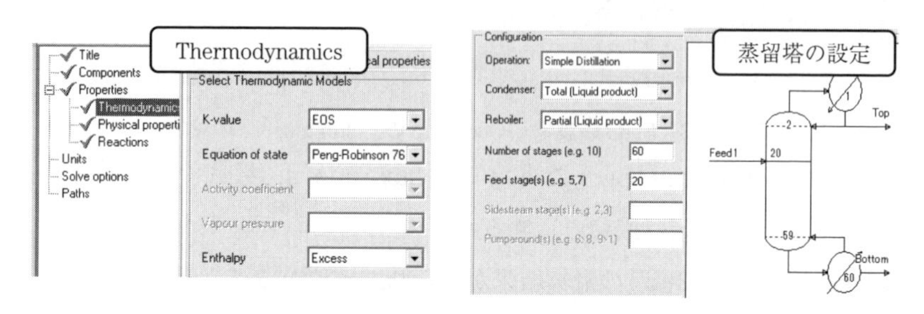

図 12c.1　Thermodynamics の設定と ChemSep（蒸留塔）の配置

図 12c.2（a）のようにプロセスを構成し，Stream report を作成して図（b）のような構成をする。Feed に空気組成を入れ，圧力を 0.57 MPa として，PhaseFraction[Vapor]: 0.5 とすると，Feed 温度が −174.4℃ に設定される（**図 12c.3**）。蒸留塔の Specification/Column spec を塔頂：Reflux ratio: 1，塔底：Oxygen: 0.95 として Solve すると，図 12c.2（b）のように，留出液（dis-

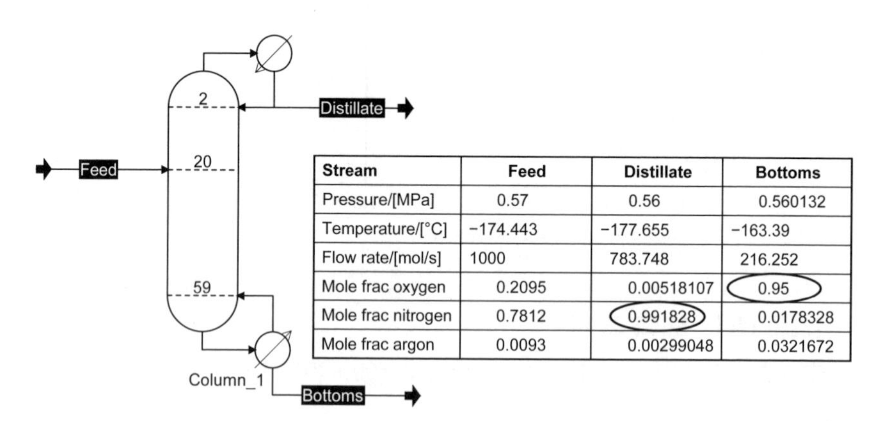

Stream	Feed	Distillate	Bottoms
Pressure/[MPa]	0.57	0.56	0.560132
Temperature/[°C]	−174.443	−177.655	−163.39
Flow rate/[mol/s]	1000	783.748	216.252
Mole frac oxygen	0.2095	0.00518107	0.95
Mole frac nitrogen	0.7812	0.991828	0.0178328
Mole frac argon	0.0093	0.00299048	0.0321672

（a）　プロセスの構成　　　　（b）　Stream report

図 12c.2　空気蒸留におけるプロセスの構成と COCO 計算結果

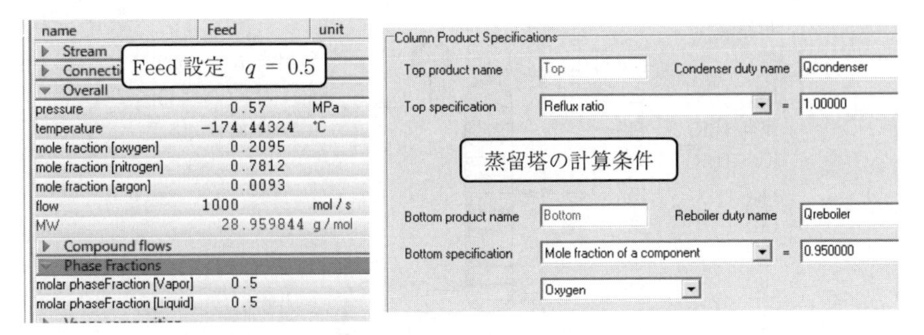

図 **12c.3** Feed の設定と ChemSep の Clumn spec の設定

tillate）は N_2: 99% が得られた。なお，この蒸留塔の Specification は最終的な条件であり，計算を収束させるには最初は塔底の設定を Boilup ratio: 0.5 として計算し，収束したら徐々に条件を厳しくするという使いこなしが必要である。

計算結果から，蒸留塔内の組成分布，および Ar を除いた N_2/O_2 系の N_2 に関する McCabe–Thiele 図を，**図 12c.4** に示す。

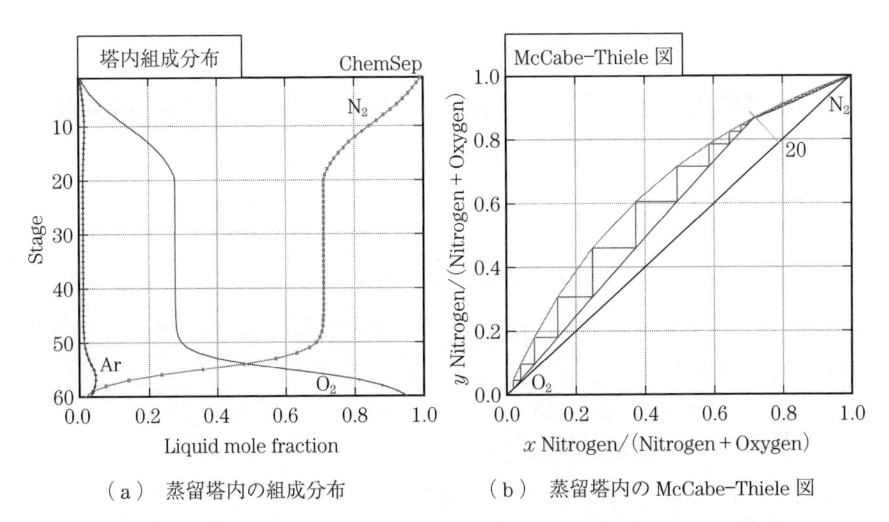

（a） 蒸留塔内の組成分布　（b） 蒸留塔内の McCabe–Thiele 図

図 12c.4 空気蒸留における蒸留塔内の組成分布および McCabe–Thiele 図

【例題 13】 多成分系蒸留（C4–C9 炭化水素系） [S, p.392)]

図 13.1 に示す C4–C9 炭化水素混合物原料の蒸留分離を考える。まず nC4

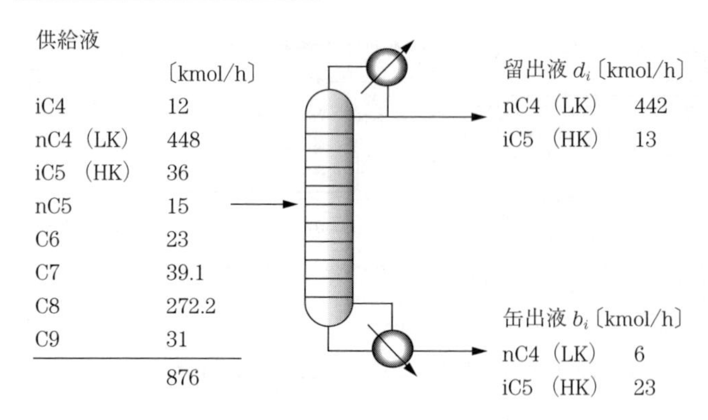

図 13.1　C4-C9 炭化水素混合物原料の蒸留分離

（ブタン）を LK（Light Key）成分，iC5（イソペンタン）を HK（Heavy Key）成分とし，その分離仕様（留出量，缶出量）を指定した。全成分の留出量，缶出量，および理論段数を求めよ。操作圧力 560 kPa，塔頂温度 55℃ である。**【Excel 解法】**の Excel シートに各成分蒸気圧（110℃）と HK 基準の相対揮発度 $\alpha_{i,HK}$ を示している。

【Excel 解法】（<COCO_13_MultiCompDistill.xlsx>を参照）（**図 13.2** がこの計算シートである）

$$\text{LK, HK 2 成分で Fenske 式：}N_{\min} = \frac{\log\{(d_{LK}/d_{HK})(b_{HK}/b_{LK})\}}{\log \alpha_{LK,HK}}$$

で最小理論段数が求められる（B12，d_i, b_i は成分流量）。$N_{\min} = 6.86$ である。Fenske 式を逆に使うことで，HK を基準に他の成分 i の流量を求める。すなわち，$f_i = d_i + b_i$ より

$$b_i = \frac{f_i}{1 + (d_{HK}/b_{HK})(\alpha_{i,HK})^{N_{\min}}}$$

である。求めた成分流量を B19:C27 に示す。

Underwood の方法により最小還流比 $R_{\min}$ を求める。原料組成 z_i および原料気液比 q により次式を満足する根 λ_k を求める。$\lambda_k = 1.08$ である（B30）。

$$\sum_{i=1}^{c} \frac{\alpha_{i,HK} z_i}{\alpha_{i,HK} - \lambda_k} = 1 - q$$

	A	B	C	D	E	F	G	H	I	J	K
1				LK	HK						
2	成分		iC4 イソ	nC4 ブ	iC5 イソ	nC5 ペン	C6 ヘキサ	C7 ヘプタ	C8 オクタ	C9 ノナン	合計
3	P* 蒸気圧(110℃)[kPa]		2242	1779	874.3	735.8	315	140.6	64.2	29.9	
4	αi,HK		2.56	2.03	1.00	0.84	0.36	0.16	0.07	0.03	
5											
6	供給流量 fi [kmol/h]		12	448	36	15	23	39.1	272.2	31	876.3
7	zi		0.014	0.511	0.041	0.017	0.026	0.045	0.311	0.035	
8	（設定）留出di [kmol/h]			442	13						
9	缶出bi [kmol/h]			6	23						
10	q	0.5									
11	1. 最小理論段数		$N_{min}=\dfrac{\log\{(d_{LK}/d_{HK})(b_{HK}/b_{LK})\}}{\log\alpha_{LK,HK}}$			$b_i=\dfrac{f_i}{1+(d_{HK}/b_{HK})(\alpha_{i,HK})^{N_{min}}}$		$d_i=f_i-b_i$			
12	Nmin	6.86									
13	2. 成分流量										
14	(αi,HK)^Nmin		636.45			0.306557	0.000913	3.6E-06	1.68E-08	8.91E-11	
15	留出液 di		11.97	442	13	2.22	0.0119	8.0E-05	2.6E-06	1.6E-09	469.2
16	缶出液 bi		0.0333	6	23	12.78	22.99	39.10	272.20	31	407.1
17	留出液組成xD,i		0.026	0.942	0.028	0.005	0.000	0.000	0.000	0.000	1.000
18	留出液 di [kmol/h]		缶出液 bi								
19	iC4	11.97	0.033								
20	nC4(LK)	442	6								
21	iC5(HK)	13	23								
22	nC5	2.22	12.8								
23	C6	0.012	23.0								
24	C7	0.0	39.1								
25	C8	0.0	272.2								
26	C9	0.0	31.0								
27	合計	469.2	407.1								
28	3. 最小還流比と還流比										
29	αi,HK zi/(αi,HK−λk)		0.0237	1.09	−0.5091	−0.06025	−0.01313	−0.0078	−0.02264	−0.00116	−1E−04
30	λk	1.081	←ゴールシークでK19を0にするB20の値を求める(1.0〜2.03)								
31	αi,HK xDi/(αi,HK−λk)		0.0441	2.009	−0.3434	−0.01662	−1.3E−05	−3E−08	−4E−10	−1.1E−13	
32	Rmin	0.71		$\sum_{i=1}^{HK}\dfrac{\alpha_{i,HK}z_i}{\alpha_{i,HK}-\lambda_k}=1-q$							
33	R/Rmin	1.5	←指定								
34	R	1.065									
35	4. 理論段数			$R_{min}+1=\sum_{i=1}^{HK}\dfrac{\alpha_{i,HK}x_{D,i}}{\alpha_{i,HK}-\lambda_k}$							
36	X=(R−Rmin)/(R+	0.172									
37	(N−Nmin)/(N+1)	0.485	$\dfrac{N-N_{min}}{N+1}=1-\exp\left[\left(\dfrac{1+54.4X}{11+117.2X}\right)\left(\dfrac{X-1}{X^{0.5}}\right)\right]$					$\left(X=\dfrac{R-R_{min}}{R+1}\right)$			
38	N	14.3									
39											

図 13.2 C4-C9 炭化水素混合物原料の蒸留分離における留出量，缶出量および理論段数の Excel 計算

すると次式で最小還流比 $R_{\min}$ が求められる（B32）。

$$R_{\min}=\sum_{i=1}^{HK}\frac{\alpha_{i,HK}x_{D,i}}{\alpha_{i,HK}-\lambda_k}-1=0.71$$

段数の少ない蒸留塔では $R/R_{\min}=1.50$ である。よって還流比 $R=1.065$（B34）。

最後に Gilliland の相関式により理論段数 N を求める（B38）。

$$\frac{N-N_{\min}}{N+1}=1-\exp\left\{\left(\frac{1+54.4X}{11+117.2X}\right)\left(\frac{X-1}{X^{0.5}}\right)\right\}\qquad\left(X=\frac{R-R_{\min}}{R+1}\right)$$

$N = 14.3$段となる。

【COCO 解法】（<COCO_13_MultiCompDistill.fsd>を参照）

Settings→Flowsheet configuration→Property packages→Add→ChemSep Property Package Manager を Select，New して ChemSep を起動，図 13.3 のように Components を選択する。

Properties/Thermodynamics で Models を図 13.4(a)のように設定する。Flowsheet に戻り，プロセスを図(b)のように構成する。Column_1→Show

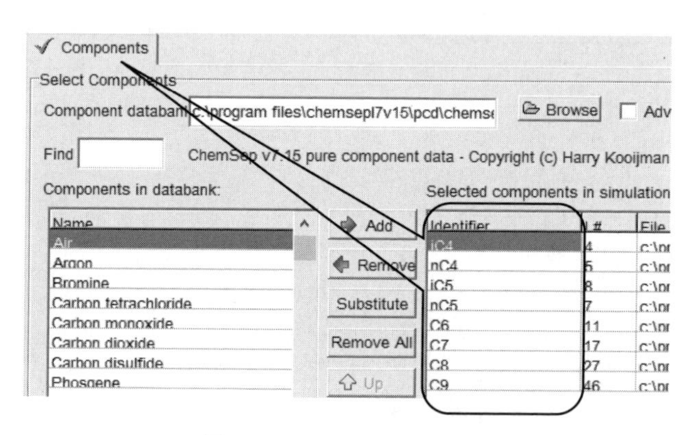

図 13.3　Components の選択

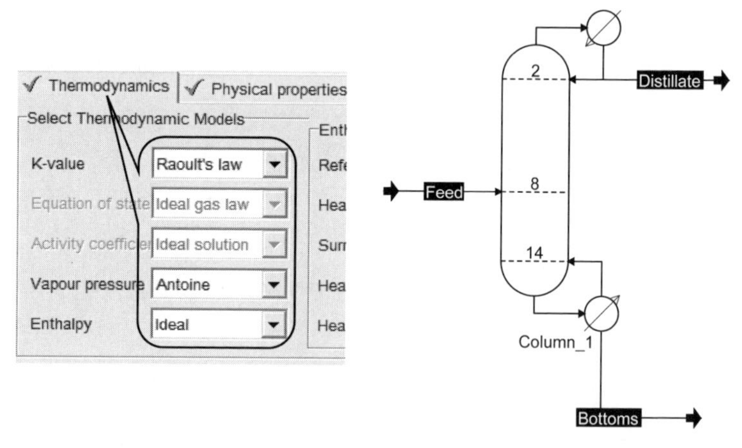

（a） Thermodynamics の設定　　（b） プロセスの構成

図 13.4　Thermodynamics の設定とプロセスの構成

GUI で再度 ChemSep が立ち上がり，**図 13.5** のように Operation（段数，供給段）を設定。Excel 計算の結果を参考に全 15 段とする。Column specs で Top と Bottom を設定する（**図 13.6**）。

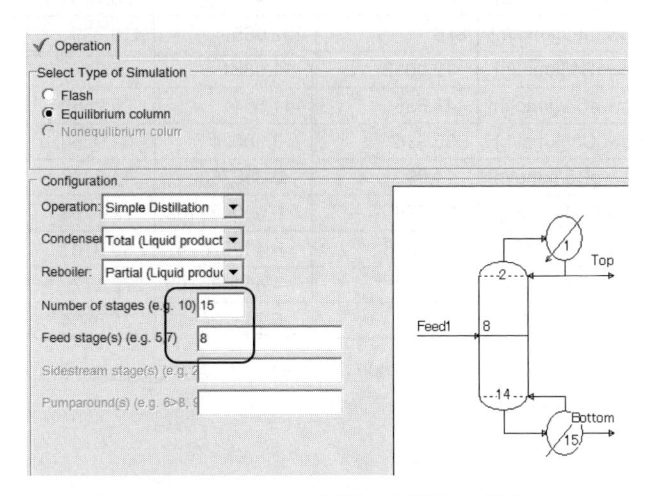

図 **13.5** Operation（段数，供給段）の設定

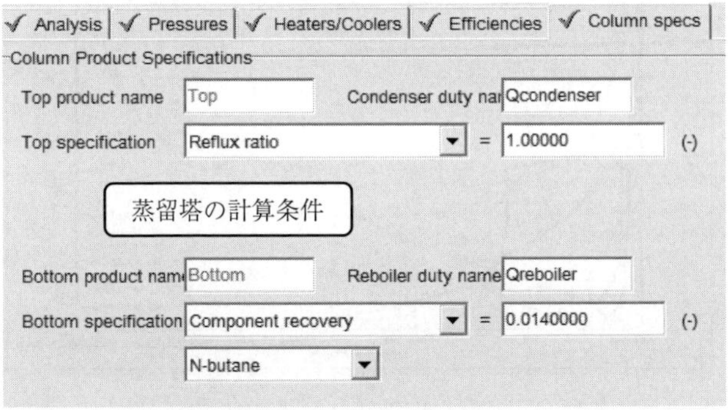

Analysis | Pressures | Heaters/Coolers | Efficiencies | Column specs
Column Product Specifications
Top product name Top
Condenser duty nar Qcondenser
Top specification Reflux ratio = 1.00000 (-)
蒸留塔の計算条件
Bottom product nam Bottom
Reboiler duty name Qreboiler
Bottom specification Component recovery = 0.0140000 (-)
N-butane

図 **13.6** ChemSep の Column spec の設定

pressure も 560 000 N/m² に設定。Flowsheet に戻って Stream report を作成し，**図 13.7** のような構成にし，原料流量を設定して Solve する。図の計算結果が得られた。Column→Show GUI→Graphs→Liquid phase composition profiles から**図 13.8** の塔内液組成分布が見られる。

Stream	Feed	Distillate	Bottoms
Pressure/[kPa]	560	560	560
Temperature/[°C]	80	54.4636	160.745
Flow rate/[kmol/h]	876	457.665	418.335
Flow iC4/[kmol/h]	12.0012	11.9831	0.0178307
Flow nC4/[kmol/h]	447.636	441.364	6.2669
Flow iC5/[kmol/h]	35.916	3.96024	31.9558
Flow nC5/[kmol/h]	14.892	0.356788	14.5353
Flow C6/[kmol/h]	22.776	0.000432168	22.7758
Flow C7/[kmol/h]	39.0696	6.49057e-07	39.0701
Flow C8/[kmol/h]	272.173	4.45468e-09	272.177
Flow C9/[kmol/h]	31.536	5.94372e-13	31.5364

図 13.7　C4–C9 炭化水素混合物原料の蒸留分離における留出量，缶出量のCOCO 計算

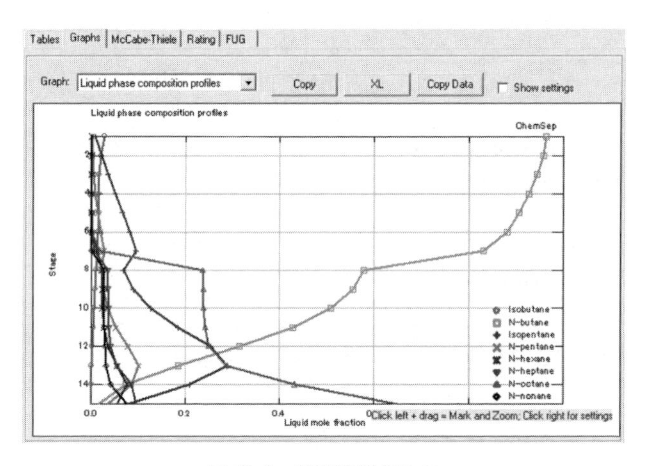

図 13.8　塔内液組成分布

さらに，**図 13.9** のように，FUG タグから **Fenske–Underwood–Gilliland 法**の計算値が得られる。問題分と同じ nC4（ブタン）を **LK**（Light Key）**成分**，iC5（イソペンタン）を **HK**（Heavy Key）**成分**と指定して得られたのが，最小理論段数 $N_{\mathrm{min}} = 6.7$，最小還流比 $R_{\mathrm{min}} = 0.74$，還流比 $R = 0.89$，理論段数 $\underline{N = 17}$ 段である。

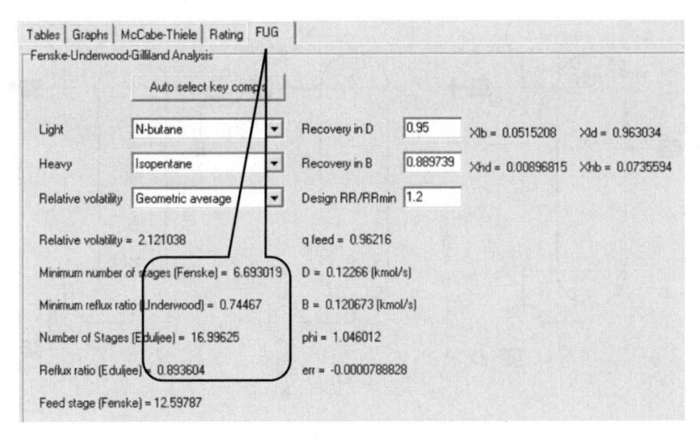

図 **13.9** Fenske-Underwood-Gilliland 法の計算値

【例題 13a】 3塔による蒸留系列（C2-C5 炭化水素系）

天然ガス随伴油が C2-C5 成分であり，図 13a.2 の B2 の組成である。これから3塔の蒸留塔で最終的に n-butane（nC4）と isobutane（iC4）を別に回収する（図の B5, D5）。第1塔（T3）の設計条件は塔頂 D3 で isobutane（iC4）：0.01 mol%，塔底 B3 で propane（C3）：0.1 mol%。第2塔（T4）の条件は塔頂 D4 で isopentane（iC5）：0.2 mol%，塔底 B4 で n-butane（nC4）：0.2 mol%。第3塔の条件は塔頂 D5 で n-butane（nC4）：2 mol%，塔底 B5 で isobutane（iC4）：2 mol% である。プロセスを設計せよ。

【COCO 解法】（＜COCO_13a_C3C4.fsd＞を参照）

図 13a.1（a）が三つの ChemSep 蒸留塔 Column を配置したプロセス構成である。各塔の圧力，温度条件を**図 13a.2** の表のように設定する。**図 13a.3** のように，蒸留塔の Thermodynamics はすべて ChemSep の EOS/Predictive SRK である。各塔の計算条件はおのおの図 13a.1（b）のようである。図 13a.2 のように計算結果は分離の要求条件をほぼ満たしている。

つぎに，シミュレータならではの共沸混合物の蒸留分離プロセス計算例を示す。例題 14 は圧力スイング蒸留，例題 15 は共沸蒸留，例題 15a が抽出蒸留で

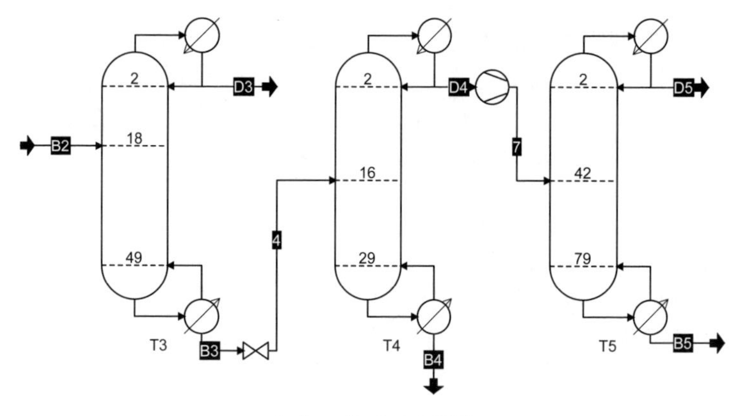

（a） プロセスの構成

蒸留塔の計算条件

T3 塔：

Column Product Specifications

Top product name	Top	Condenser duty name	Qcondenser	
Top specification	Reflux ratio	=	5.90000	[-]
Bottom product name	Bottom	Reboiler duty name	Qreboiler	
Bottom specification	Mole fraction of a component	=	0.00100000	[-]
	Propane			

T4 塔：

Column Product Specifications

Top product name	Top	Condenser duty name	Qcondenser	
Top specification	Reflux ratio	=	2.00000	[-]
Bottom product name	Bottom	Reboiler duty name	Qreboiler	
Bottom specification	Mole fraction of a component	=	8.0000E-05	[-]
	Isobutane			

T5 塔：

Column Product Specifications

Top product name	Top	Condenser duty name	Qcondenser	
Top specification	Reflux ratio	=	6.00000	[-]
Bottom product name	Bottom	Reboiler duty name	Qreboiler	
Bottom specification	Mole fraction of a component	=	0.0200000	[-]
	Isobutane			

（b） 各塔の Column Spec 設定

図 13a.1　3 塔プロセスの構成と各塔の Column spec 設定

Stream	B2	D3	B3	D4	B4	D5	B5
Pressure/[kPa]	1717	1717	1717	747	747	788	788
Temperature/[K]	378	326.155	379.354	329.862	377.595	327.945	341.683
Flow rate/[kmol/h]	120	44.3135	75.6865	57.0841	18.6024	38.3922	18.6919
Mole frac ethane	0.0005	0.00135399	1.50021e−13	1.98909e−13	1.12324e−19	2.95751e−13	1.93462e−22
Mole frac propane	0.332	0.897341	0.001	0.00132588	1.30697e−11	0.0019714	2.2558e−11
Mole frac isobutane	0.3583	0.0993648	0.509903	0.676043	8e−05	0.995448	0.02
Mole frac n-butane	0.1543	0.00193957	0.243505	0.322263	0.00182344	0.00258082	0.978876
Mole frac isopentane	0.103	1.40204e−07	0.163305	0.000359657	0.663327	5.34314e−19	0.00109837
Mole frac n-pentane	0.0519	6.29081e−09	0.0822868	8.31367e-06	0.33477	7.25939e−17	2.53896e−05

図 **13a.2**　3 塔による蒸留系列におけるプロセス設計の COCO 計算

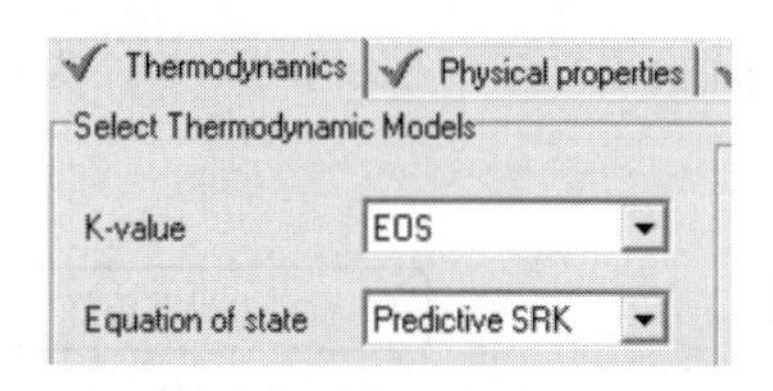

図 **13a.3**　Thermodynamics の設定

ある。

【例題 14】 圧力スイング蒸留（エタノール/ベンゼン系）[S, p.467]

2：1 の割合のエタノール (E)/ベンゼン (B) 2 成分混合液を分離する。こ

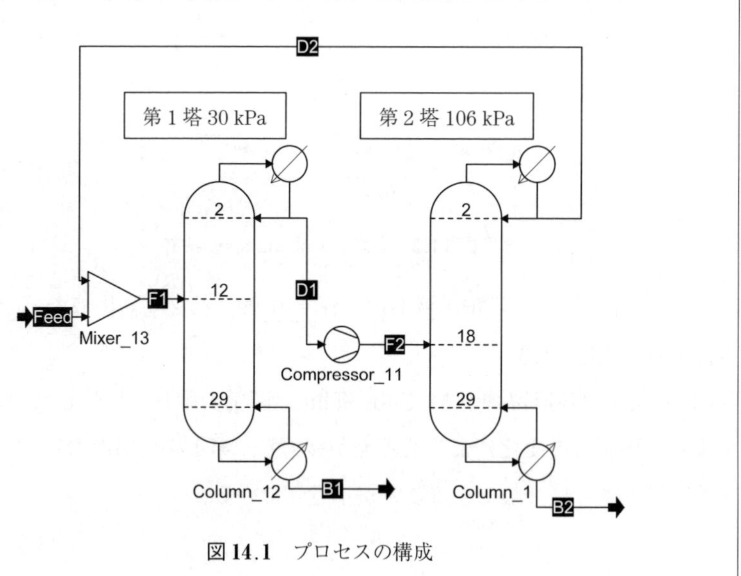

図 **14.1**　プロセスの構成

の系は共沸混合物であるが，共沸点が圧力変化して，全圧 106 kPa で共沸点 $x_E = 0.45$，30 kPa で $x_E = 0.36$ である。このことを利用して，**図 14.1** のように，操作圧力の異なる 2 塔で蒸留分離せよ。

【COCO 解法】（＜COCO_14_PressSwiingDistill.fsd＞を参照）

Settings→Property packages→ChemSep を選択→ChemSep ウィンドウで成分選択。Thermodynamics で Wilson，Extended Antoine のパラメータを選択する。図 14.1 のように 2 塔によるプロセスを構成する。

第 1 塔，第 2 塔の Column specs は**図 14.2** に示すとおりである。塔頂では還流比，塔低では成分組成を指定した。

蒸留塔の計算条件

第 1 塔：

Column Product Specifications
Top product name　Top　Condenser duty name　Qcondenser
Top specification　Reflux ratio　=　0.400000
Bottom specification　Mole fraction of a component　=　0.990000
Ethanol

第 2 塔：

Column Product Specifications
Top product name　Top　Condenser duty name　Qcondenser
Top specification　Reflux ratio　=　0.100000
Bottom specification　Mole fraction of a component　=　0.990000
Benzene

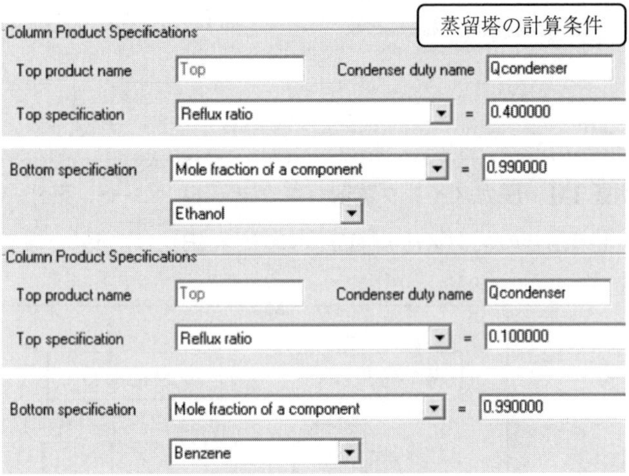

図 14.2　各塔の Column spec 設定

Solve の結果，第 1 塔缶出液 B1 で $\underline{x_E = 0.99}$，第 2 塔缶出液で $\underline{x_B = 0.99}$ に分離された（**図 14.3**）。

ChemSep で各蒸留塔の McCabe-Thiele 図を表示し，比較したのが**図 14.4** である。塔圧力の変化により共沸点が移動し，第 1 塔留出液 D1 の共沸混合液が第 2 塔でさらに分離できることが示されている。

Stream	Feed	B1	D1	B2
Pressure/[kPa]	30	30	30	106
Temperature/[°C]	70	49.7687	38.1526	80.5061
Flow rate/[mol/s]	90	60.3061	155.714	29.6938
Flow Ethanol/[mol/s]	60	59.703	56.0094	0.296938
Flow benzene/[mol/s]	30	0.603061	99.7045	29.3969
Mole frac Ethanol	0.666667	0.99	0.359694	0.01
Mole frac benzene	0.333333	0.01	0.640306	0.99

図 14.3 圧力スイング蒸留（エタノール/ベンゼン系）の COCO 計算

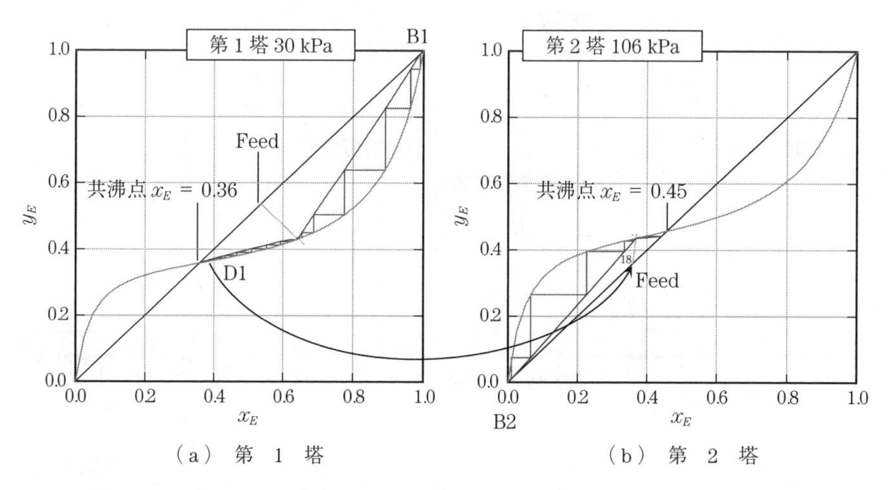

（a） 第 1 塔　　（b） 第 2 塔

図 14.4 圧力スイング蒸留の仕組み（各蒸留塔の McCabe-Thiele 図の比較）†

> **【例題 15】 共沸蒸留（エタノール/水/ベンゼン系）**[S, p.475)]
>
> 共沸点組成（$x_E = 0.87$）のエタノール（E）/水（W）混合液から純エタノールを得るために，ベンゼンを第 3 成分として蒸留分離を行う。共沸蒸留塔の留出液が水相とベンゼン相の 2 相に分かれることを利用して，ベンゼンをリサイクル使用する。プロセスを構成せよ。

【COCO 解法】（<COCO_15_HeteroAzeotroDistill.fsd>を参照）

† 左のグラフは，座標の向きが実際とは逆である。実際のグラフは，これと点対称（水平と垂直に反転 1 回ずつ）になっている。

Settings→Property packages→ChemSep Property Package Manager を選択して ChemSep を起動し，Components で成分選択をする。Flowsheet で**図15.1**(a)のプロセスを構成する。Thermodynamics は個々に設定し，**共沸塔**と回収塔の蒸留塔は Prausnitz/Hayden O'Connel/UNIQUAC Q'，**デカンタ**は Liquid-Liquid [gamma]/Hayden O'Connel/UNIQUAC Q' である。Stream report を作成して図(b)のように構成し，Feed 設定して Solve する。

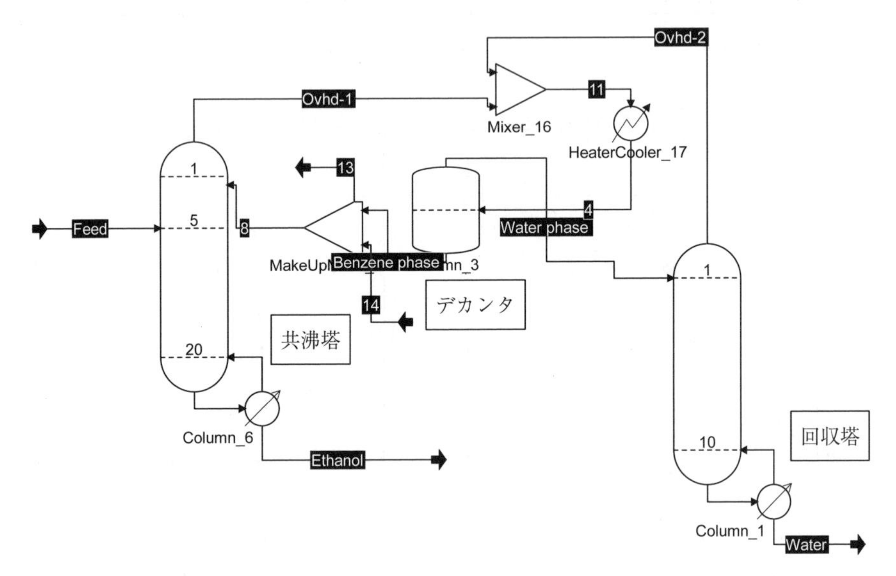

(a)　プロセスの構成

Stream	Feed	Ethanol	Benzene phase	Water phase	Water
Temperature/[°C]	38	28.8189	25	25	100.406
Pressure/[kPa]	101.3	12.156	101.3	101.3	112.8
Flow rate/[kmol/h]	100	88.6598	395.958	72.9588	11.3402
Mole frac water	0.13	0.02	0.105761	0.332643	0.99
Mole frac ethanol	0.87	0.98	0.330543	0.471343	0.01
Mole frac benzene	0	1.25931e-09	0.563696	0.196014	4.14911e-16
Flow water/[kmol/h]	13	1.7732	41.8771	24.2692	11.2268
Flow ethanol/[kmol/h]	87	86.8866	130.881	34.3886	0.113402
Flow benzene/[kmol/h]	0	1.11651e-07	223.2	14.3009	4.70518e-15

(b)　Stream report

図15.1　共沸蒸留（エタノール/水/ベンゼン）のプロセスの構成とその COCO 計算

共沸塔缶出液で共沸点を超えて $x_E = 0.98$，回収塔缶出液で $x_W = 0.99$ に分離された（このシミュレーションは実際にはかなり難しい計算であり，全体がこの結果に近い初期値からでないと収束しない）。

ChemSep で各蒸留塔のベンゼンを除くエタノール/水 2 成分の McCabe-Thiele 図を表示し，比較したのが**図 15.2** である。共沸塔においてベンゼンの共存により共沸点が移動して，エタノールが分離できるという原理がわかる。

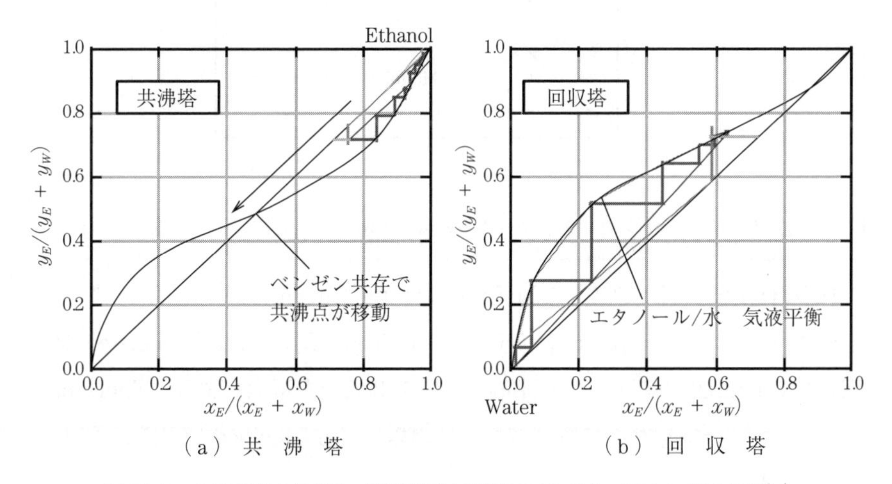

（a） 共 沸 塔　　（b） 回 収 塔

図 15.2 共沸蒸留の仕組み（共沸塔と回収塔の McCabe-Thiele 図の比較）[†]

【例題 15a】 抽出蒸留（アセトン/メタノール/水系）[S, p.462)]

アセトン (1)/メタノール系は $x = 0.77$ モル分率で共沸点をもつ（**図 15a.1** の x-y 線図）。第 3 成分の抽出剤として水を加えることで共沸点を超えてアセトンが蒸留分離できる。これが抽出蒸留である（抽出蒸留では 2 液相を形成しない）。$x_f = 0.75$ の原料を 2 塔で分離するプロセスを構成せよ。抽出剤の水はリサイクル使用される。

[†1] 左のグラフは，“Use Selected key Components”で，Light key: Ethanol，Heavy key: Water としている。

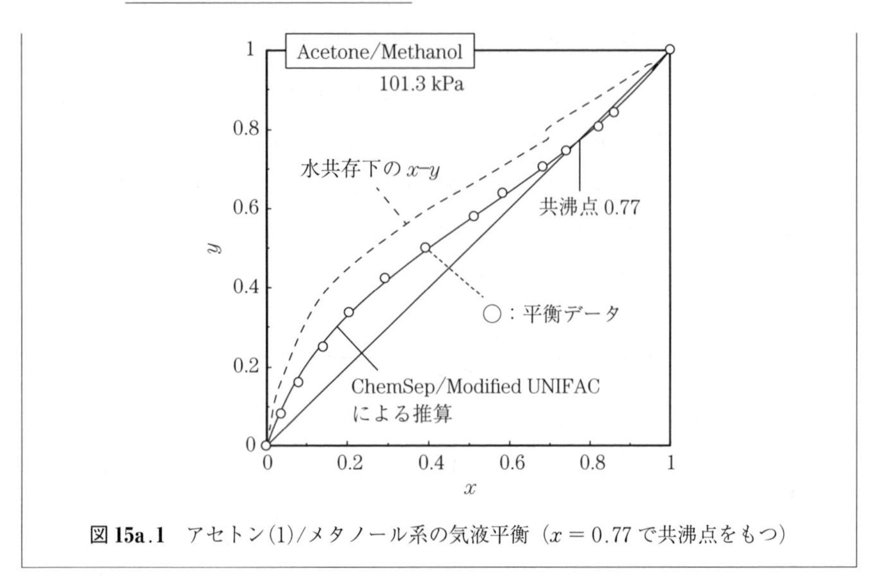

図 **15a.1**　アセトン(1)/メタノール系の気液平衡（$x=0.77$ で共沸点をもつ）

【COCO 解法】（<COCO_15a_ExtractDistill.fsd>を参照）

Settings→Property packages→ChemSep Property Packag と Manager を選択して ChemSep を起動し，Components で 3 成分を選択をする。Thermodynamics は，Setting および各蒸留塔（**抽出塔**）とも Modified UNIFAC である（図 **15a.2**）。

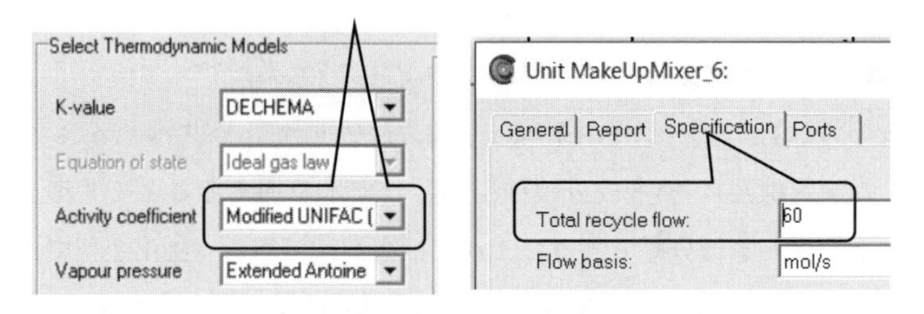

図 **15a.2**　各 Thermodynamics の設定と MakeUpMixer の水のリサイクル流量の設定

図 **15a.3**(a)のように Flowsheet でプロセスを構成し，図 15a.2 のように水のリサイクル流量を MakeUpMixer の Specification で設定する。

また，蒸留塔の計算条件 Specification は各蒸留塔で図 15a.3(b)のように設定する。Stream report を作成して図 **15a.4** のような構成をし，Feed 設定し

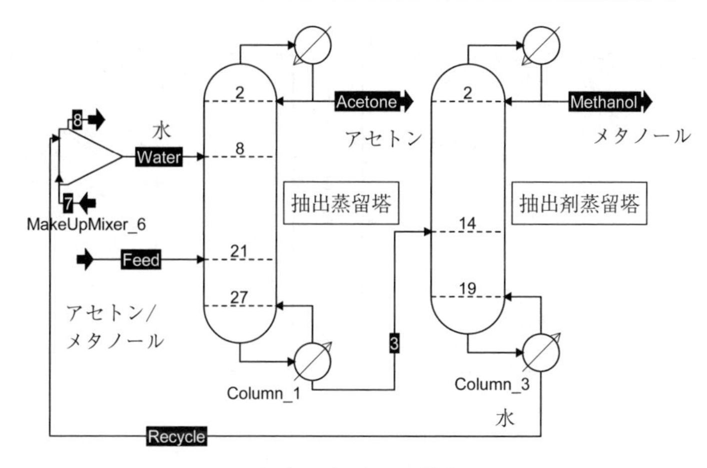

（a） プロセスの構成

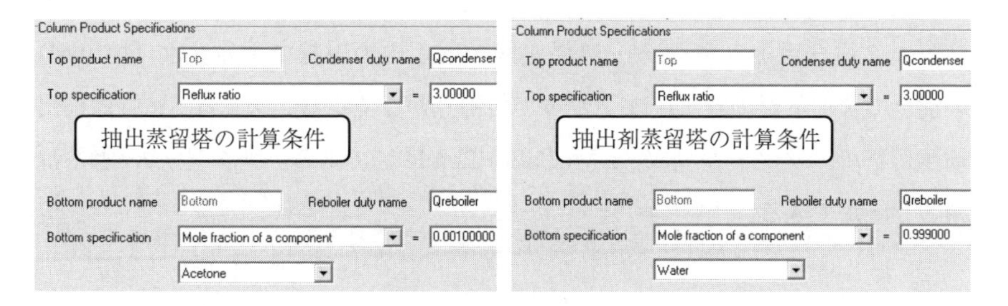

（b） 各 ChemSep（蒸留塔）の設定

図 15a.3 プロセスの構成と各 ChemSep（蒸留塔）の Column spec 設定

Stream	Feed	Water	Acetone	Methanol	Recycle
Pressure/[kPa]	101.3	101.325	101.325	101.325	101.325
Temperature/[°C]	40	100.254	57.4654	66.1193	100.254
Flow rate/[mol/s]	40	60	32.1585	8.67113	59.1703
Mole frac water	0	0.999014	0.025538	0.000969415	0.999
Mole frac acetone	0.75	8.38007e−11	0.930768	0.00782383	8.49757e−11
Mole frac methanol	0.25	0.000986172	0.0436936	0.991207	0.001

図 15a.4 抽出蒸留（アセトン/メタノール/水系）のための COCO 計算

て Solve する。第 1 塔の抽出蒸留塔から 93 mol% のアセトン，第 2 塔の抽出剤蒸留塔から 99 mol% のメタノールが得られた。

図 15a.5（a）は抽出塔の組成分布である。これから求めたアセトン/メタ

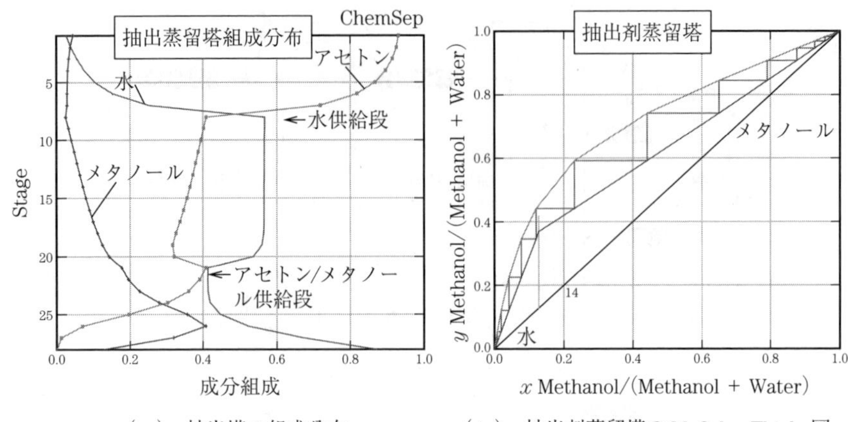

（a）　抽出塔の組成分布　　（b）　抽出剤蒸留塔の McCabe-Thiele 図

図 15a.5　抽出蒸留の仕組み

ノール 2 成分系としての x-y 関係を図 15a.1 中の破線で示す。水（抽出剤）の混合でアセトンの蒸気圧が上がって共沸点がなくなる。図 15a.5(b)は抽出剤蒸留塔のメタノール/水系の McCabe-Thiele 図である。メタノール/水系は精密分離ができる。

6 調　　湿

調湿は水-空気間の湿度と温度変化を扱うもので，**水蒸気圧**と**蒸発潜熱**を基にした基礎収支式は簡単である。しかし熱と物質の同時収支であり，蒸気圧式が非線形で，kg 基準，kPa 基準が混在するなどのことから，実際の計算は複雑である。この点シミュレータでは蒸気圧，エンタルピー変化，単位換算の計算が自動なので，計算の手間がかなり軽減される。なお COCO には単位操作としての冷水塔はないので Flash を用いる。このため平衡状態に至らない水-空気系操作は扱えない。

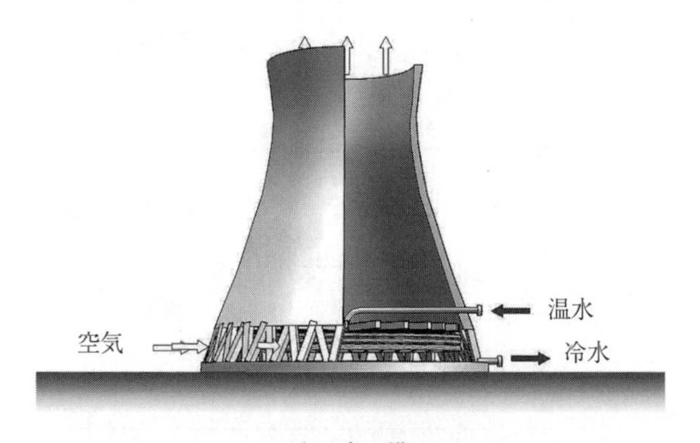

冷　水　塔

はじめに ChemSep における水蒸気圧推算値を各種モデルごとに比較したものが図 **6.a** である。Antoine より Extended Antoine が水蒸気圧データとよく一致している（いずれもパラメータ内蔵）。また，状態方程式を基礎とする EOS/Predictive SRK も水蒸気圧を正確に推算できている。この章の例題では Thermodynamics はすべて Extended Antoine を用いた。

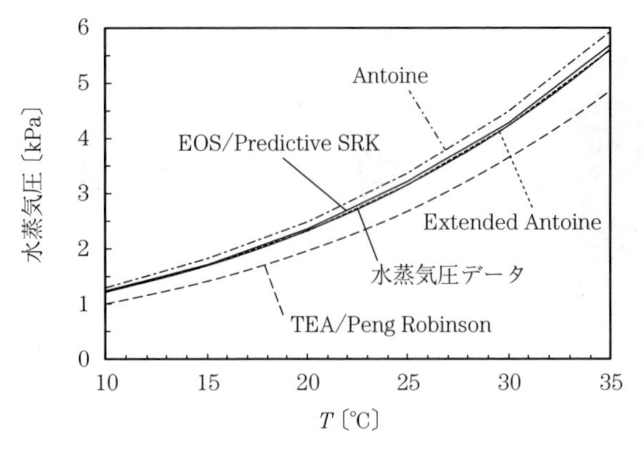

図 **6.a**　水蒸気圧モデル

【例題 16】　断 熱 増 湿[IP, p.144)]

温度 $T_1 = 30$℃，湿度 $H_1 = 0.005$ kg/kg の空気を**断熱増湿**して $H_2 = 0.010$ kg/kg にすると空気温度 T_2 はどうなるか（**図 16.1**）。

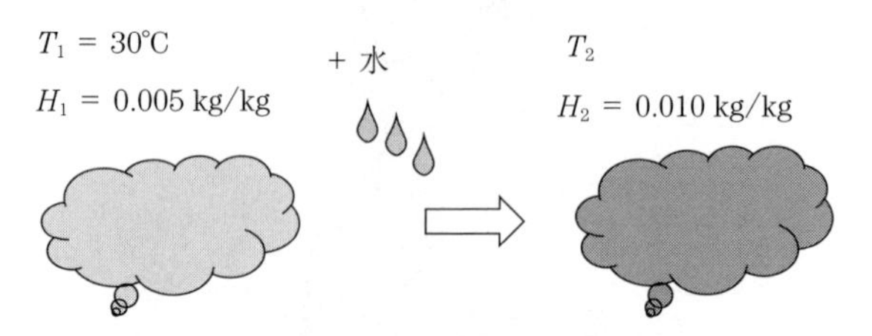

図 16.1　断 熱 増 湿

【電卓解法】

空気は**湿度図表**上の**断熱冷却線**：

$$l_w(H_2 - H_1) = -C_{pAir}(T_2 - T_1)$$

上で冷却される。蒸発潜熱 $l_w = 2\,426$ kJ/kg，湿り空気熱容量 $C_{pAir} = 1.019$ kJ/(K·kg) で T_2 を求めると $\underline{T_2 = 18.1℃}$ である。**図 16.2** の湿度図表上にこの過程を示す。

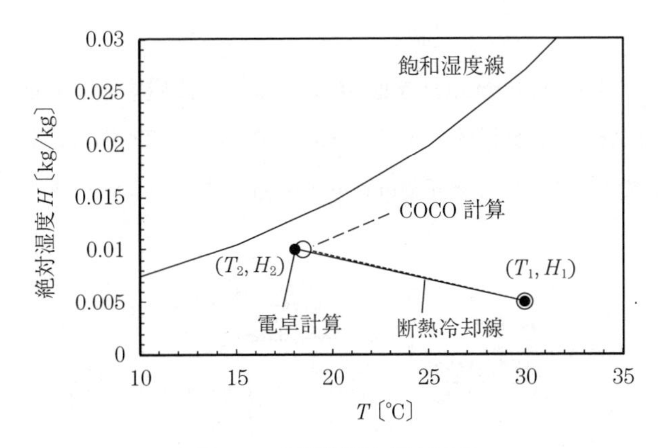

図 **16.2**　断熱増湿の湿度図表

【COCO 解法】（<COCO_16_Humidify.fsd>を参照）

成分，物性値を設定する。Settings→Property packages→Add→ChemSep Property Package Manager→Select→New（図 **16.3**）。ChemSep が立ち上がるので Components を設定する。空気代わりに nitrogen と water を選択する

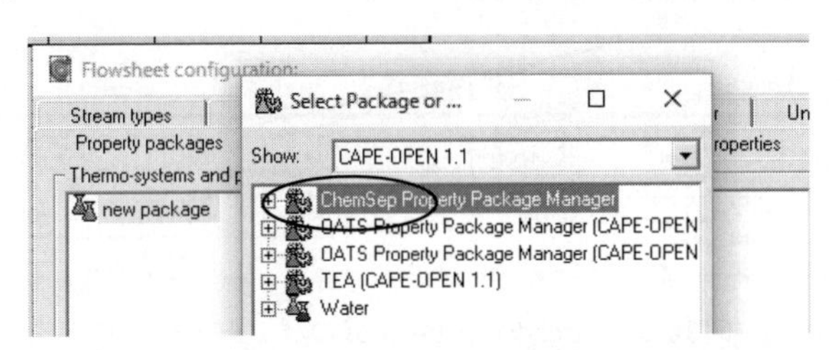

図 **16.3**　ChemSep Property Package Manager の選択

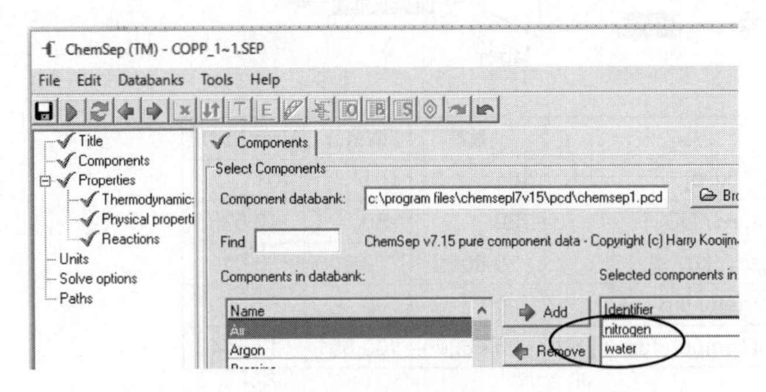

図 **16.4**　Components で nitrogen と water の選択

(図 **16.4**)。

Properties/Thermodynamics を図 **16.5** のように設定する。Vapor pressure は Extended Antoine が正確である。その下の Select Thermodynamic Model parameters で Load をすると Extended Antoine 式のパラメータが入力される(図 **16.6**)。

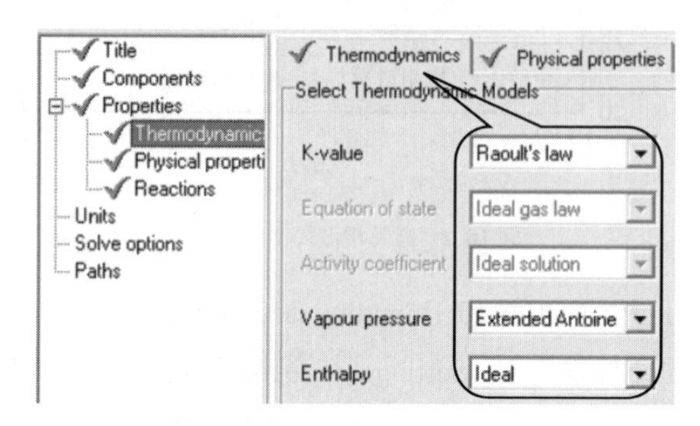

図 **16.5**　Thermodynamics の設定

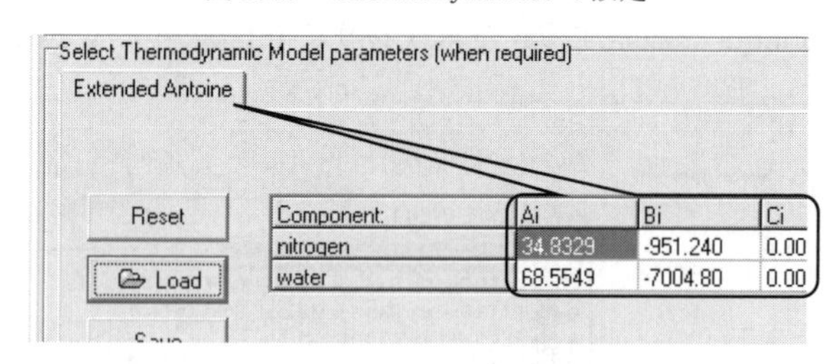

図 **16.6**　Extended Antoine 式のパラメータ入力

(a) プロセスの構成

Stream	N2	Water	Humid N2
Pressure / [kPa]	101	101	101
Temperature / [°C]	30	30	18.523
Flow water / [kg / s]	0.005	0.005	0.01
Flow nitrogen / [kg / s]	1	0	1
DewPointTemperature / [°C]	3.43206	100.351	13.5446

(b) Stream report

図 **16.7**　断熱増湿のプロセス構成と空気温度の COCO 計算

Save→Exit で Flowsheet に戻り，**図16.7**(a)のプロセスを構成する。また，Insert/Stream report で Stream report を作成して図(b)のような構成をし，入口の成分流量，条件を図(b)のように設定して Solve する。結果，増湿空気温度 $T_2 = 18.5$℃が得られたのがわかる。図16.2の湿度図表上にこの計算結果を比較して示している。

【例題17】 圧 縮 除 湿[IP, p.81)]

図17.1 のように，温度25℃，気圧 $\pi_0 = 101.3$ kPa にある空気の相対湿度が60%RH（水蒸気分圧 $p_1 = 1.89$ kPa）であった。コンプレッサーで $\pi_2 = 607.8$ kPa まで圧縮すれば，コンプレッサー出口空気（π_0）の相対湿度はどうなるか。この過程で凝縮した水蒸気の割合を求めよ。25℃の水蒸気圧は $p^* = 3.14$ kPa である。

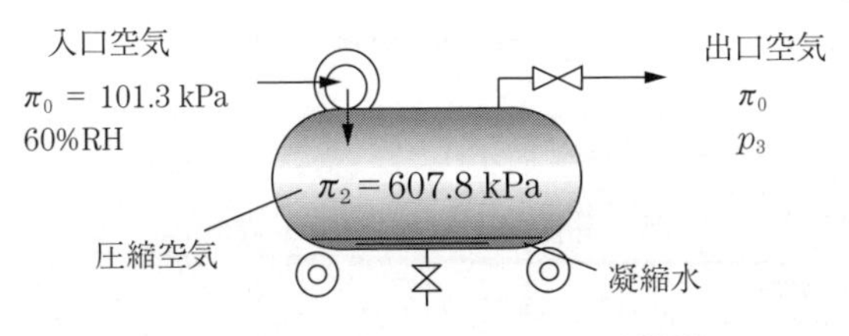

図17.1　コンプレッサーによる圧縮除湿

【電卓解法】

$p^*/\pi_2 = p_3/\pi_0$ より $p_3 = 0.52$ kPa。出口空気湿度は $100 \times (0.52/3.14) =$ 17%RH である。乾燥空気1 mol 当り，入口水蒸気0.0190 mol，出口水蒸気0.0051 mol なので，73%の水蒸気が凝縮した。

【COCO 解法】（<COCO_17_AirDry.fsd>を参照）

Settings の Components と Thermodynamics は前の例題と同じである。Flowsheet では**図17.2**(a)のようにプロセスを構成し，Stream report を作成し，図(b)のように構成する。図(c)，(d)のように Flash の Edit unit operation→Edit で Pressure: 607.8 kPa，Valve の Edit unit operation→Edit で Pressure: 101.3 kPa を設定する。

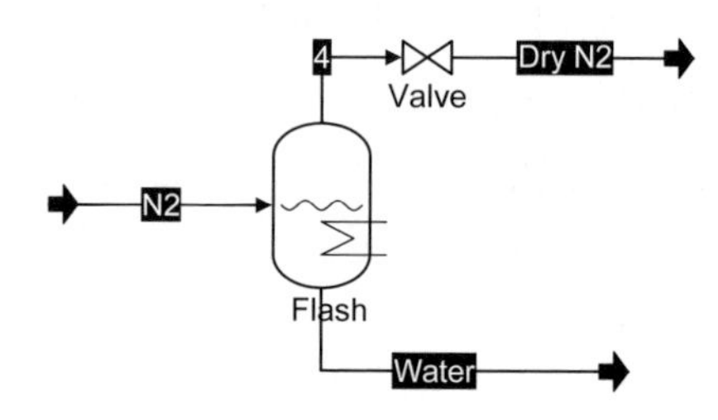

（a）プロセスの構成

Stream	N2	Water	Dry N2
Pressure / [kPa]	101	607.8	101.3
Temperature / [°C]	25	25.0643	25
Flow water / [kg / s]	0.0118	0.00847168	0.00332832
Flow nitrogen / [kg / s]	1	0.000127131	0.999873
DewPointTemperature / [°C]	16.0706	160.705	−2.12369

（b）Stream report の作成

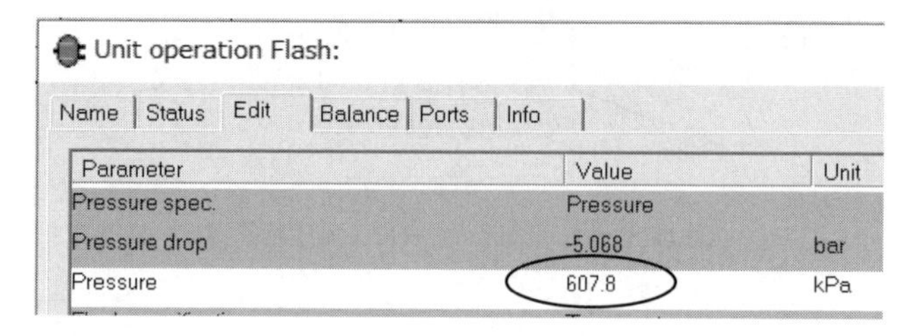

（c）Flash の圧力設定

Unit operation Valve:

Name | Status | Edit | Balance | Ports | Info

Parameter	Value	Unit
Pressure spec.	Pressure	
Pressure difference	5.065	bar
Pressure	101.3	kPa

（d）Valve の圧力設定

図 17.2　コンプレッサーによる圧縮除湿における出口空気湿度と凝縮水蒸気の割合の COCO 計算

Solve すると図(b)のような結果が得られた。Flowsheet→Edit/view streams を見ると（**図 17.3**），出口 N_2 中の水蒸気 fugacity[water]: 0.521 kPa，水の fugacity[water]: 3.12 kPa となっている。常圧近くではフガシティは分圧としてよいので，これらが水蒸気分圧 p_3 と 25℃ の飽和水蒸気圧 p^* である。よって出口空気湿度は 17%RH である。

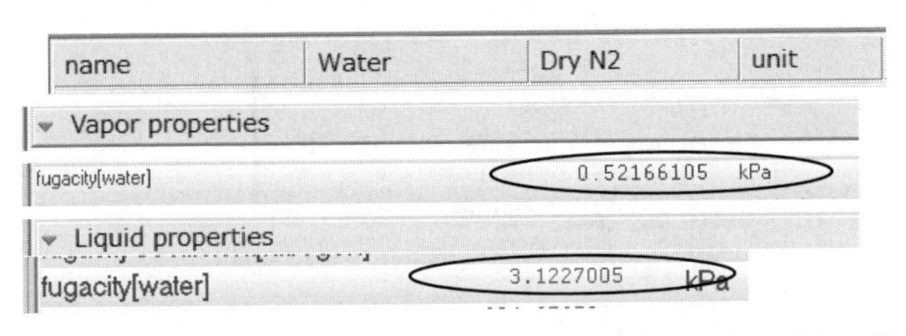

図 17.3　Edit/view streams による出口空気湿度と凝縮水蒸気の割合の算出

入口水蒸気 0.011 8 kg/s，凝縮水 0.008 47 kg/s なので，72% の水蒸気が凝縮した。

【例題 18】　水による空気の冷却 [IP, p.148)]

図 18.1 のように，温度 T_{air} = 40℃，湿度 H_{in} = 0.008 9 kg/kg の空気を水で冷却する。水は十分大量に循環しており，水温は入口空気の**湿球温度** T_s で一定となる。入口空気は増湿・冷却され，湿球温度 T_s，飽和湿度 H_s の出口空気となる。出口空気温度を求めよ。

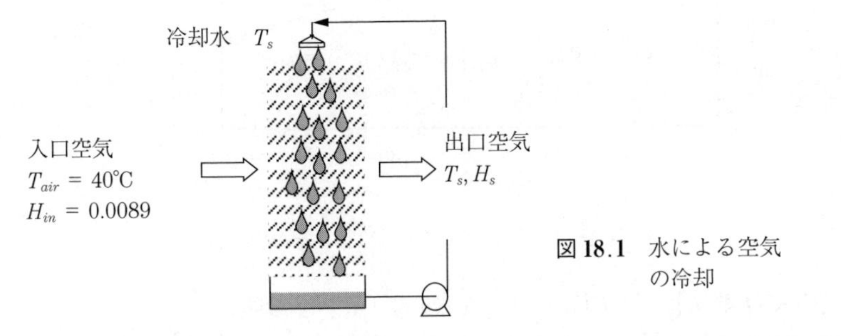

図 18.1　水による空気の冷却

【Excel 解法】　（<COCO_18_AirCool.xlsx>を参照）

入口空気の湿球温度を求める問題である。例題 16 と同様に，空気は湿度図表上の断熱冷却線に従って冷却され，湿球温度，飽和湿度に至る。**図 18.2**（a）が湿球温度を計算する Excel シートである。B8, B9 に入口空気の状態を入れて，ソルバーで B14 を最小化することで B10, B11 に飽和湿度・温度を求める。得られた温度は $T_s = 22.0$℃ である。図（b）の湿度図表上にこの入口・出口空気の状態変化を図示した。

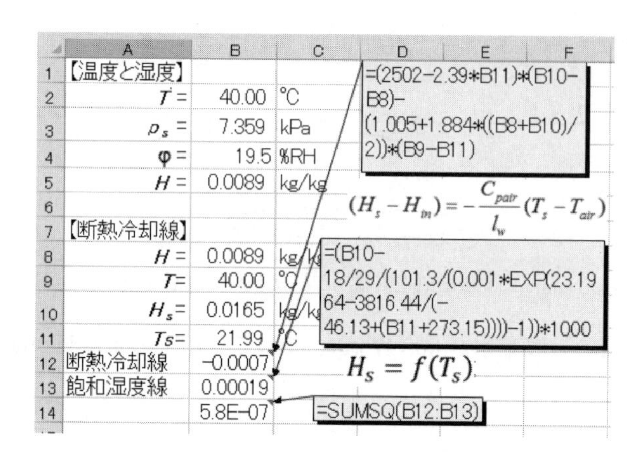

（a）　Excel 計算

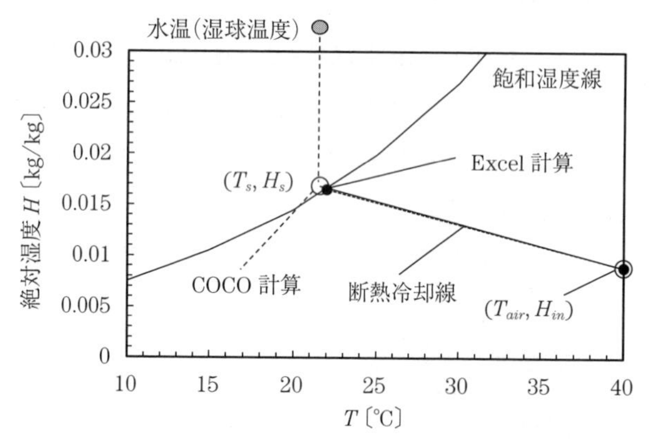

（b）　水による空気冷却の湿度図表

図 18.2　水による空気の冷却とその湿度図表

【COCO 解法】　（<COCO_18_AirCool.fsd>を参照）

Settings の Components と Thermodynamics は前々の例題と同じである。**図 18.3**（a）のように Mixer と Flash を配置し，空気と水の入口と出口の

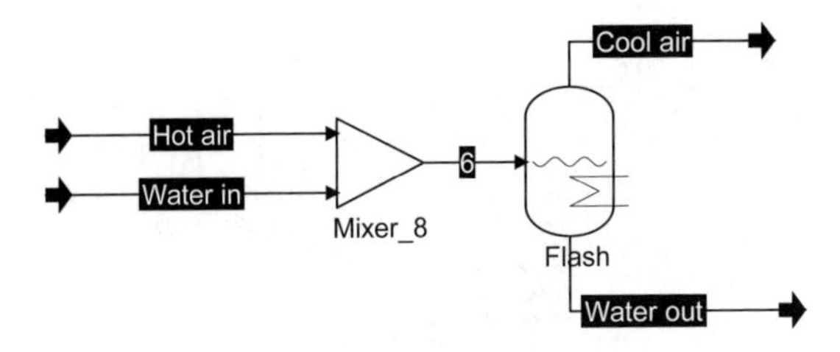

（a） プロセスの構成

Stream	Hot air	Water in	Cool air	Water out
Pressure/[kPa]	101.3	101.3	101.3	101.3
Temperature/[°C]	40	21.6	21.6436	21.6527
Flow water/[kg/s]	0.0089	1	0.0167457	0.992154
Flow nitrogen/[kg/s]	1	0	0.99753	0.00246976

（b） Stream report の作成

図 18.3 水による空気の冷却のプロセス構成とその出口空気温度の COCO 計算

Stream を作成する。すべて大気圧条件である†。Flash の Heat duty: 0 とする。Stream report を作成して，図（b）のような構成をし，入口空気，冷却水の条件を設定して Solve する。冷却水（Water in）の温度は出口（Water out）水温と等しくなるよう試行する。計算結果が図（b）のように得られ，$T_s = 21.7$℃ となった。図 18.2（b）にこの結果を比較して示している。

【例題 19】 冷　水　塔 (1)

図 19.1 のように，$T_w = 50$℃ の温水，$L = 1$ kg/s を冷水塔により冷却する。外気（入口空気）は流量 $G = 1$ kg-dry air/s，温度 $T_{air} = 25$℃，湿度 $H_{in} = 0.01$ kg/kg である。冷却水と出口空気は T_s, H_s の飽和状態になるとする。冷却水温度 T_s を求めよ。

† すでに 1 章で説明したように，Mixer や Flash などを Unit といい，これらをつなぐ空気と水の入口と出口のような流れを Stream という。本書では，これらを合わせたものをプロセスと呼んでいる。ちなみに，COCO の設定と計算を表示している表は，これまでたびたび出ているように Stream report である。

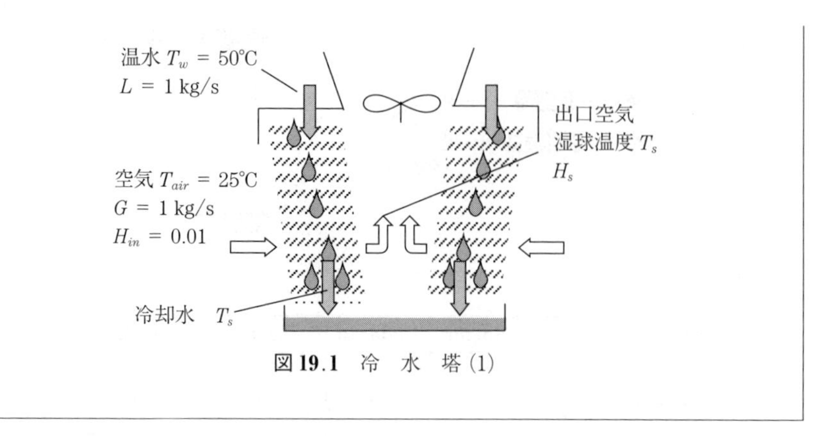

図 **19.1**　冷　水　塔 (1)

【Excel 解法】（<COCO_19_WaterCool.xlsx>を参照）

G, L の温度変化と加湿分の蒸発潜熱量の熱収支を定式化すると次式である（記号，物性値などは図 **19.2**(a)参照）。

$$0 = LC_{pW}(T_w - T_s) + GC_{pAir}(T_{air} - T_s) - Gl_w(H_s - H_{in})$$

この式と飽和湿度の関係：$H_s = f(T_s)$（E1）から T_s に関する非線形方程式となる。Excel のゴールシークにより解く（D8 を 0 とする E2 を求める，図(a)）。その結果，冷却水温度 $\underline{T_s = 33.9℃}$ となった。図(b)に空気側の変化を湿度図表上に示す。

	A	B	C	D	E	F
1	蒸発潜熱 lw	2430.3	kJ/kg-Wat	Hs=	0.034	kg/kg
2	空気熱容量CpAir	1.04	kJ/K kg	Ts=	33.856	°C
3	水熱容量CpW	4.18	kJ/kg K			
4	dry air 流量G	1	kg/s			
5	湿度 Hin	0.01	kg/kg			
6	空気温 Tair	25	°C			
7	温水流量L	1	kg/s			
8	温度Tw	50	°C	3.E-11		

=18/29/(101.3/(0.001*EXP(23.1964-3816.44/(-46.13+(E2+273.15))))-1)

=(B7*B3*(B8-E2))+(B4*B2*(B6-E2))-(B4*(E1-B5)*B1)

(a)　Excel 計算

図 **19.2**　冷水塔 (1)における冷却水温度の Excel 計算と湿度図表

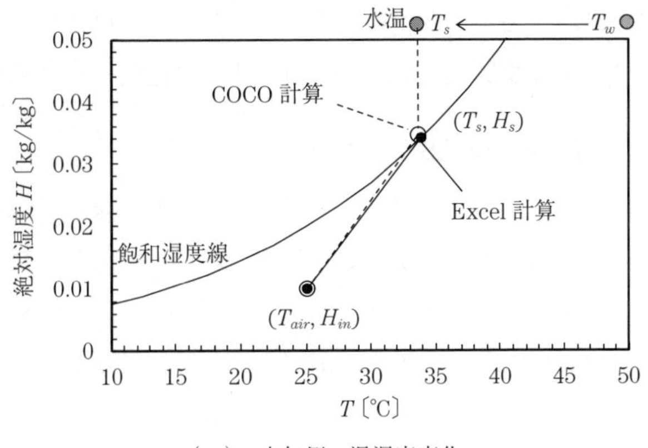

（b） 空気側の温湿度変化

図 19.2 冷水塔 (1)における冷却水温度の Excel 計算と湿度図表（つづき）

【COCO 解法】 （＜COCO_19_WaterCool.fsd＞を参照）

プロセス構成や ChemSep 冷水塔 Flash の物性などの設定は例題 18 と同じであるが，水の入口温度が湿球温度より高い。**図 19.3**（a）のようにプロセスを構成し，Stream report を作成して図（b）のような構成をし，空気，温水の

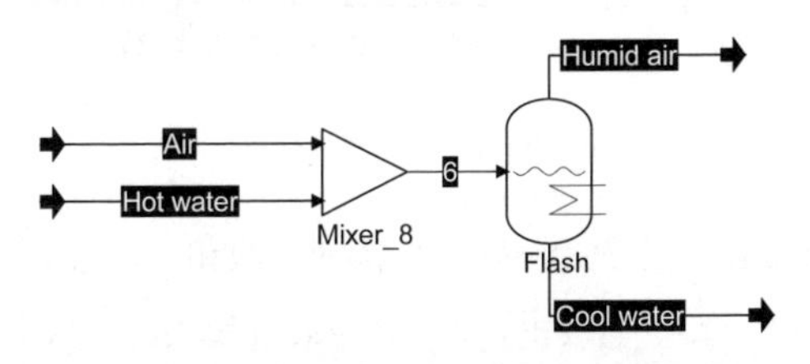

（a） プロセスの構成

Stream	Air	Hot water	Humid air	Cool water
Pressure/[kPa]	101.3	101.3	101.3	101.3
Temperature/[°C]	25	50	33.5901	33.5979
Flow water/[kg/s]	0.01	1	0.0345557	0.975444
Flow nitrogen/[kg/s]	1	0	0.997833	0.00216702

（b） Stream report の作成

図 19.3 冷水塔 (1)のプロセスの構成とそれを使った冷却水温度の COCO 計算

条件を入れてSolveすると図(b)の結果が得られた。冷却水温度 $T_s = 33.6$℃となった。空気の変化を図19.2(b)の湿度図表中に比較して示している。

【例題19a】 冷　水　塔(2) H, p.671, IP, p.147)

図19a.1のように，$T_{win} = 48.9$℃の温水，$L = 1.0$ kg/sを冷水塔により冷却する。外気（入口空気）は温度 $T_{in} = 26.7$℃，湿度 $H_{in} = 0.0098$ kg/kgである。冷却水温度を $T_{wout} = T_s = 32.2$℃とするための空気流量 G〔kg-dry air/s〕を求めよ。出口空気は T_{out}, H_{out} であり，その湿球温度が T_s である。例題19と異なり，出口空気は未飽和である（湿球温度でない）。

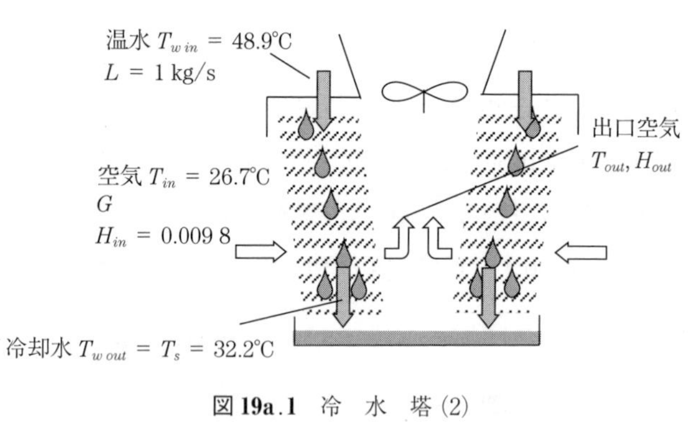

図19a.1　冷　水　塔(2)

この冷水塔では出口空気/水が平衡状態（飽和）にないので，COCOのFlashでは計算できない。熱収支式によるExcel解法のみ示す。

【Excel解法】（<COCO_19a_WaterCool2.xlsx>を参照）

例題19と同様に G, L の温度変化と加湿分の蒸発潜熱量の熱収支を定式化すると次式である（B24，出口空気の状態が異なる)。

$$0 = LC_{pW}(T_{win} - T_s) + GC_{pAir}(T_{in} - T_{out}) - Gl_w(H_{out} - H_{in})$$

右辺第1項は水の冷却に要する熱，第2項は空気の加熱に要する熱，第3項は空気の湿度増加で消費する潜熱である。これと断熱冷却線の関係（B12）とから T_{out}, H_{out}, G を解く。**図19a.2**(a)のように，まずB5で T_s から H_s を計算して，B10, B11に書く。Excelのソルバーにより B14を最小化することで，

T_{out}, H_{out}, G が得られる。その結果，空気流量 $G = 1.23$ kg-dry air/s となった。図(b)に空気側の変化を湿度図表上に示す。

	A	B	C	D	E	F	G
1	【温度と湿度】			Cpw	4.18	kJ/kg-K	
2	T =	32.20	℃	Cpair	1.04	kJ/kg-K	
3	p_s =	4.787	kPa	lw	2426	kJ/kg	
4	φ =	100	%RH				
5	H =	0.0308	kg/kg				
6							
7	【断熱冷却線】						
8	*H out*=	0.0295	kg/kg				
9	*Tout*=	35.06	℃				
10	H_s=	0.0308	kg/kg				
11	T_s=	32.21	℃				
12	断熱冷却線	0.00026					
13	飽和湿度線	-0.0011					
14		1.2E-06					
15							
16	温水L=	1.0	kg/s				
17	Twin=	48.9	℃				
18	空気G=	1.233	kg-dry air/s				
19	Tin=	26.7	℃				
20	Hin=	0.0098	kg/kg				
21	水温度低下	69.7816	kJ				
22	空気温度上昇	-10.718	kJ				
23	蒸発潜熱	59.0628	kJ				
24	熱収支式	0.00107					

=(2502-2.39*B11)*(B10-B8)-(1.005+1.884*((B8+B10)/2))*(B9-B11)

=SUMSQ(B12,B24)
Hout, Tout, Gの3未知数を断熱冷却線，熱収支式で解く

=B16*E1*(B17-B11)

=B18*E2*(B19-B9)

=B18*E3*(B8-B20)

=B21+B22-B23

（a） Excel 計算

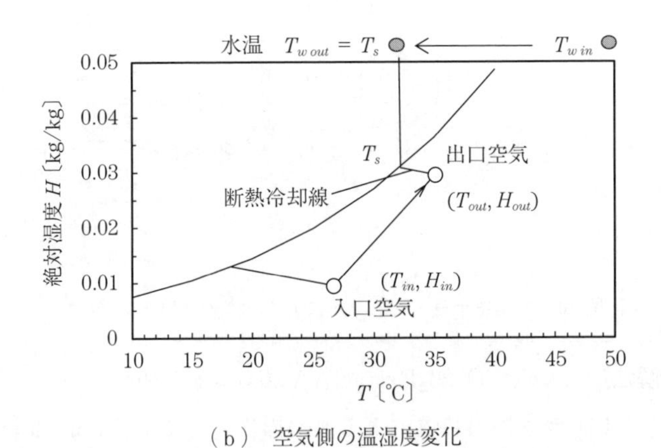

（b） 空気側の温湿度変化

図 19a.2　冷水塔(2)における空気流量の Excel 計算と空気側の湿度図表

7 抽　　出

抽出の計算は化学工学伝統の図解法の代表例である。「逆てこの規則」や**多段抽出**における「操作点」でおなじみである。しかし現在では抽出の図解法は連立方程式解法の問題に置き換えられ，さらにシミュレータで液液平衡の推算も容易となった。

【例題 20】　単抽出（水による酢酸の抽出）[HI, p.195]

図 **20.1** のように，酢酸 (C) 50 wt%（$x_{CF}=0.5$），ベンゼン (A) 50 wt% の混合液 100 kg を，25 kg の水 (B) で単抽出を行った場合の抽出液，抽残液の組成と量，および抽出率を求めよ。

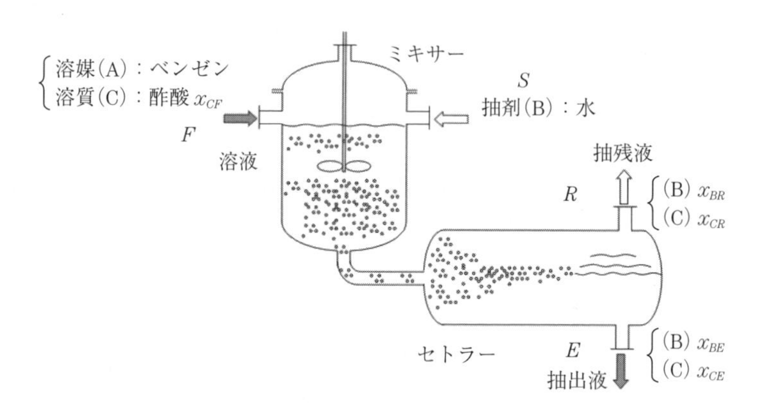

図 20.1　ミキサー・セトラーによる酢酸の抽出（単抽出）

【Excel 解法】（<COCO_20_ExtractAA.xlsx>を参照）

ミキサー・セトラー抽出装置による連続操作として，各流量〔kg/s〕，組成（質量分率）記号は図 20.1 のようである。プロセス全体で物質収支をとると，

3 成分系なので以下の物質収支式が成り立つ。

全成分物質収支：

$$F + S = E + R \qquad (1)$$

酢酸（C）についての収支：

$$Fx_{CF} = Rx_{CR} + Ex_{CE} \qquad (2)$$

	A	B	C	D	E	F	G	H
1	酢酸－ベンゼン－水系の液液平衡(298K) 質量分率　疋田化学工学通論							
2			ベンゼン相[mass frac]			水相[mass frac]		
3	データ番	タイライン(	酢酸(C)	ベンゼン(	水 (B)	酢酸(C	ベンゼン	水 (B)
4	1	1	0.0015	0.998	0.0000	0.046	0.000	0.954
5	2	2	0.014	0.986	0.0004	0.177	0.002	0.821
6	3	3	0.033	0.966	0.0011	0.290	0.004	0.706
7	4	4	0.133	0.864	0.0040	0.569	0.033	0.398
8	5	5	0.150	0.845	0.0050	0.592	0.040	0.368
9	6	6	0.199	0.794	0.0070	0.639	0.065	0.296
10	7	7	0.228	0.764	0.0085	0.648	0.077	0.275
11	8	8	0.310	0.671	0.0190	0.658	0.181	0.161
12	9	9	0.353	0.622	0.0250	0.645	0.211	0.144
13	10	10	0.378	0.592	0.0300	0.634	0.234	0.132
14	11	11	0.447	0.507	0.0460	0.593	0.300	0.107
15	12	12	0.523	0.405	0.0720	0.523	0.405	0.072
16	タイライン関係(		xCR		xBR	xCE		xBE
17	5	5.13	0.156	0.838	0.005	0.598	0.043	0.358
18								
19	F=	100	kg/s					
20	xCF=z=	0.5						
21	S=	25	kg/s					
22	未知数	変化させるセル		残差				
23	E=	68.91	全収支	0.000				
24	R=	56.09	酢酸収支	−3E−05				
25	n=	5.13	水収支	1.1E−05				
26				1.6E−09				

C17: =VLOOKUP(A17,A4:H15,3)+(B17-A17)*(VLOOKUP(A17+1,A4:H15,3)-VLOOKUP(A17,A4:H15,3))

D23: =B23+B24-B19-B21

D24: =B24*C17+B23*F17-B19*B20

D25: =B24*E17+B23*H17-B21

D26: =SUMSQ(D23:D25)

（a）　Excel 計算

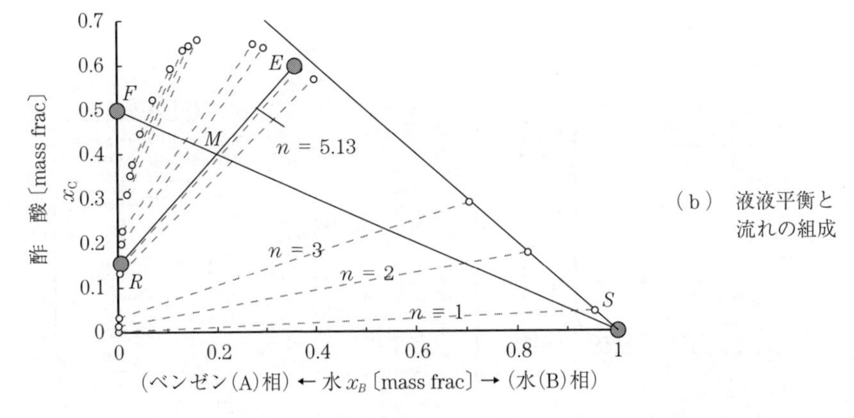

（b）　液液平衡と流れの組成

図 20.2　ミキサー・セトラーによる酢酸の抽出（単抽出）における抽出液，抽残液の組成と量，および抽出率の Excel 計算

水（B）についての収支：

$$S = Rx_{BR} + Ex_{BE} \qquad (3)$$

未知数は $E, R, x_{CR}, x_{CE}, x_{BR}, x_{BE}$ の6個である。ここで**液液平衡**データ（**図20.2**（a））のタイラインの位置 n を実数に拡張して取り扱うと，各組成 x はすべてタイラインの位置 n の関数である。よって連立方程式上の未知数は E, R, n の3個ということになり，これは三つの連立方程式で3個の未知数を求める問題になる。

図（a）の Excel シートで B23:B25 に E, R, n の初期値を設定し，セル B17 を "=B25" として未知数 n の値から表の内挿により $x_{CR}, x_{CE}, x_{BR}, x_{BE}$ を得られるようにする。D23:D25 に式(1)～(3)の残差（(右辺) − (左辺)）を記入し，D26 に残差2乗和をつくる。ソルバーで目的セルに D26，変化させるセルに B23:B25 を指定し，最小化することで解が得られる。抽出率は 0.824 である。図（b）の**直角三角図**でタイラインデータ（破線）と計算結果を示す。

【COCO 解法】（<COCO_20_ExtractAA.fsd>を参照）

Settings→Property packages→Add→TEA を Select→New→definition 画面で Name を入力，Model set は Peng Robinson を選択する。Add により3成分を入力する。Flowsheet 上で Streams F, S と Insert unit operation から Mixer を配置する。から Separators→ChemSep→Select で Column を配置

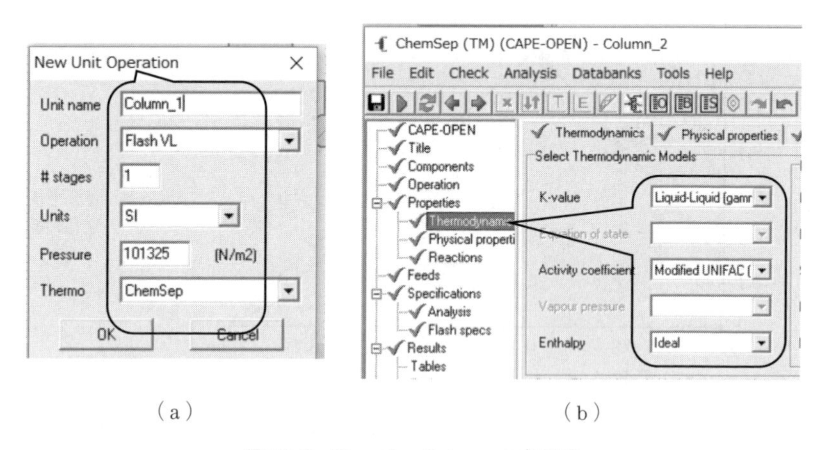

（a）　　　　　　　（b）

図 **20.3**　ChemSep Column の各設定

する。その Column を右クリックして Show GUI から New Unit Operation の設定になるので，図 **20.3**(a)のように設定する。

OK するとこの Unit（Flash）用に ChemSep が立ち上がる。Properties/

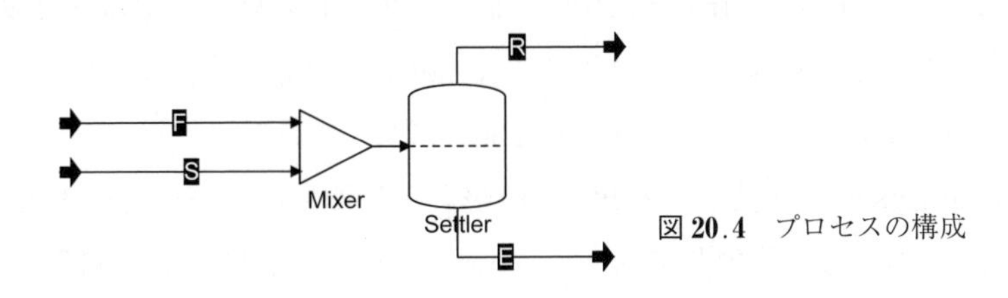

図 **20.4** プロセスの構成

Stream	F	S	R	E
Pressure/[kPa]	101.3	101.3	101.3	101.3
Temperature/[°C]	25	25	25	25
Flow rate/[kg/s]	100	25	57.6689	67.3311
Mass frac Acetic acid	0.5	0	0.159633	0.605874
Mass frac Benzene	0.5	0	0.834481	0.0278676
Mass frac Water	0	1	0.00588598	0.366258
Liquid phase				
Density/[kg/m³]	967.431	1007.27	902.535	1022.53

（a） Stream report

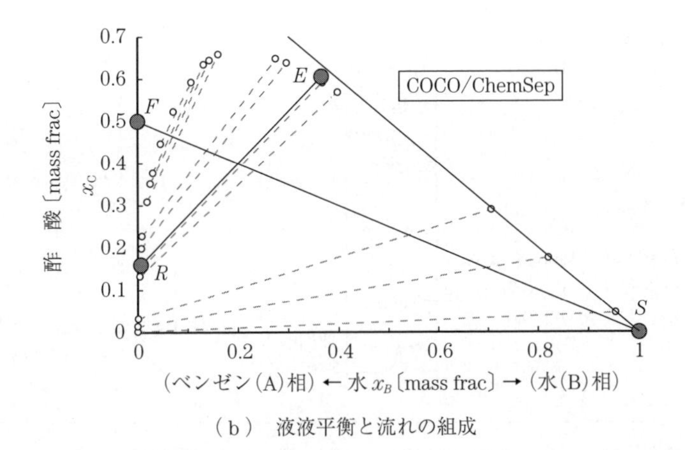

（b） 液液平衡と流れの組成

図 20.5 ミキサー・セトラーによる酢酸の抽出（単抽出）における抽出液，抽残液の組成と量，および抽出率の COCO 計算

Thermodynamics で K-value: Liquid-Liquid (gamma), Activity coefficient: Modified UNIFAC, Enthalpy: Ideal を設定する（図(b)）。また，Flash specs で Temperature を設定する。

Flowsheet に戻り，Streams R, E を加えてプロセスを完成する（**図 20.4**，なお，この ChemSep Column の名前を Settler に変更し，icon は右クリックの icon/Select unit icon から Vessels/decanter に変えている）。

Stream report を作成して**図 20.5**(a)のような構成をし，Streams F, S の条件を図(a)のように入力して Solve すると，その同じ表に R, E の結果が得られる。密度の違いで相分離されていることがわかる。酢酸抽出率は 0.816 である。この結果を図(b)の直角三角図上に示す。

【例題 21】　向流抽出（スルホランによるベンゼンの抽出）

図 21.1 のように，ベンゼン(芳香族，C) 70 mol%/ペンタン(A) 混合液 1 kmol/s からスルホラン(B)抽剤 2.3 kmol/s でベンゼンを回収する。実際の操作は多孔板抽出塔による向流操作だが，3 段の平衡段操作でモデル化して抽出率を求めよ。

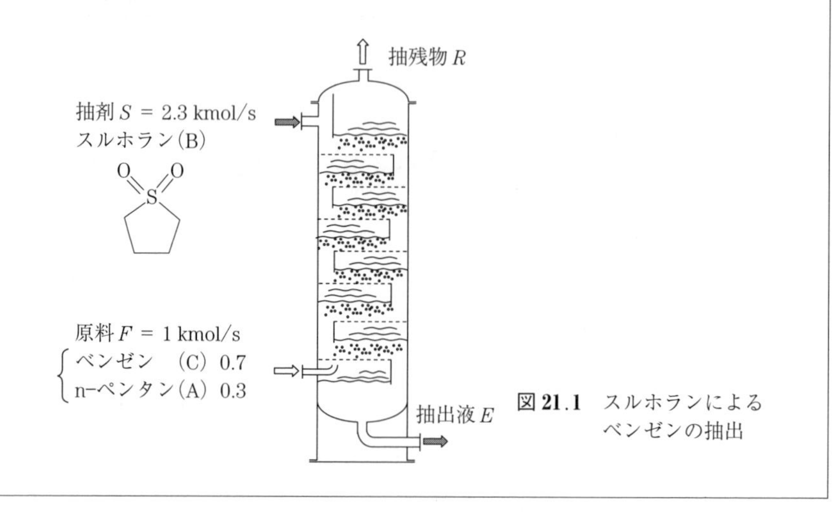

図 21.1　スルホランによるベンゼンの抽出

【Excel 解法】　(<COCO_21_ExtractBe.xlsx>を参照)

質量基準に換算して，$F = 76.3$ kg/s，$x_{CF} = 0.716$，$S = 276.4$ kg/s であ

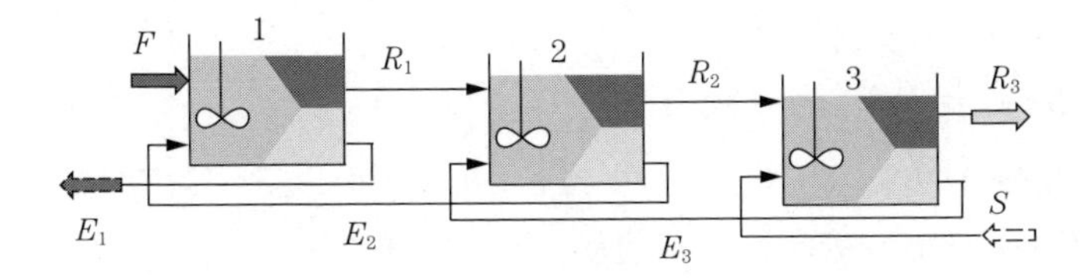

図 21.2 3段のミキサー・セトラーのプロセス構成と記号

る。3段のミキサー・セトラーでプロセスを構成して流れの記号を図 **21.2** のようにする。

液液平衡データは Excel シート中に示す。物質収支は以下の 9 個の連立方程式となる。

第 1 段：

流 量 収 支：

$$F + E_2 = R_1 + E_1 \tag{1}$$

ベ ン ゼ ン(C)：

$$Fx_{CF} + E_2x_{CE2} = R_1x_{CR1} + E_1x_{CE1} \tag{2}$$

スルホラン(B)：

$$E_2x_{BE2} = R_1x_{BR1} + E_1x_{BE1} \tag{3}$$

（平衡関係：$(x_{BR1}, x_{CR1}) - (x_{BE1}, x_{CE1})$　（タイライン n_1））

第 2 段：

流 量 収 支：

$$R_1 + E_3 = R_2 + E_2 \tag{4}$$

ベ ン ゼ ン(C)：

$$R_1x_{CR1} + E_3x_{CE3} = R_2x_{CR2} + E_2x_{CE2} \tag{5}$$

スルホラン(B)：

$$R_1x_{BR1} + E_3x_{BE3} = R_2x_{BR2} + E_2x_{BE2} \tag{6}$$

（平衡関係：$(x_{BR2}, x_{CR2}) - (x_{BE2}, x_{CE2})$　（タイライン n_2））

第 3 段：

流 量 収 支：

$$R_2 + S = R_3 + E_3 \tag{7}$$

ベンゼン(C)：

$$R_2x_{CR2} = R_3x_{CR3} + E_3x_{CE3} \qquad (8)$$

スルホラン(B)：

$$R_2x_{BR2} + S = R_3x_{BR3} + E_3x_{BE3} \qquad (9)$$

（平衡関係：$(x_{BR3}, x_{CR3}) - (x_{BE3}, x_{CE3})$　（タイライン n_3））

この連立方程式をソルバーにより解いた結果は図 **21.3** である。この結果を直角三角図上に平衡データ（タイライン，破線）と共に示したのが図 **21.4** である。ベンゼン抽出率は $\underline{E_1x_{CE1}/Fx_{CF} = 0.998}$ である。

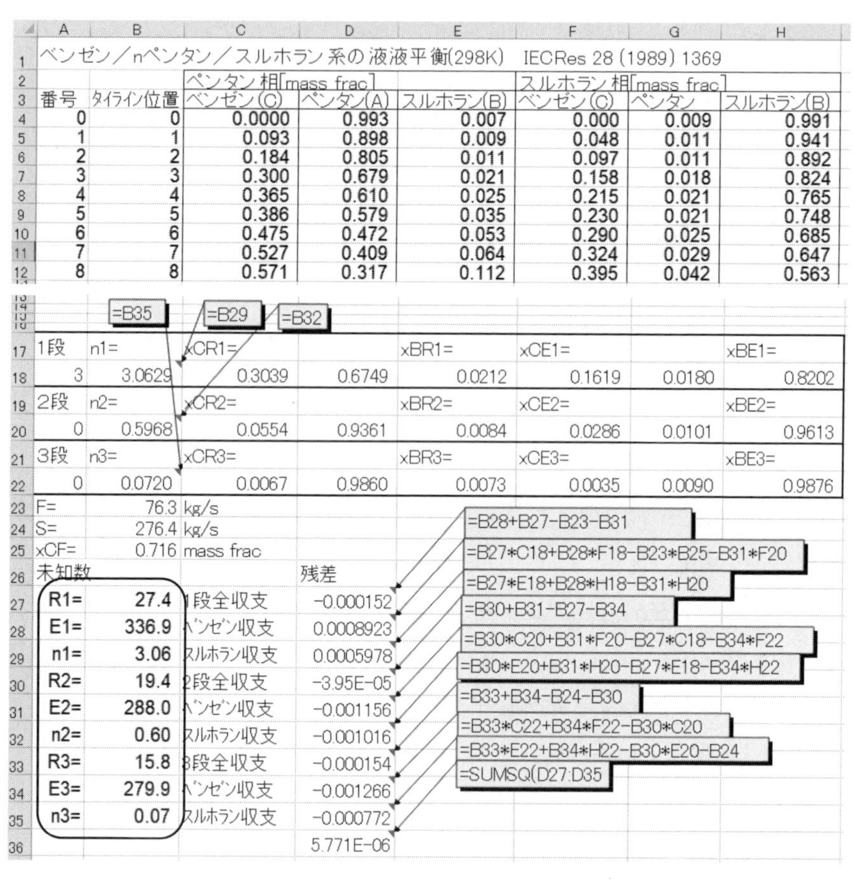

	A	B	C	D	E	F	G	H
1	ベンゼン／nペンタン／スルホラン 系の 液液平衡(298K)					IECRes 28 (1989) 1369		
2			ペンタン 相[mass frac]			スルホラン 相[mass frac]		
3	番号	タイライン位置	ベンゼン(C)	ペンタン(A)	スルホラン(B)	ベンゼン(C)	ペンタン	スルホラン(B)
4	0	0	0.0000	0.993	0.007	0.000	0.009	0.991
5	1	1	0.093	0.898	0.009	0.048	0.011	0.941
6	2	2	0.184	0.805	0.011	0.097	0.011	0.892
7	3	3	0.300	0.679	0.021	0.158	0.018	0.824
8	4	4	0.365	0.610	0.025	0.215	0.021	0.765
9	5	5	0.386	0.579	0.035	0.230	0.021	0.748
10	6	6	0.475	0.472	0.053	0.290	0.025	0.685
11	7	7	0.527	0.409	0.064	0.324	0.029	0.647
12	8	8	0.571	0.317	0.112	0.395	0.042	0.563

	A	B	C	D	E	F	G	H
17	1段	n1=	xCR1=		xBR1=	xCE1=		xBE1=
18	3	3.0629	0.3039	0.6749	0.0212	0.1619	0.0180	0.8202
19	2段	n2=	xCR2=		xBR2=	xCE2=		xBE2=
20	0	0.5968	0.0554	0.9361	0.0084	0.0286	0.0101	0.9613
21	3段	n3=	xCR3=		xBR3=	xCE3=		xBE3=
22	0	0.0720	0.0067	0.9860	0.0073	0.0035	0.0090	0.9876
23	F=	76.3	kg/s					
24	S=	276.4	kg/s					
25	xCF=	0.716	mass frac					
26	未知数			残差				
27	R1=	27.4	1段全収支	−0.000152				
28	E1=	336.9	ベンゼン収支	0.0008923				
29	n1=	3.06	スルホラン収支	0.0005978				
30	R2=	19.4	2段全収支	−3.95E−05				
31	E2=	288.0	ベンゼン収支	−0.001156				
32	n2=	0.60	スルホラン収支	−0.001016				
33	R3=	15.8	3段全収支	−0.000154				
34	E3=	279.9	ベンゼン収支	−0.001266				
35	n3=	0.07	スルホラン収支	−0.000772				
36				5.771E−06				

図 **21.3**　3 段のミキサー・セトラーによるベンゼンの抽出における抽出率の Excel 計算

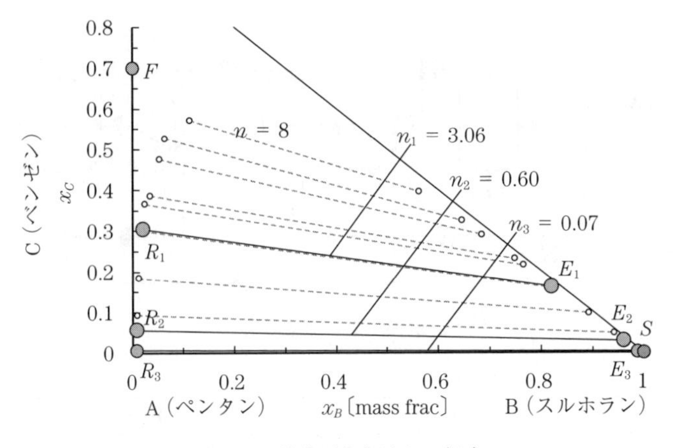

図 21.4 液液平衡と流れの組成

【COCO 解法】 （＜COCO_21_ExtractBe.fsd＞を参照）

Setting→Property packages→Add→TEA を Select→New→definition 画面で Name を入力，Model set は Peng Robinson を選択する。Add により 3 成分を入力する。前の例題と同様に Flowsheet 上で Insert unit operation から Mixer を配置し，また同様に Separators→ChemSep→Select で Column を配置する。前の例題と同じように，Column を右クリックして Show GUI から立ち上がる New Unit Operation で Flash VL などの設定をし，ChemSep からこの ChemSep Column（ここでは Settler）の Flash としての各設定を行う（例題 20 参照，この Column の Label（Unit name）を Rename して Settler にした。また，アイコンも decanter に変更した）。これらを Copy→Paste して，stream を接続して 3 段のプロセスを作成する（**図 21.5**）。なお，前の例題と同様，ここでは各 ChemSep Column の名前を Settler_(数字) に変更し，icon を Vessels/decanter に変えている。

Stream report を作成して**図 21.6**(a)のような構成をし，Streams F, S を設定して Solve すると図(a)の計算結果が得られる。この結果を直角三角図でこの液液平衡データと共に示す（図(b)）。ChemSep 上での液液平衡推算（Modified UNIFAQ）がデータと一致している。ベンゼン抽出率は $E_1x_{CE1}/Fx_{CF} = 1.00$ である。

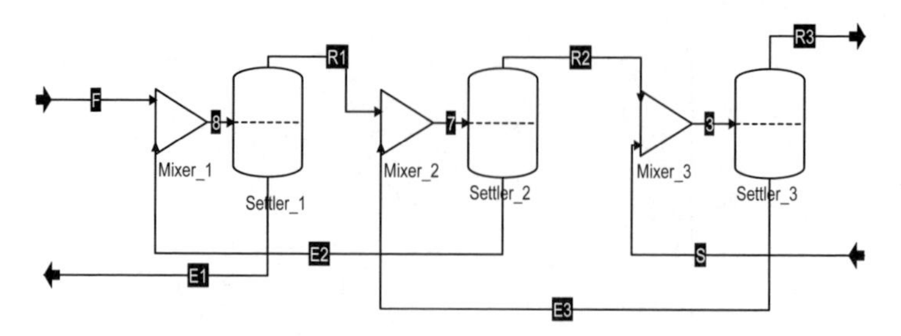

図 **21.5**　プロセスの構成

Stream	S	F	E1	R3
Flow rate/[kg/s]	276.4	76.3	341.924	10.7755
Flow N-pentane/[kg/s]	0	21.669	11.0229	10.6461
Flow Benzene/[kg/s]	0	54.631	54.5718	0.0591703
Flow Sulfolane/[kg/s]	276.4	0	276.33	0.0702275
Mass frac N-pentane	0	0.283997	0.0322377	0.987992
Mass frac Benzene	0	0.716003	0.159602	0.00549118
Mass frac Sulfolane	1	0	0.80816	0.00651731

（a）　Stream report

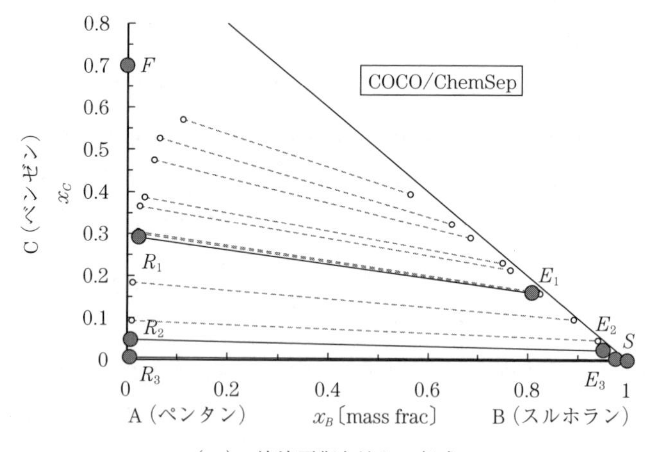

（b）　液液平衡と流れの組成

図 **21.6**　3 段のミキサー・セトラーによるベンゼンの抽出の COCO 計算と直角三角図

【ChemSep 解法】（<COCO_21_ExtractBe.sep>を参照）

なお，はじめから ChemSep 上で 3 段の Simple Extractor（図 **21.7** 上図）を使っても同じ計算が可能である（使い方の詳細については，後述の例題 22a を参照）[†]。これは一つの Column ではあるが，内部的には 3 段の平衡段で計算しているため，COCO 解法とまったく同じ計算結果が得られる（図 21.7 下図の Tables を参照）。

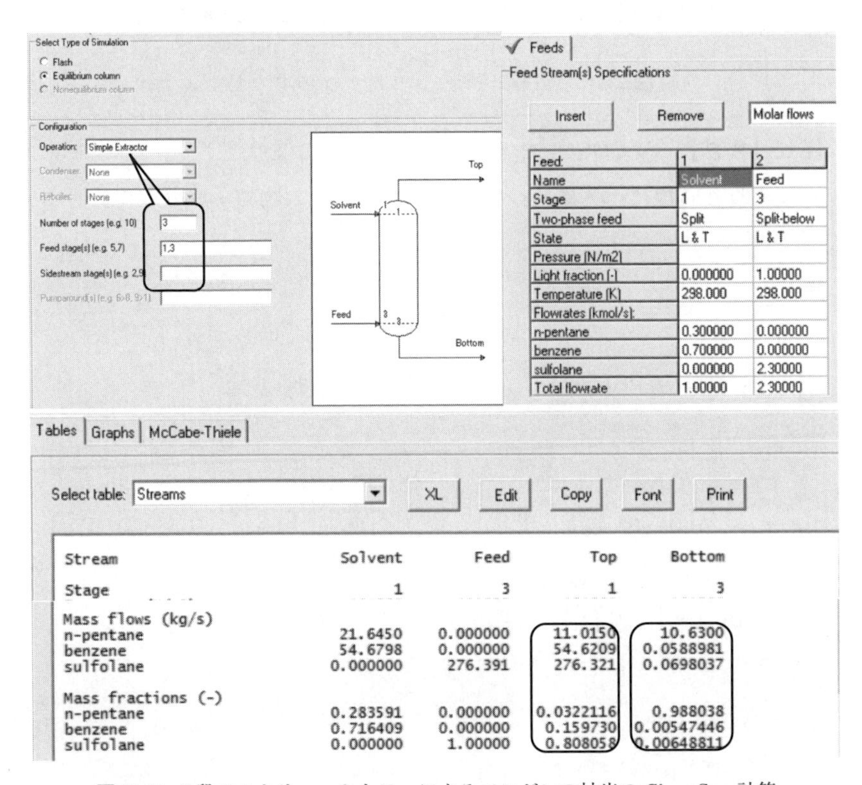

図 **21.7** 3 段のミキサー・セトラーによるベンゼンの抽出の ChemSep 計算

【例題 22】 並流多段抽出（エーテルによるエタノールの抽出）[HI, p.184)]

エタノール (C) 30 wt%（$x_{CF}=0.3$）水溶液を $F=0.05$ kg/s の流量で，

† ここでは，ChemSep 画面の Operation/Configuration/ Operation: Simple Extractor を使う。

3段よりなるミキサー・セトラー型抽出装置へ供給し，エチルエーテル(B)を抽剤として25℃で並流多段抽出を行う（図**22.1**）。各槽への抽剤供給速度を$S = 0.025$ kg/sとしてエタノールの抽出率を求めよ。

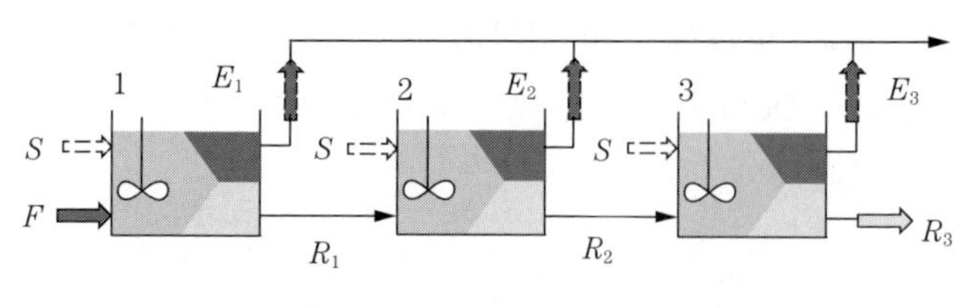

図22.1　3段のミキサー・セトラーの構成と記号

【Excel解法】（<COCO_22_ExtractEtOH.xlsx>を参照）

前の例題と同様に，各槽についておのおの三つの物質・成分収支式をつくる。

第1段：

流 量 収 支：

$$F + S = R_1 + E_1 \qquad (1)$$

エタノール(C)収支：

$$Fx_{CF} = R_1x_{CR1} + E_1x_{CE1} \qquad (2)$$

エ ー テ ル(B)収支：

$$S = R_1x_{BR1} + E_1x_{BE1} \qquad (3)$$

（平衡関係：$(x_{BR1}, x_{CR1}) - (x_{BE1}, x_{CE1})$　（タイラインn_1））

第2段：

流 量 収 支：

$$R_1 + S = R_2 + E_2 \qquad (4)$$

エタノール(C)収支：

$$R_1x_{CR1} = R_2x_{CR2} + E_2x_{CE2} \qquad (5)$$

エ ー テ ル(B)収支：

$$S = R_2x_{BR2} + E_2x_{BE2} \qquad (6)$$

（平衡関係：$(x_{BR2}, x_{CR2}) - (x_{BE2}, x_{CE2})$　（タイラインn_2））

第 **3** 段：

流 量 収 支：

$$R_2 + S = R_3 + E_3 \qquad (7)$$

エタノール (C) 収支：

$$R_2 x_{CR2} = R_3 x_{CR3} + E_3 x_{CE3} \qquad (8)$$

エ ー テ ル (B) 収支：

$$S = R_3 x_{BR3} + E_3 x_{BE3} \qquad (9)$$

（平衡関係：$(x_{BR3}, x_{CR3}) - (x_{BE3}, x_{CE3})$ （タイライン n_3））

以上により，9 個の未知数 $R_1, E_1, n_1, R_2, E_2, n_2, R_3, E_3, n_3$（B27:B35）に関する 9 個の連立方程式が得られた。これら 9 個の連立方程式をソルバーにより解いた結果は図 **22.2** である。

R1= 0.047111	R2= 0.04705152	R3= 0.048
E1= 0.027889	E2= 0.02505883	E3= 0.024
n1= 5.474384	n2= 2.96318991	n3= 1.9487

図 22.2 3 段のミキサー・セトラーによるエタノールの抽出（並流多段抽出）における抽出率の Excel 計算

この結果を直角三角図上に平衡データ（タイライン，破線）と共に示したのが図 **22.3** である。エタノール抽出率は 0.610 となった。

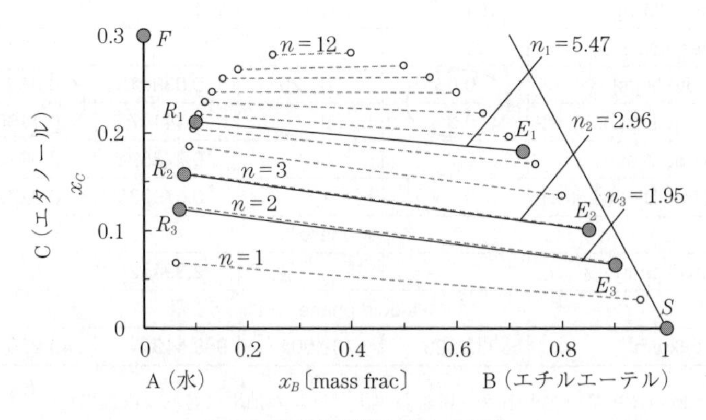

図 22.3 液液平衡と流れの組成

【COCO 解法】（<COCO_22_ExtractEtOH.fsd>を参照）

前の例題と同様に，はじめの全体の Setting では Property packages は普通の TEA を選択して，3 成分を入力する。次いで個々の Unit（Flash VL）の ChemSep 上で液液平衡計算の設定を行うのが特徴である。前の例題と同じく Properties/Thermodynamics で K-Value: Liquid-Liquid（gamma），Activity coefficient: Modified UNIFAC，Enthalpy: Ideal とする。プロセスを図 **22.4** のように構成する。

Stream report を作成して図 **22.5** のような構成とし，Solve して結果を得

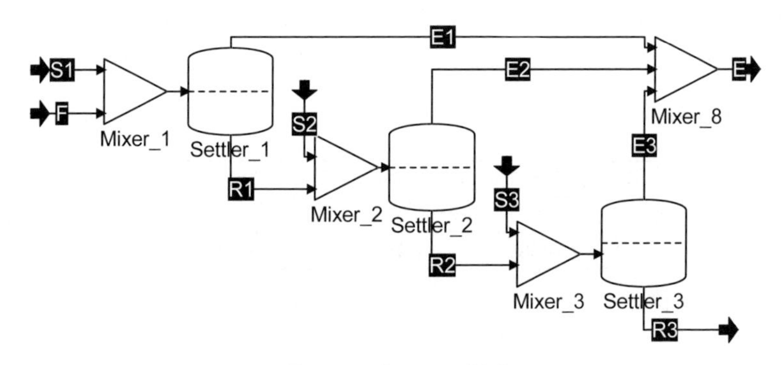

図 **22.4**　プロセスの構成

Stream	F	S1	R3	E
Pressure/[kPa]	101.3	101.3	101.3	101.3
Temperature/[°C]	25	25	25	24.7344
Flow rate/[kg/s]	0.05	0.025	0.0380151	0.0869849
Mass frac Ethanol	0.3	0	0.14147	0.110617
Mass frac Water	0.7	0	0.778594	0.0620986
Mass frac Diethyl ether	0	1	0.0799355	0.827285
Vapor phase				
Density/[kg/m^3]			2.39452	
Liquid phase				
Density[kg/m^3]	939.699	702.001	988.519	743.239

図 **22.5**　3 槽のミキサー・セトラーによるエタノールの抽出（並流多段抽出）の COCO 計算

た。この結果を直角三角図上に平衡データと共に示したのが図 **22.6** である。平衡データと ChemSep（Modified UNIFAC）の推算がほぼ合っている。エタノール抽出率は 0.641 となった。

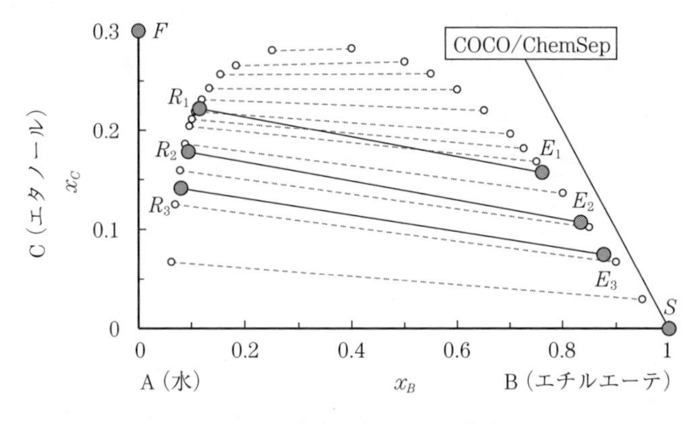

図 **22.6**　液液平衡と流れの組成

【例題 22a】　酢酸水溶液の酢酸エチルによる向流抽出[S, p.324)]

7.8 mol% 酢酸水溶液 179 mol/s から酢酸エチル 101.5 mol/s で酢酸を抽出する。操作は向流抽出塔で行う（図 **22a.1**）。6 段の平衡段操作として酢酸抽出率を求めよ。

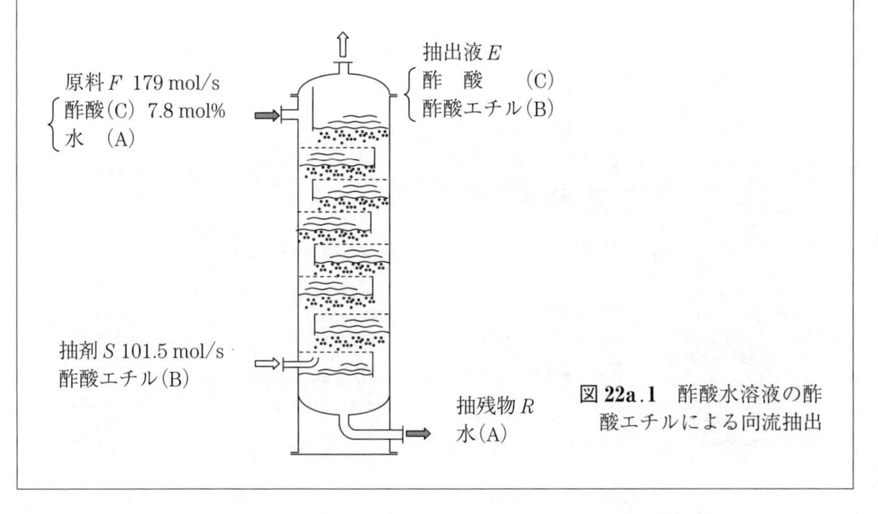

図 **22a.1**　酢酸水溶液の酢酸エチルによる向流抽出

【ChemSep 解法】（<COCO_22a_ExtractAAW.sep>を参照）

この例題は向流の平衡段操作なので，ChemSep 上で解いてみる。直接 ChemSep を立ち上げて，Components タブで上記 3 成分を選択する。**図 22a.2** のように，Operation タブで 6 段の Simple Extractor を設定する。Thermodynamics タブで K-value: Liquid-Liquid (gamma)，Activity coefficient: Modified UNIFAC を選択する。

Feeds タブで**図 22a.3** のように原料と抽剤の組成と流量を入力する。Solve

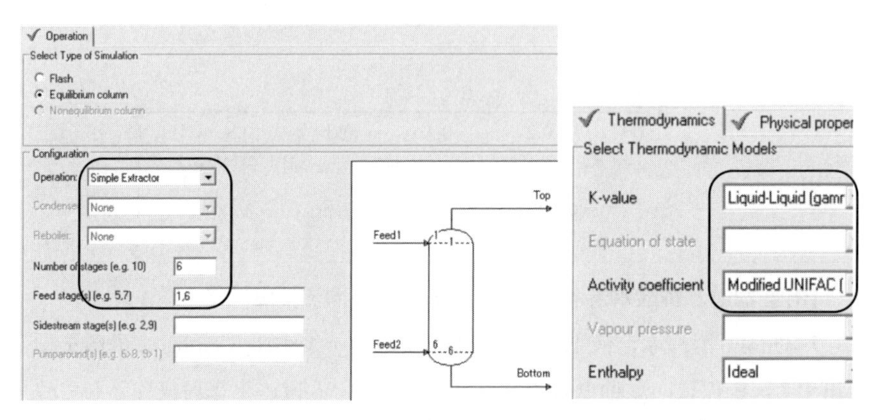

図 22a.2　Simple Extractor とその Thermodynamics の設定

Feeds

Feed Stream(s) Specifications

Insert　Remove　Molar flows

Feed の設定

Feed:	1	2
Name	Feed1	Feed2
Stage	1	6
Two-phase feed	Split	Split-below
State	L & T	L & T
Pressure (N/m2)		
Light fraction (-)	0.000000	1.00000
Temperature (K)	298.150	298.150
Flowrates (kmol/s):		
acetic acid	0.0139360	0.000000
water	0.164696	0.000000
ethyl acetate	0.000000	0.101457
Total flowrate	0.178632	0.101457

計 算 結 果

Mole flows (kmol/s)		
	Top	Bottom
acetic acid	0.0135	0.0005
water	0.0186	0.1461
ethyl acetate	0.0997	0.0017
Mole fractions (-)		
acetic acid	0.102	0.003
water	0.141	0.985
ethyl acetate	0.757	0.012

図 22a.3　Feeds タブの設定と ChemSep 計算

ボタン ▶ を押して計算すると右表の結果が得られた。酢酸抽出率は 96.7% である。

抽出塔の段ごとの酢酸濃度変化を**図 22a.4**(a)に示す。プロットは「段を去る」液の酢酸組成である。図(b)は直角三角図上に示した各段の組成である。ChemSep の計算と液液平衡データのタイラインを比較した。

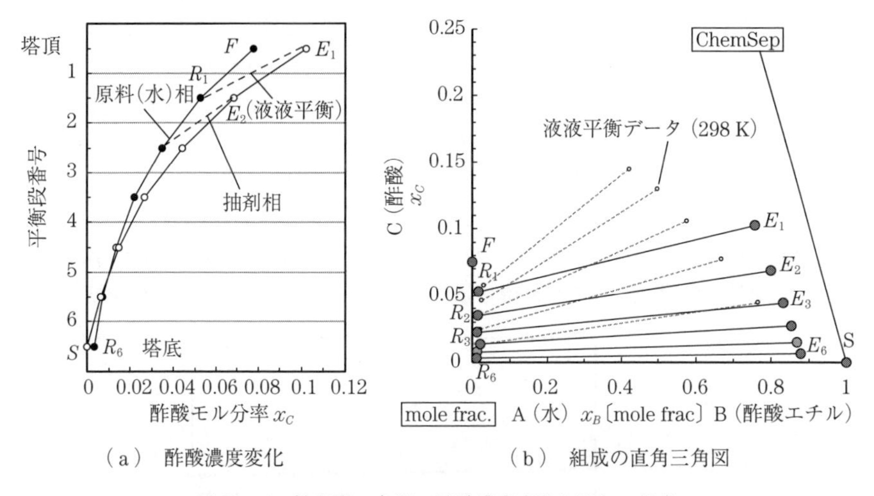

(a) 酢酸濃度変化　　(b) 組成の直角三角図

図 22a.4 抽出塔の各段の酢酸濃度変化と流れの組成

8 ガス吸収

ガス吸収操作は充填塔による気液向流接触操作で行われる。この装置の設計すなわち充填塔高さの計算は二重境膜モデルに基づく。これは微分接触モデルと呼ばれ，微分収支式の積分から導かれたHTU，NTUが装置設計の基礎となる。しかしシミュレータでは微分方程式を取り扱えないので，ガス吸収操作も蒸留と同じ平衡段モデルで解析され，理論段数が設計基礎である。

ガス吸収の基礎となる平衡関係はガス-液間の気液平衡であり，**ヘンリー**

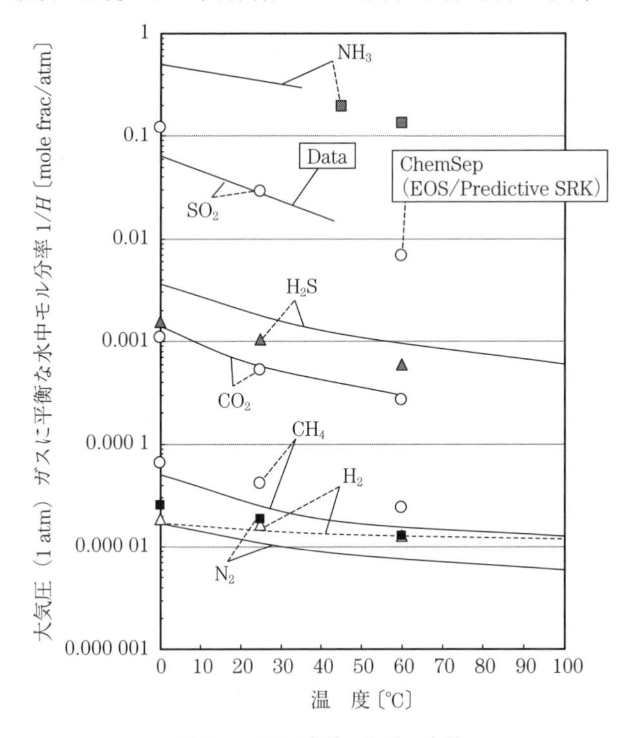

図 8.a　ガス/水系ヘンリー定数

定数で示される。まず COCO/ChemSep 上の Flash で水に溶解した各種ガスのヘンリー定数 H を，Thermodynamics: EOS/Predictive SRK モデルで推算した。

文献値[S, p.177]（実線・破線）と比較したのが**図 8.a** である（ヘンリー定数は逆数（$1/H$）で縦軸に示す）。グラフのように推算精度は良好で，EOS/Predictive SRK モデルにより，多くのガス溶解度を推算可能である。本章のガス吸収操作の例題も Thermodynamics はすべて EOS/Predictive SRK モデルを使用する。

【例題 23】 単成分蒸気の吸収操作（エタノール蒸気の水による吸収）[B, p.472]

充填塔（**吸収塔**）で CO_2 ガス中のモル分率 $y_B = 0.008\,68$ のエタノール蒸気を水で吸収して $y_T = 0.000\,1$ にする（**図 23.1**）。1 atm，25℃ の条件で，塔断面積当りガス・液流量は $G = 128$，$L = 159$ kmol/(m^2·h) である。気液平衡関係は $y = mx$ ($m = 0.53$) で表せる。この操作のガス境膜基準および液境膜基準の**物質移動容量係数**は $k_y a = 168$，$k_x a = 607$ kmol/(m^3·h) である。**吸収塔高さ** z を求めよ。ここで x, y は，それぞれ水中，CO_2 ガス中のエタノール濃度で，添字の T, B はそれぞれ塔頂，塔底を意味する。

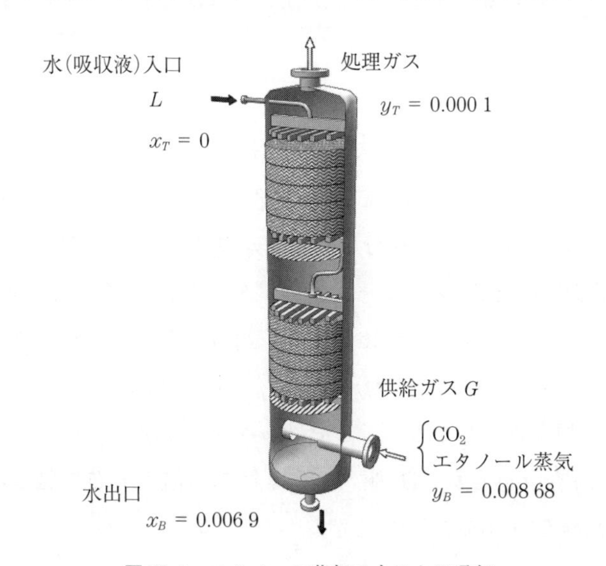

図 23.1 エタノール蒸気の水による吸収

【Excel 解法】（<COCO_23_AbsorpEtOH.xlsm>を参照）

充填塔の微小高さ dz における蒸気濃度 y，液濃度 x の変化を**二重境膜説**でモデル化すると次式である。

$$\begin{cases} G\dfrac{dy}{dz} = -k_y a(y - y_i) \\ L\dfrac{dx}{dz} = -k_x a(x_i - x) \end{cases} \quad (1)$$

ここで界面濃度 x_i, y_i は x, y の関数であり，次式の関係がある。

$$y_i = \frac{m(Dx - y)}{D - m}, \qquad x_i = \frac{Dx - y}{D - m}, \qquad D = -\frac{k_x a}{k_y a}$$

よって式(1)は x, y に関する連立常微分方程式である。

例えばモデル式(1)の dy/dz を塔底の y_B から塔頂の y_T（$< y_B$）まで形式的に積分すると次式となる。

$$Z = -\frac{G}{k_y a}\int_{y_B}^{y_T} \frac{dy}{y - y_i} \qquad (2)$$

これより $G/k_y a$ を気相側移動単位高さ（HTU）H_G，積分項を移動単位数（NTU）N_G として個々に求めて，その積が充填塔高さとなる。これが普通の取扱いである。

ここではモデルの基礎式 (1) を直接積分する解法を示す。図 **23.2** に示す Excel の常微分方程式解法シートで，セル G2:G14 に各定数の値を書く（x_B^* と C_L については，つぎの例題 23a を参照)。B5:C5 に式 (1) を記述する。このとき y, x は B3, C3 を指定する。積分区間と積分の刻み幅 Δz を B7:B9 に，初期値 y_B, x_B を B12:C12 に設定する。シート上のボタンで積分が実行される。

積分結果が塔底からの高さ z〔m〕における y, x の値として得られる（おのおの 12 行からの A 列，B 列，C 列)。y が $y_T = 0.000\,1$ になる z が求める吸収塔高さ（充填物高さ）となる。ここでは $\underline{z = 6.0\ \mathrm{m}}$ が得られた。参考のため界面濃度 y_i, x_i も計算した（D 列，E 列)。塔内の濃度分布を図 **23.3**(a)に，**操作線**，**平衡線**を図(b)に示す。

	A	B	C	D	E	F	G
1	微分方程式数	2				定数	
2	z=	y=	x=			m=	0.53
3	6.80	2.7E-05	-5.9E-05			kya=	168
4		y'=	x'=			kxa=	607
5	微分方程式	-6.6E-05	-5.3E-05			D=	-3.613
6						G=	128
7	積分区間z=[	0				yB=	0.0087
8	b]	6.8				xB*=	0.0164
9	積分刻み幅	0.2				yT=	0.0001
10	計算結果			=G7	=G14	xT=	0
11	z	y	x	yi	xi	Lmin=	67.058
12	0.0	0.00868	0.00691	0.00430	0.00812	CL=	2.37
13	0.2	0.00760	0.00604	0.00377	0.00711	L=	158.93
14	0.4	0.00666	0.00528	0.00329	0.00621	xB=	0.0069
15	0.6	0.00583	0.00462	0.00288	0.00543		
16	0.8	0.00511	0.00403	0.00252	0.00475		
17	1.0	0.00447	0.00352	0.00220	0.00415		
18	1.2	0.00391	0.00307	0.00192	0.00362		
19	1.4	0.00342	0.00267	0.00167	0.00316		

=-(G3/G6)*(B3-G2*(G5*C3-B3)/(G5-G2))

=-(G4/G13)*((G5*C3-B3)/(G5-G2)-C3)

Runge-Kutta

図 23.2 エタノール蒸気の水による吸収における吸収塔高さの Excel 計算（常微分方程式解法シート）

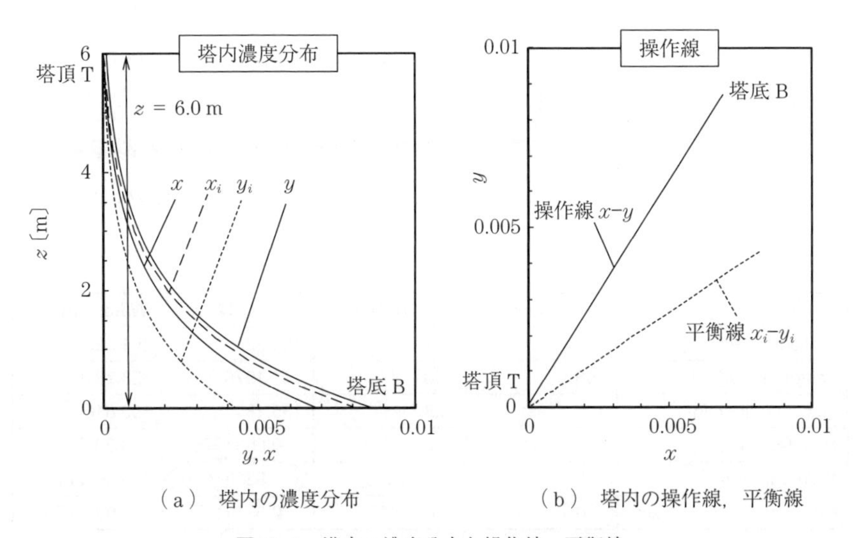

（a） 塔内の濃度分布　　（b） 塔内の操作線，平衡線

図 23.3 塔内の濃度分布と操作線，平衡線

【COCO 解法】 （<COCO_23_AbsorpEtOH.fsd>を参照）

Settings→Property package→TEA を選択して Model set: Peng Robinson, Compounds で水，エタノール，CO_2 の 3 成分を選択。Flowsheet で図 **23.4**

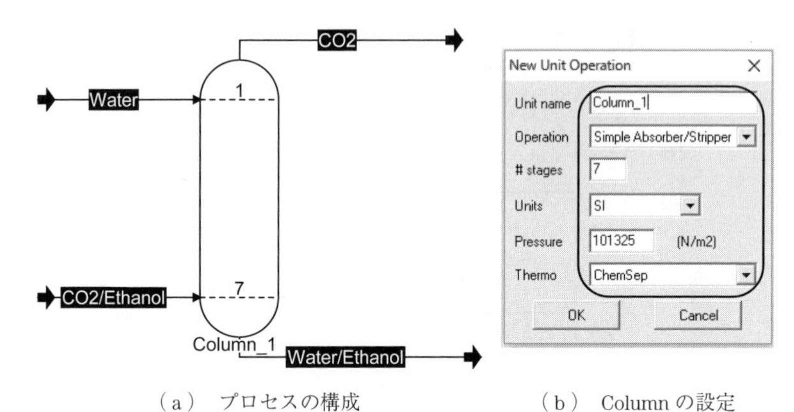

（a）　プロセスの構成　　　　　（b）　Column の設定

図 23.4　プロセスの構成と ChemSep Column の設定

（a）のプロセスを構成する。ChemSep 吸収塔 Column は Insert unit operation →Separators→ChemSep を Select，配置して Show GUI から図（b）の設定をする。理論段数 7 とした。すると ChemSep が立ち上がるので，Properties/Thermodynamics で気液平衡計算モデルを K-value: EOS，Equation of state: Predictive SRK，Enthalpy: Ideal とする。

ChemSep を保存して Flowsheet に戻り，気液入口の設定を**図 23.5** のようにする。水の蒸発が計算されて，水温が低下するので，塔底出口水温が 25℃近くになるよう入口温度を 50℃としている。

Stream	Water	CO2/Ethanol	CO2	Water/Ethanol
Pressure/[kPa]	101	101	101.325	101.325
Temperature/[°C]	50	50	41.1975	23.7815
Flow rate/[kmol/h]	159	128	136.184	150.816
Mole frac Water	1	0	0.0687976	0.992144
Mole frac Ethanol	0	0.00868	8.93081e−05	0.00728623
Mole frac Carbon dioxide	0	0.99132	0.931113	0.000569423

図 23.5　エタノール蒸気の水による吸収における吸収塔高さの COCO 計算（平衡段計算）

Insert/Stream report で Stream report を作成し，図のような構成にする。Solve して図 23.5 の同じ表にその結果を得る。理論段数 7 段で $y_T = 0.000\,089 < 0.000\,1$ となった。理論段 1 段と充填物高さは HETP で経験的に関係づけられる。ガス吸収では大きめなので HETP = 0.9 m とすると塔高さはおよそ $z = 6.3$ m となる。

ChemSep の Results から各段の気液濃度が表示できる。**図 23.6**（a）のグラフは各平衡段を去る x, y 濃度を示した塔内濃度分布である。図（b）のグラフは階段作図である。ChemSep における平衡線と Excel 計算での平衡，および化学工学便覧の例題 8.15[B, p.472] における平衡線と比較した。

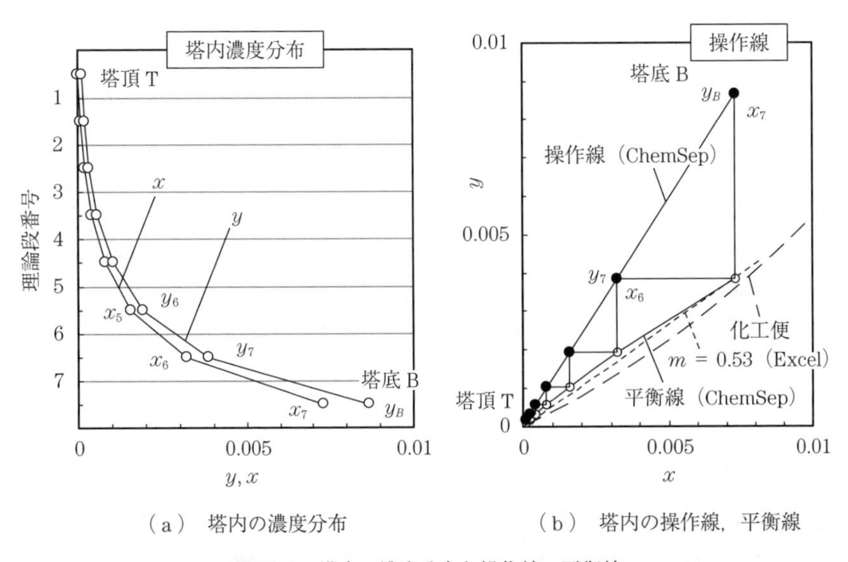

（a） 塔内の濃度分布　（b） 塔内の操作線，平衡線

図 23.6 塔内の濃度分布と操作線，平衡線

【例題 23a】 単成分ガスの吸収操作（SO_2 ガスの水による吸収）[HI, p.168, S, p.255]

図 23a.1 のように，気液向流の吸収塔を用いて 10% の SO_2 ガスを，空気を水で洗浄し，出口空気中の SO_2 濃度を 1% まで減少させたい。操作は 20℃，大気圧の条件で，気液流量は $G = 62.5$，$L = 2\,801.3$ mol/(m²·s) とする。この温度での SO_2 気液平衡は $y = mx$（$m = 30$）で表せる。この操

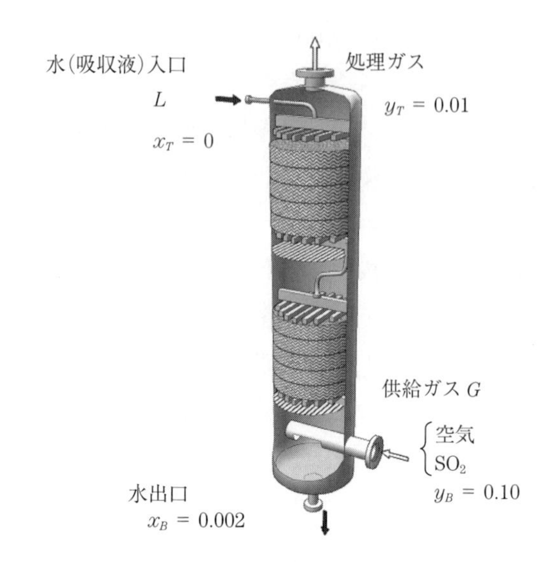

図 23a.1　SO_2 ガスの水による吸収

作条件でのガス境膜基準および液境膜基準の物質移動容量係数は，$k_ya = 125$，$k_xa = 7\,003$ mol/(m³·s) である。吸収塔高さ z〔m〕を求めよ。

【Excel 解法】（<COCO_23a_AbsorpSO2.xlsm>を参照）

問題の液流量 L は設計条件：

$$L_{\min}x_B^* = G(y_B - y_T) \qquad (y_B = mx_B^*)$$

から，最小液流量 $L_{\min} = 1\,687.5$ mol/(m²·s) なので，この $C_L = 1.66$ 倍の $L = C_L L_{\min}$ として決めた値である（G13）。これより，x_B は次式で求まり，$x_B = 0.002\,0$ である（G14）。

$$G(y_B - y_T) = L(x_B - x_T)$$

計算シートは前の例題の Excel シートと同じであり，**図 23a.2** のように，例題 23 の式(1)を B5:C5 に記述して，y, x の初期値（塔底の組成 y_B, x_B，B12:C12）から積分する。y が $y_T = 0.01$ になる z が求める吸収塔高さ（充填物高さ）z となる。ここでは $\underline{z = 3.2\ \mathrm{m}}$ が得られた。界面濃度 y_i, x_i も含む塔内の濃度分布を**図 23a.3**(a)に，操作線，平衡線を図(b)に示す。

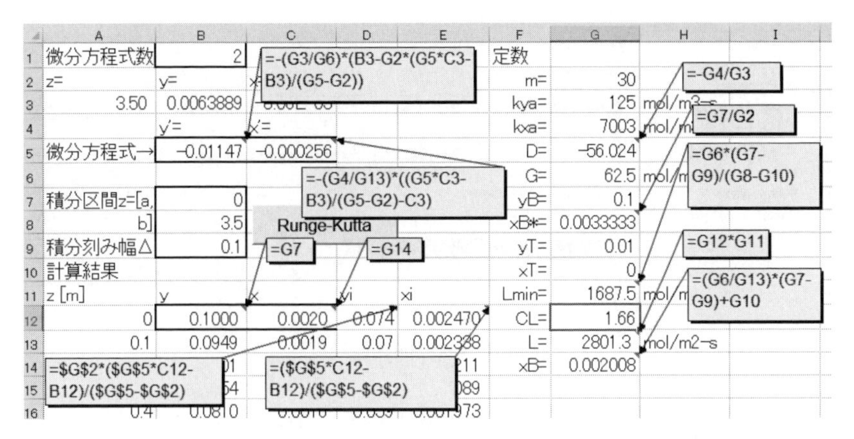

図 **23a.2** SO_2 ガスの水による吸収における吸収塔高さの Excel の計算

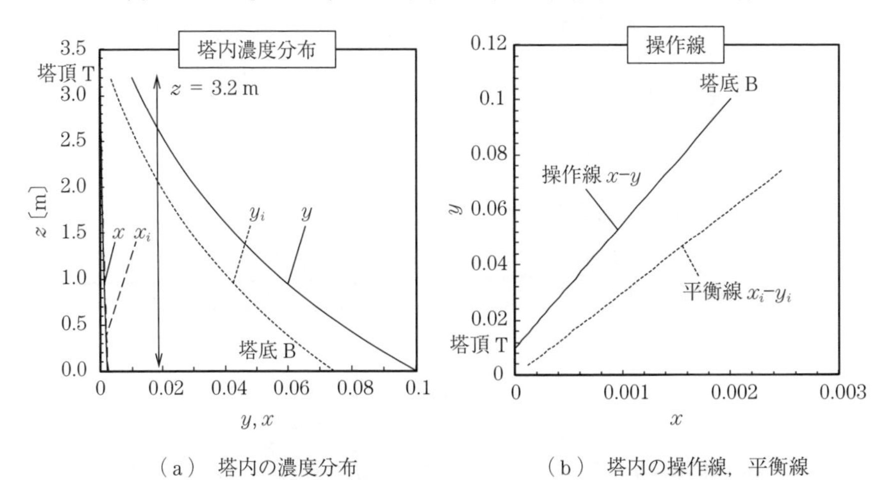

（a） 塔内の濃度分布　　（b） 塔内の操作線，平衡線

図 **23a.3** 塔内の濃度分布と操作線，平衡線

【COCO 解法】 （＜COCO_23a_AbsorpSO2.fsd＞を参照）

Settings→Property package→Add→ChemSep を Select し New で ChemSep を立ち上げ，Components で水と窒素（空気の代わり），SO_2 の 3 成分を選択する（**図 23a.4**）。また，**図 23a.5** のように，Thermodynamics は EOS/Predictive SRK を設定する。

Flowsheet で**図 23a.6**（a）のプロセスを構成する。Unit operation は Separators→ChemSep を選択し，New Unit Operation 画面で Simple Absorber を選

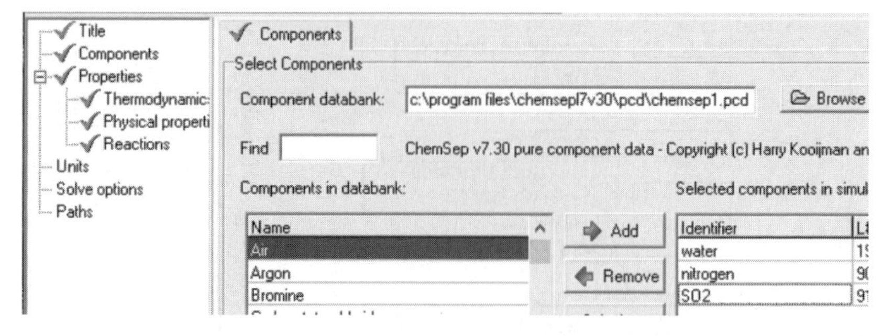

図 **23a.4**　Components の選択

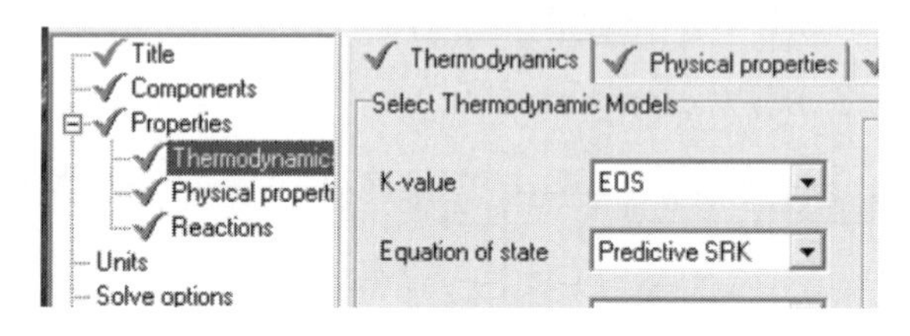

図 **23a.5**　Thermodynamics の設定

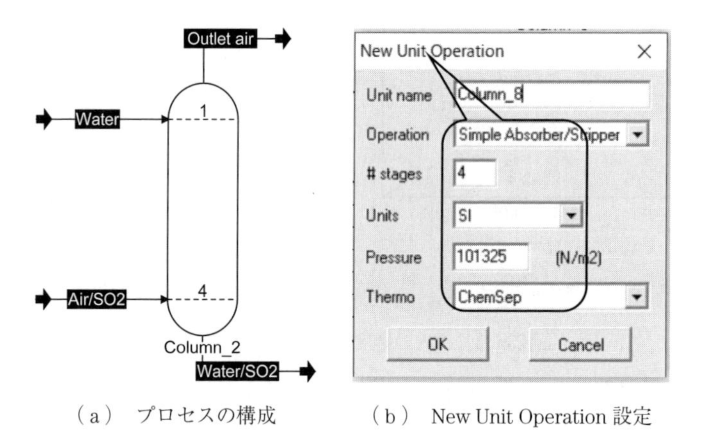

（a） プロセスの構成　　　（b） New Unit Operation 設定

図 **23a.6**　プロセスの構成と New Unit Operation 設定

択し 4 段とする（図(b)）。すると ChemSep が立ち上がるので，Properties/Thermodynamics で再度 EOS/Predictive SRK とする。Stream report を作成して図 **23a.7** のような構成にし，気液入口の設定を図のようにする。

Solve して図 23a.7 に結果を得る。理論段数 4 段で $y_T = 0.008 < 0.01$ と

Stream	Air/SO2	Water	Outlet air	Water/SO2
Pressure/[kPa]	101.3	101.3	101.3	101.3
Temperature/[°C]	20	20	20.1117	20.5182
Flow rate/[mol/s]	62.5	2810	58.0502	2814.45
Mole frac water	0	1	0.0238885	0.997926
Mole frac nitrogen	0.9	0	0.968085	1.86508e-05
Mole frac SO2	0.1	0	0.00802696	0.00205512

図 **23a.7**　SO_2 ガスの水による吸収における Stream report

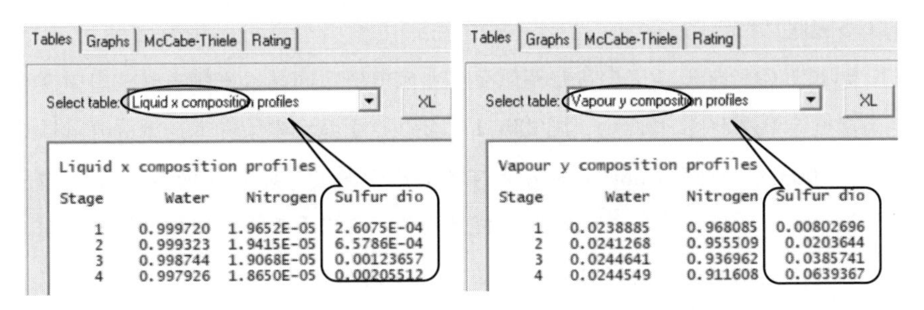

図 **23a.8**　各段を去る気液濃度

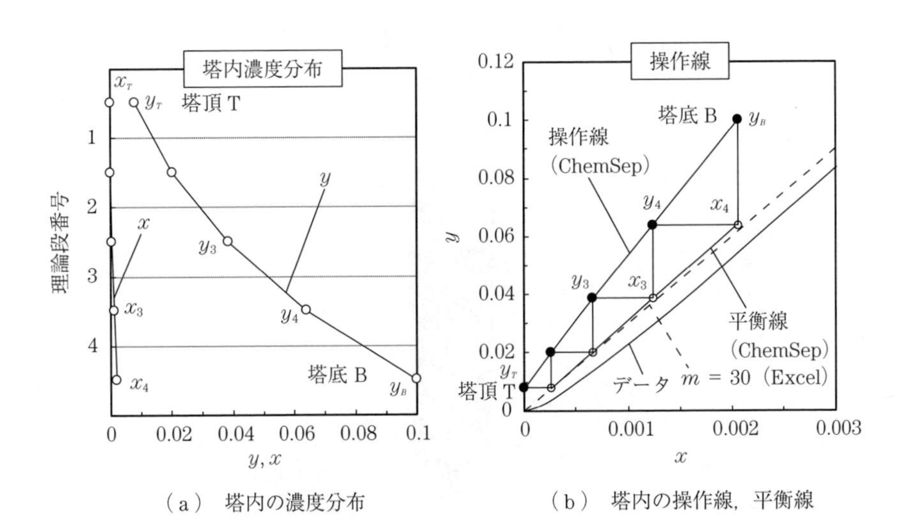

（a） 塔内の濃度分布　　（b） 塔内の操作線，平衡線

図 **23a.9**　塔内の濃度分布と操作線，平衡線

なった。HETP = 0.8 m とすると塔高さはおよそ $z = 3.2$ m となる。

Column の Show GUI→ChemSep→Results→Tables から各段を去る気液濃度 x, y が表示できる（**図 23a.8**）。

図 23a.9（a）のグラフは各平衡段を去る x, y 濃度を示した塔内濃度分布である。図（b）のグラフは階段作図である。ChemSep における平衡線と Excel 計算での平衡線（$m = 30$），および外部データ[HI, p.163]と比較した。

【例題 23b】 単成分蒸気の吸収操作（気相支配）（アンモニア蒸気の水による吸収）[B, p.447]

5 vol% のアンモニアを含む空気を水と充填塔で向流に接触させ，出口ガス濃度を 0.25% にしたい（**図 23b.1**）。25℃，1 atm の条件で，気液流量は $G = 100$，$L = 200$ kmol/(m²·h) とする。この温度でのアンモニア/水系の気液平衡は $y = mx$（$m = 0.572$）で表せる。この系の物質移動は気相支配であり，気相側総括物質移動係数は $K_y a = 200$ kmol/(m³·h) とする。充填物高さ z を求めよ。

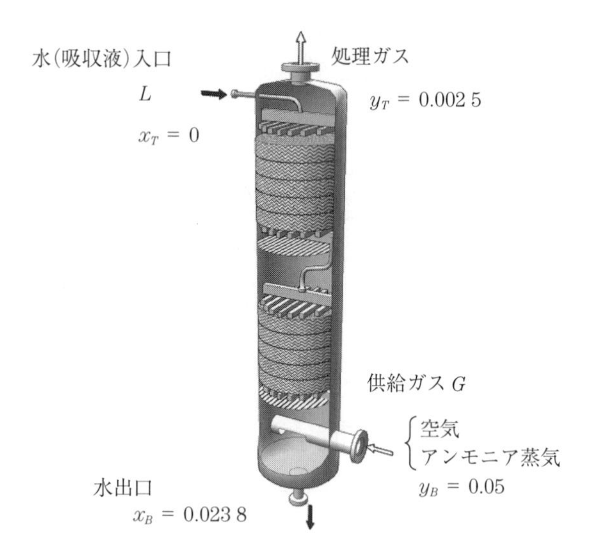

図 23b.1　アンモニア蒸気の水による吸収

【Excel 解法】 （<COCO_23b_AbsorpAmmonia.xlsm>を参照）

気相支配を仮定すると，充填塔の微小高さ dz における蒸気濃度 y の変化は次式である。

$$G\frac{dy}{dz} = -K_y a(y - y^*) \quad \text{〔kmol/(m}^3\cdot\text{h)〕}$$

y^* は $y^* = mx$，操作線の式から $x = x_B - (G/L)(y_B - y)$ であり，y の関数である。この式を積分して，$y = y_T = 0.002\,5$ となる z が求める充填物高さである。

図 23b.2 のシートで B5 に微分方程式を記述し，G1:G10 のパラメータで積

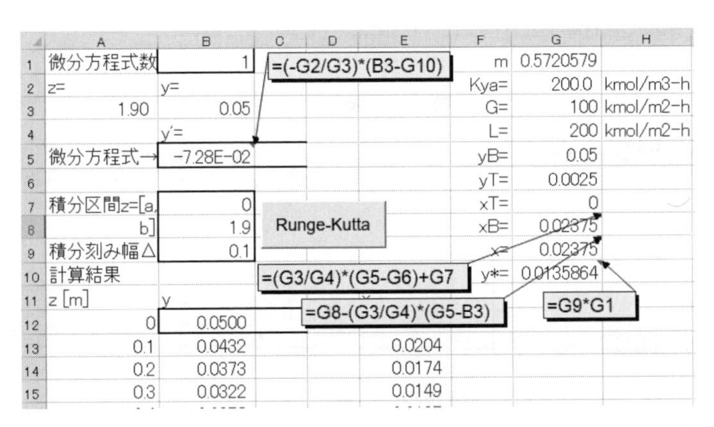

	A	B	C	D	E	F	G	H
1	微分方程式数	1				m	0.5720579	
2	z=	y=				Kya=	200.0	kmol/m3-h
3	1.90	0.05				G=	100	kmol/m2-h
4		y'=				L=	200	kmol/m2-h
5	微分方程式→	-7.28E-02				yB=	0.05	
6						yT=	0.0025	
7	積分区間z=[a,	0				xT=	0	
8	b]	1.9				xB=	0.02375	
9	積分刻み幅Δ	0.1				x=	0.02375	
10	計算結果					y*=	0.0135864	
11	z [m]	y						
12	0	0.0500						
13	0.1	0.0432			0.0204			
14	0.2	0.0373			0.0174			
15	0.3	0.0322			0.0149			

図 23b.2　アンモニア蒸気の水による吸収における充填物高さの Excel 計算

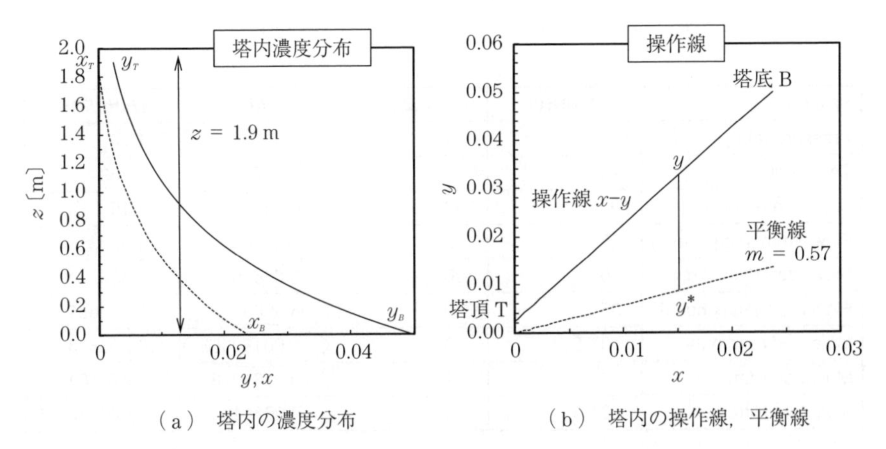

（a） 塔内の濃度分布　　（b） 塔内の操作線，平衡線

図 23b.3　アンモニア蒸気の水による吸収の Excel 計算結果

分する。その結果 $z = 1.9$ m となった。この操作の塔内濃度分布と操作線，平衡線を図 **23b.3** のグラフに示す。

【COCO 解法】（<COCO_23b_AbsorpAmmonia.fsd>を参照）

Settings→Property package→Add→ChemSep を Select して New で ChemSep を立ち上げ，Components で Ammonia, Water, Nitrogen の 3 成分を選択する。また，Thermodynamics を EOS/Predictive SRK/Predictive SRK とする。

Flowsheet に戻り，図 **23b.4**（a）のプロセスを構成する。Show GUI で New Unit Operation 画面設定になり，Simple Absorber/Stripper の段数を 3 段とし

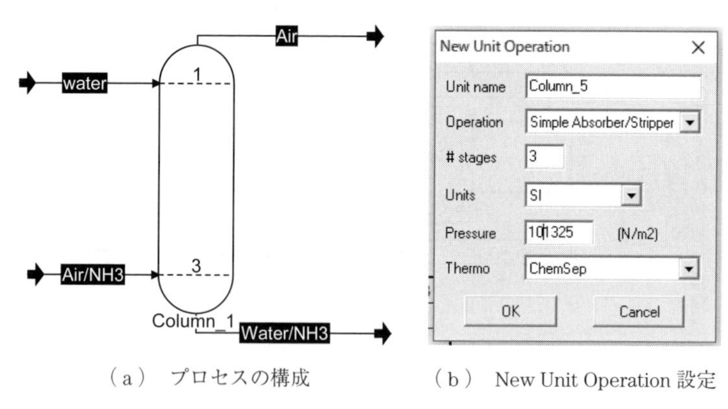

（a）プロセスの構成　　（b）New Unit Operation 設定

図 **23b.4**　プロセスの構成と New Unit Operation 設定

Stream	Air/NH3	water	Air	Water/NH3
Pressure/[atm]	1	1	1	1
Temperature/[°C]	25	25	27.3975	26.2594
Flow rate/[kmol/h]	100	200	98.84	201.16
Flow Ammonia/[kmol/h]	5	0	0.196694	4.80331
Flow Water/[kmol/h]	0	200	3.64698	196.353
Flow Nitrogen/[kmol/h]	95	0	94.9963	0.00366137
Mole frac Ammonia	0.05	0	0.00199003	0.023878
Mole frac Water	0	1	0.0368978	0.976104
Mole frac Nitrogen	0.95	0	0.961112	1.82013e-05

図 **23b.5**　アンモニア蒸気の水による吸収における COCO 計算

た（図(b)）。その後 Column の ChemSep 設定になるので，Settings と同じ設定を再度行う。

Flowsheet に戻り気液入口の設定を図 **23b.5** のようにする。Solve して結果を得る。理論段数 3 段で $y_T = 0.0022 < 0.0025$ となった。理論段 1 段の HETP = 0.9 m とすると塔高さはおよそ $z = 2.7$ m となる。この操作の塔内濃度分布，操作線，平衡線を，それぞれ図 **23b.6**(a)，(b)のグラフに示す。

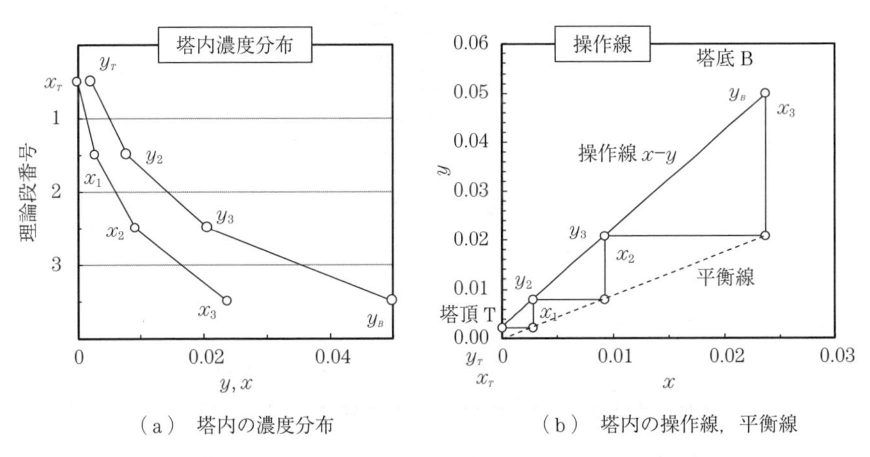

（a） 塔内の濃度分布　（b） 塔内の操作線，平衡線

図 **23b.6** 塔内の濃度分布と操作線，平衡線（COCO 計算）

【例題 23c】 放散操作（廃水中の VOC 放散）[S, p.236)]

廃水中にベンゼン，トルエン，エチルベンゼンがおのおの 150, 50, 20 mg/L 濃度で溶解している（モル分率換算値は **【COCO 解法】** の表（図 23C.4）に記載）。大気圧，20℃の条件で理論段 4 段相当の放散塔で，これら廃水中の **VOC**（volatile organic compounds，**揮発性有機化合物**）を空気中に放散して除去する（図 **23c.1**）。廃水の流量 1 748 mol/s，空気（窒素）流量 68 mol/s として，**VOC 除去率**を求めよ。

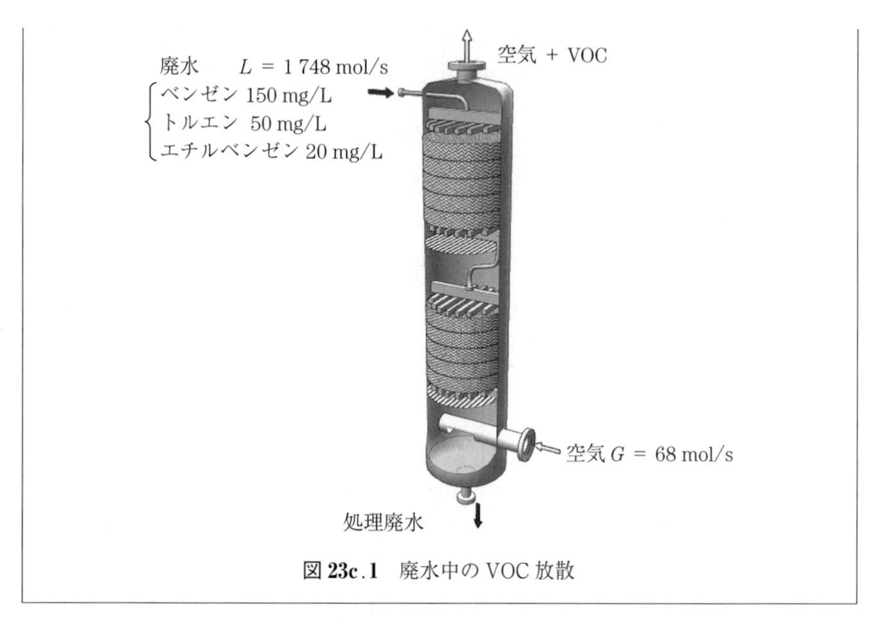

図 **23c.1**　廃水中の VOC 放散

【COCO 解法】（<COCO_23c_AbsorpVOC.fsd>を参照）

Settings→Property packages→Add→ChemSep を Select して New する。ChemSep が立ち上がるので，Components で Water, Benzene, Toluene, Ethylbenzene および空気代わりに Nitrogen を選択する。Thermodynamics は EOS/Predictive SRK を選択する（図 **23c.2**）。

Flowsheet で図 **23c.3**(a)のプロセスを構成する。ChemSep Column 配置→Show GUI から New Unit Operation の設定画面では 4-stages の Simple absorber

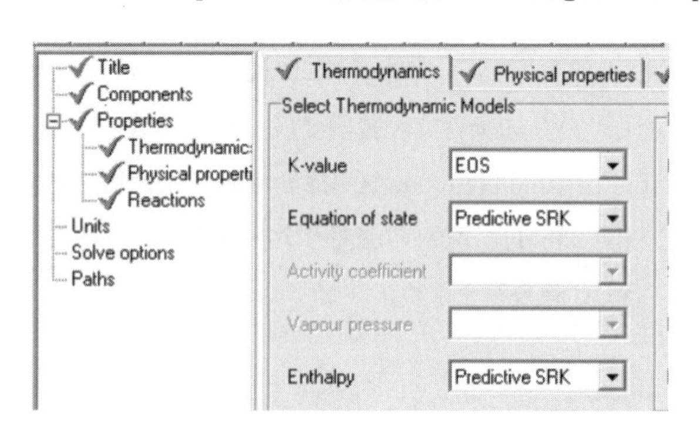

図 **23c.2**　Thermodynamics の設定

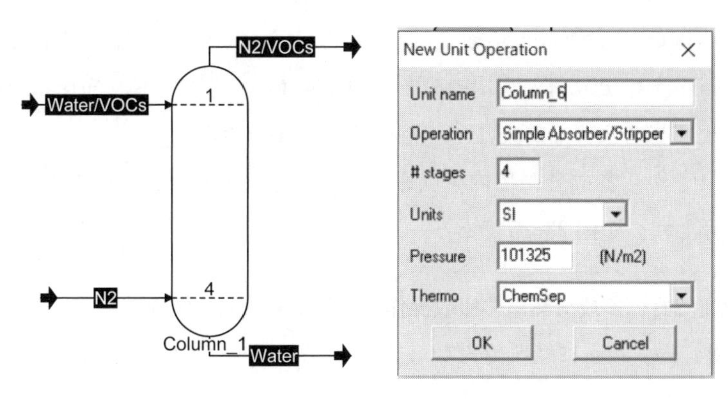

（a） プロセスの構成　　　（b） New Unit Operation 設定

図 **23c.3**　プロセスの構成と New Unit Operation 設定

Stream	N2	Water/VOCs	N2/VOCs	Water
Pressure/[kPa]	101.3	101.3	101.325	101.325
Temperature/[°C]	20	20	19.979	19.416
Flow rate/[mol/s]	68	1748	69.7001	1746.32
Mole frac nitrogen	1	0	0.975108	1.99411e-05
Mole frac water	0	0.999965	0.0236938	0.99998
Mole frac benzene	0	3.46e−05	0.000867607	4.87355e-09
Mole frac toluene	0	9.78e−06	0.000245261	4.09872e-10
Mole frac ethylbenzene	0	3.39e−06	8.50116e-05	2.30065e-10

図 **23c.4**　廃水中の VOC 放散における VOC 除去率の COCO 計算

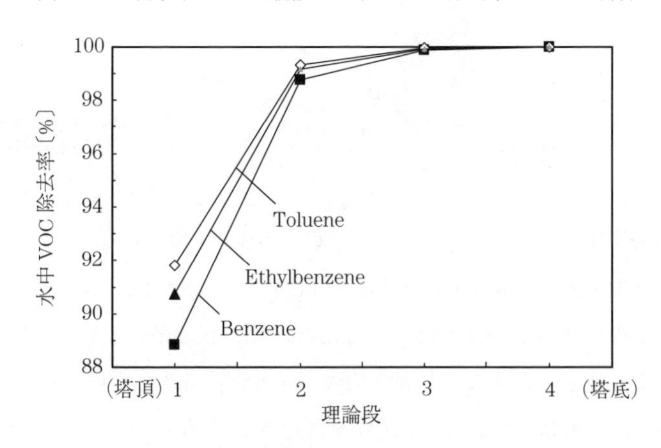

図 **23c.5**　廃水中の VOC 各成分の除去率

とする（図(b)）。ChemSepが立ち上がるので，Settingsと同じ設定を再度行う。

Flowsheetに戻り気液入口の設定を図**23c.4**のようにする。Stream reportを作成して図のような構成にし，Solveして結果を得る。

Resultsから各成分の塔内濃度を出して，廃水中のVOC各成分の除去率〔%〕を示したのが図**23c.5**である。

【例題24】　多成分蒸気の吸収操作（炭化水素蒸気の洗浄）[B, p.449)]

図**24.1**のように，理論段数5段の段塔を用いてメタン78%，エタン10%，プロパン8%，ブタン4%よりなる混合ガスを不揮発性炭化水素油で洗浄し，プロパンの75%を回収したい。塔は2atm，25℃で，液ガス比3.53で操作する。各成分の塔頂ガス組成を求めよ。

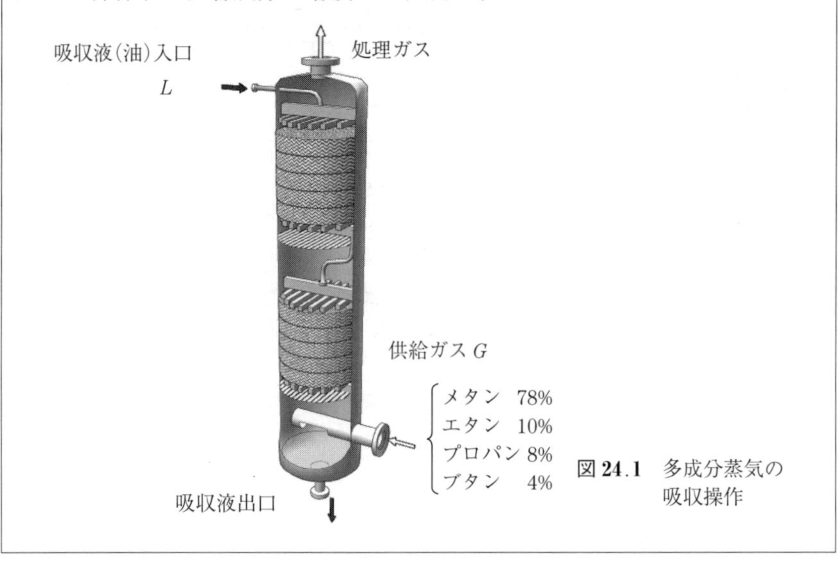

図**24.1**　多成分蒸気の吸収操作

【COCO解法】　（<COCO_24_AbsorpHCs.fsd>を参照）

Settings→Property packages→Add→TEAをSelectしてNewとし，設定画面が出るのでModel set: Peng Robinson，CompoundsでMethane, Ethane, Propane, N-butane，および洗浄油としてN-octadecaneを選択する。保存してFlowsheetに戻り図**24.2**(a)のプロセスを構成する。ChemSep吸収塔Col-

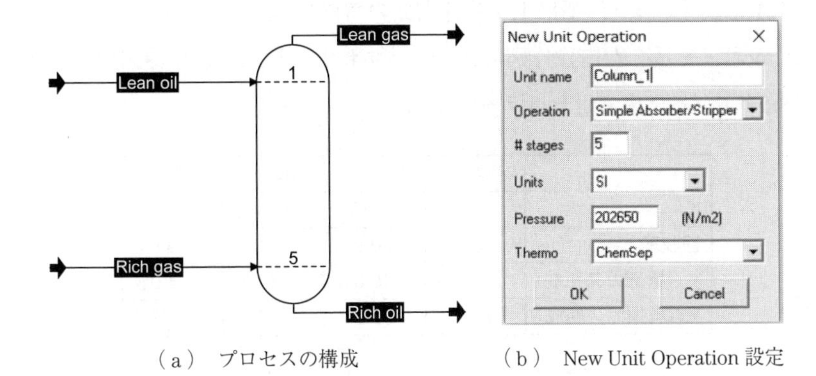

（a） プロセスの構成　　　（b） New Unit Operation 設定

図 **24.2** プロセスの構成と New Unit Operation 設定

umn は Insert unit operation→Separators→ChemSep を Select，配置して Show GUI から図（b）の New Unit Operation 設定をする。

OK すると ChemSep が立ち上がるので，Properties/Thermodynamics で気液平衡計算モデルを K-value: EOS，Equation of state: Predictive SRK，Enthalpy: Ideal とする。保存して Flowsheet に戻り，気液入口の設定を図 **24.3** のようにする。Stream report を作成して図のような構成にし，Solve して結果を得る。

計算後，ChemSep 吸収塔 Column→Show GUI から改めて ChemSep を立ち上げると，Results から各成分の塔内組成がわかる。塔頂ガス組成と回収率を

Stream	Rich gas	Lean oil	Lean gas	Rich oil
Pressure/[atm]	2	2	1.98692	1.98692
Temperature/[°C]	25	25	19.4172	20.3501
Flow rate/[kmol/s]	1	3.53	0.838725	3.69128
Flow N-octadecane/[kmol/s]	0	3.53	1.22496e−07	3.53
Flow Methane/[kmol/s]	0.78	0	0.73852	0.0414803
Flow Ethane/[kmol/s]	0.1	0	0.0791752	0.0208248
Flow Propane/[kmol/s]	0.08	0	0.0209351	0.0590649
Flow N-butane/[kmol/s]	0.04	0	9.48968e−05	0.0399051

図 **24.3** 炭化水素蒸気の洗浄の COCO 計算

図 24.4 に示す。また，**図 24.5** は各成分の塔内組成 X', Y'（成分量〔mol〕/供給量〔mol〕）を示した階段作図である。いずれも化学工学便覧の例題 8.7[B, p.449] と比較せよ（対応する Excel データを参照）。

	メタン	エタン	プロパン	ブタン
K	71.7	18.2	4.7	1.3
回収率	5.3%	20.8%	73.8%	99.8%
Y_B'(塔底ガス組成)	78.0%	10.0%	8.0%	4.0%
Y_T'(塔頂ガス組成)	74.0%	8.2%	2.8%	0.02%

図 24.4　各成分の塔頂ガス組成と回収率

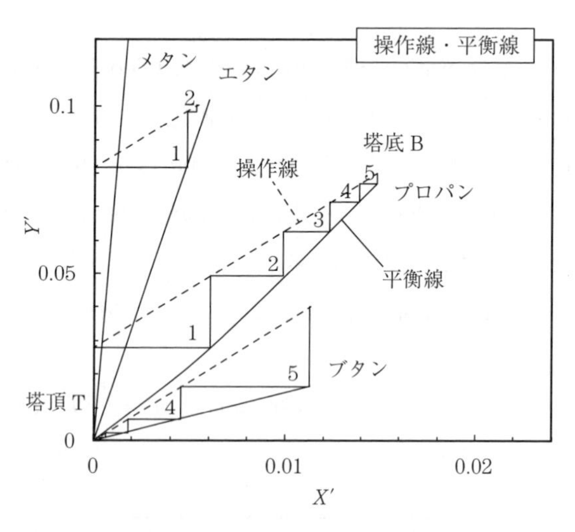

図 24.5　塔内の操作線，平衡線

【例題 24a】　吸収-放散プロセス（1）（水による CO_2 吸収）

下水処理場で汚泥を嫌気性消化処理して発生する消化ガスは 60% メタン，40% CO_2 である。メタンを都市ガスとして利用するため，CO_2 を 0.6% まで減らす必要がある。消化ガス 15 kmol/h を 0.9 MPa の高圧下の水で処理して，CO_2 を吸収除去するプロセスを設計せよ（**図 24a.1**）。CO_2 を回収した水は放散塔で大気圧の空気で再生して循環使用する。

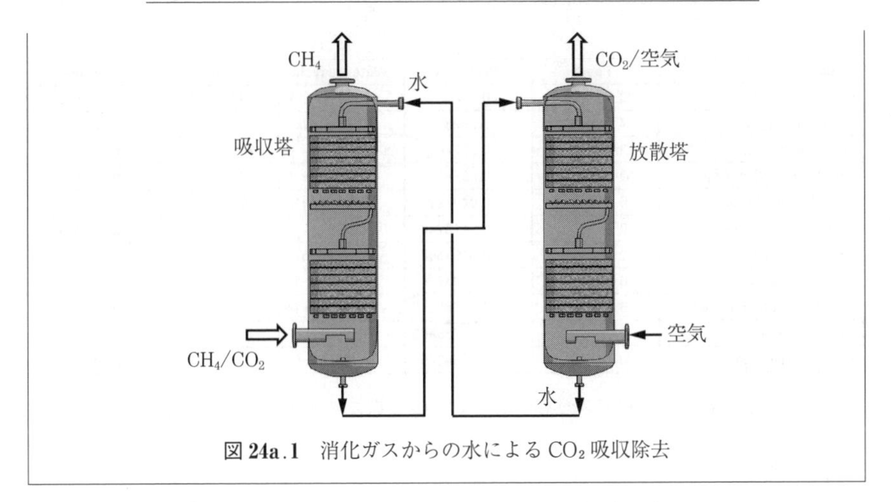

図 **24a.1** 消化ガスからの水による CO_2 吸収除去

【COCO 解法】（<COCO_24a_AbsorpCO2.fsd>を参照）

吸収塔，**放散塔**を配置して，**図 24a.2** のプロセスを構成する。Settings，吸収塔，放散塔すべて Thermodynamics は K-value: EOS，Equation of state: Predictive SRK，Enthalpy: Predictive SRK を設定する。Feed を**図 24a.3** の

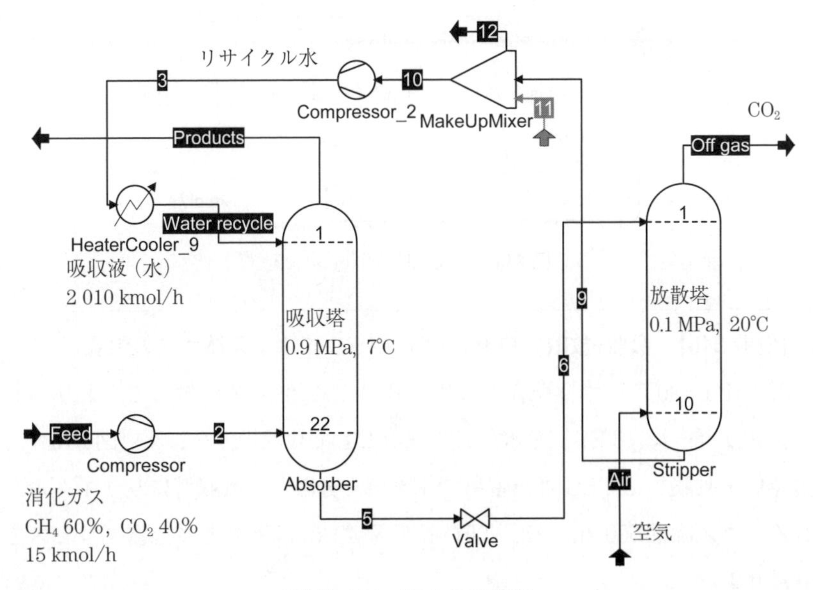

図 **24a.2** プロセスの構成

Stream	Feed	Products	Water recycle	Air	Off gas
Pressure/[MPa]	0.1	0.9	0.9	0.101325	0.101325
Temperature/[°C]	7	7.09237	7	7	8.05647
Flow rate/[kmol/h]	15	8.50726	2010	20	26.7973
Flow Methane/[kmol/h]	9	8.39981	4.07099e−10	0	0.600188
Flow Carbon dioxide/[kmol/h]	6	0.0497929	2.78994e−11	0	5.95021
Flow Water/[kmol/h]	0	0.0115246	2009.95	0	0.292999
Flow Nitrogen/[kmol/h]	0	0.0461306	0.0461306	20	19.9539
Mole frac Methane	0.6	0.98737	2.02537e−13	0	0.0223974
Mole frac Carbon dioxide	0.4	0.00585299	1.38803e−14	0	0.222045
Mole frac Water	0	0.00135468	0.999977	0	0.0109339
Mole frac Nitrogen	0	0.0054225	2.29506e−05	1	0.744623

図 **24a.3**　消化ガスからの水による CO_2 除去プロセスの COCO 計算

ように設定する。

図 24a.4 のように，MakeUpMixer で水のリサイクル量を設定する。また，Ports タブの Make up excess flow（図 24a.2 の 11）に適当な水流量を設定する。Stream report を作成して図 24a.3 の構成にし，Solve して図の結果を得る。循環水量 2 010 kmol/h，7°C で操作して，CO_2 濃度を 0.6% 以下にできる。

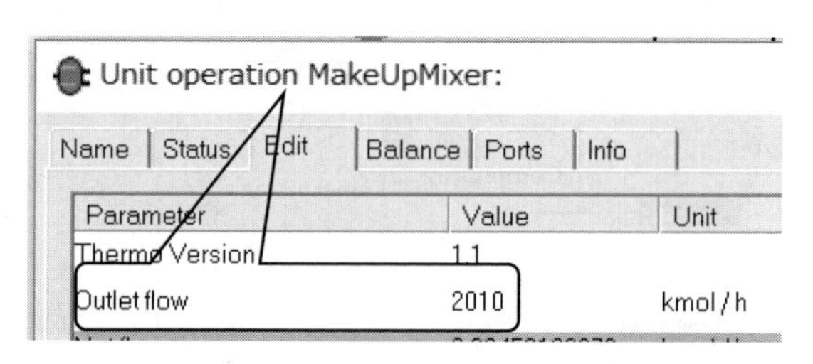

図 **24a.4**　MakUpMixer の設定

【例題 24b】　吸収–放散プロセス（2）（TEG による天然ガスの除湿）

202 kPa，30°C の水蒸気飽和（2.2%）した天然ガスに対して，トリエチレングリコール（TEG）を水蒸気吸収液として除湿操作を行う（**図 24b.1**）。水蒸気を吸収した TEG は蒸留塔で水蒸気を分離し，吸収塔にリサイクルされる。ガス流量 500 kmol/h，TEG 循環量 40 kmol/h として除湿プロセスを設計せよ。

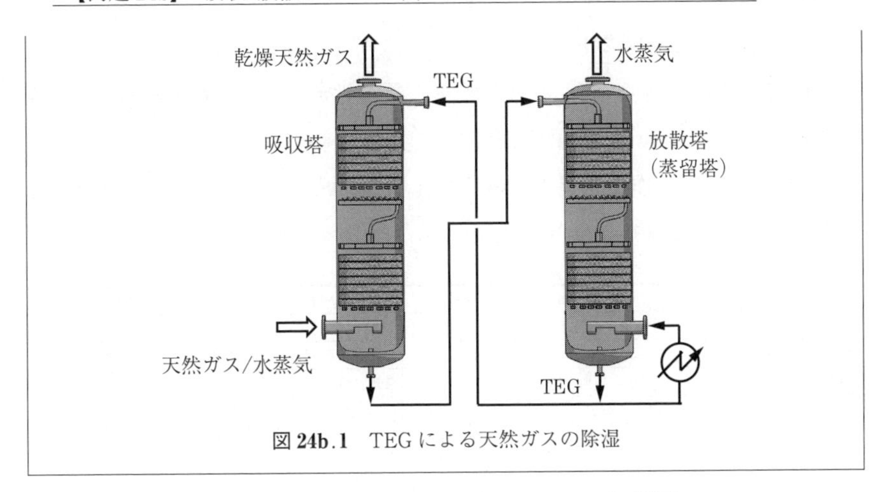

図 24b.1 TEG による天然ガスの除湿

【COCO 解法】 (<COCO_24b_AbsorpWater.fsd>を参照)

吸収塔，放散塔を配置して，**図 24b.2** のプロセスを構成する。Settings，吸収塔，放散塔（蒸留塔）とも，Thermodynamics は K-value: EOS，Equation of state: Predictive SRK，Enthalpy: Predictive SRK を設定する。

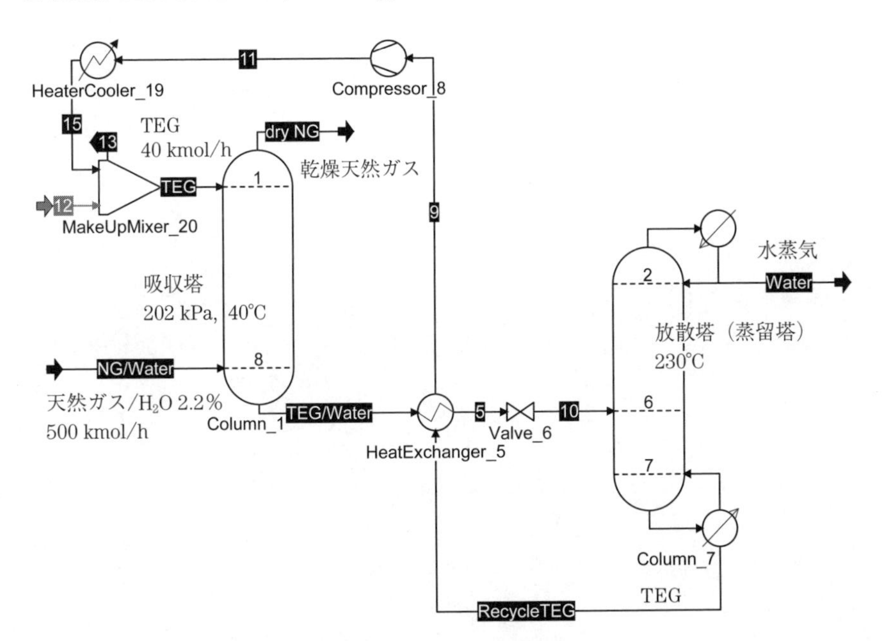

図 24b.2 プロセスの構成

処理ガスの条件を**図 24b.3** のように設定して，MakeUpMixer の Show GUI →Specification タブで TEG のリサイクル量を設定する。また，Ports タブの Make up excess flow に適当な流量を設定する。

Stream report を作成して図 24b.3 のように構成し，Solve して図の結果を得る。TEG 循環量 40 kmol/h で 97% の水蒸気が除去された。

Stream	NG/Water	TEG	dry NG	Water	RecycleTEG
Pressure/[kPa]	202	202	202	101.325	101.325
Temperature/[°C]	30	25	40.9502	−83.8207	288.546
Flow rate/[kmol/h]	500	40	489.231	11.1181	39.6513
Mole frac methane	0.978	3.83545e−12	0.999311	0.00956094	3.86918e−12
Mole frac water	0.022	7.92976e−06	0.000687667	0.959118	7.9995e−06
Mole frac triethylene gly	0	0.999992	1.03683e−06	0.0313206	0.999992
Flow methane/[kmol/h]	489	1.53418e−10	488.894	0.106299	1.53418e−10
Flow water/[kmol/h]	11	0.00031719	0.336428	10.6636	0.00031719
Flow triethylene gly/[kmol/h]	0	39.9997	0.000507247	0.348226	39.6509

図 24b.3　TEG による天然ガスの除湿のプロセス構成の COCO 計算

9 反応工学 —CSTRとPFR—

反応装置はBR（回分式）と連続式があり，連続式はCSTR（連続槽型反応器）とPFR（管型反応器）の二つの理想反応器でモデル化される。COCOでもReactor UnitとしてCSTRとPFRがある。PFRは基本的に微分形式（微分方程式）のモデルであるが，COCOでは特別に積分計算が可能で，PFR反応器内部の成分流量，温度，圧力，反応速度，空塔速度の分布が計算できる。なお，PBR（触媒層反応器）とBR（回分反応器）はPFR Unitで取り扱う（例題27a, 28）。

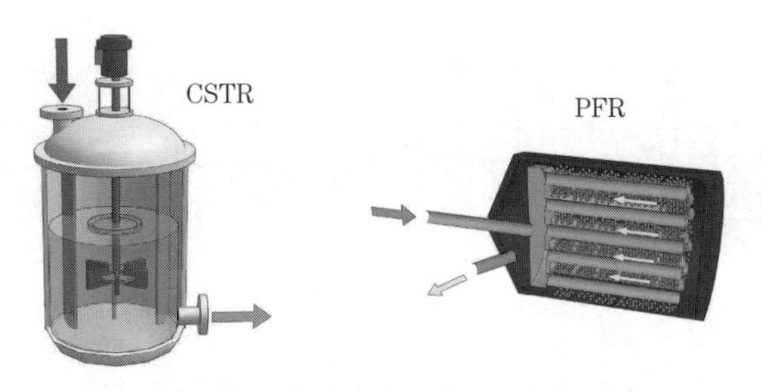

CSTRとPFR

【例題25】 CSTRとPFR（液相1次反応） [F, p.157]

エチレングリコール（EG）（C）はエチレンオキシド（EO）（A）と水（B）からつくられる。

$$\underset{\text{エチレンオキシド(EO)(A)}}{H_2C(-O-)CH_2} + \underset{\text{水(B)}}{H_2O} \xrightarrow{H_2SO_4} \underset{\text{エチレングリコール(EG)(C)}}{HOH_2C-CH_2OH}$$

これは水溶液中の液相反応で，反応は EO（A）の 1 次反応で速度式は次式である。

$$-r_A = k_1 c_A = k_1 c_{A0}(1 - x_A) \qquad (k_1 = 0.005\,2\ /\mathrm{s}))$$

原料水溶液の供給流量 $F = 0.007\,24\ \mathrm{m^3/s}$（EO（A）：58 mol/s，水：201 mol/s，$c_{A0} = 8\,011\ \mathrm{mol/m^3}$），温度 55℃，圧力 3 400 kPa で反応を行うとき，反応物 A の**反応率（転化率）** $x_A = 0.80$ とするための CSTR（**図 25.1**），4 段の CSTR（**図 25.2**），PFR（**図 25.3**）の各種反応器容積 V を求めよ。

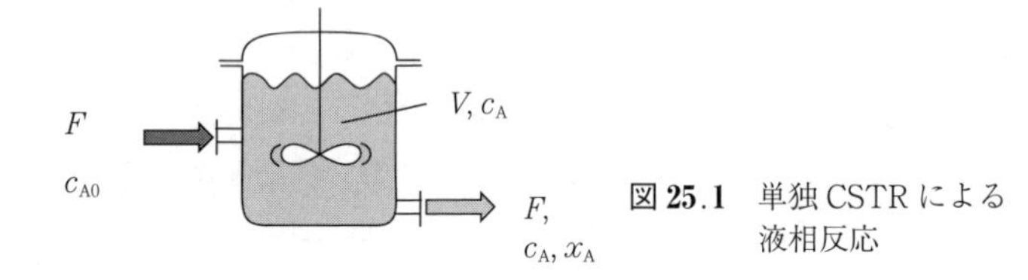

図 25.1　単独 CSTR による液相反応

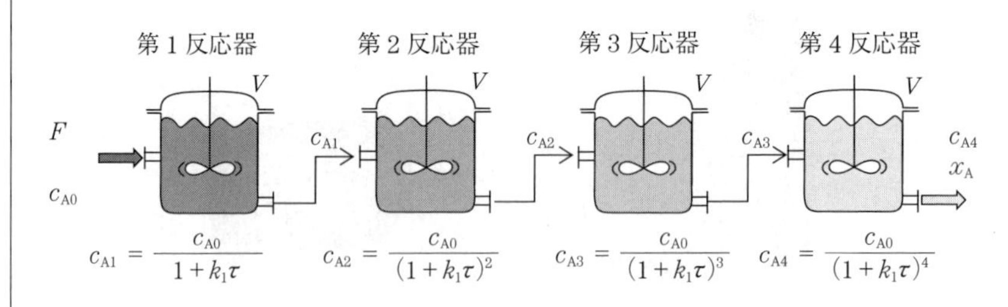

図 25.2　4 段の CSTR による液相反応

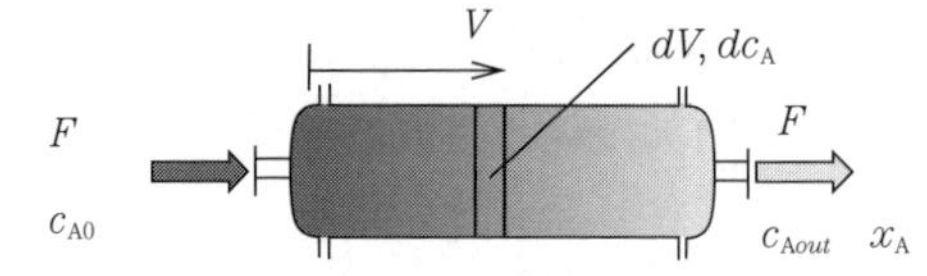

図 25.3　PFR による液相反応

【Excel 解法】（<COCO_25_RxnEG.xlsx>を参照）

［CSTR］：連続槽型反応器の設計方程式に反応速度式を考慮して次式である。

$$V_{\mathrm{CSTR}} = \frac{Fc_{\mathrm{A0}}}{-r_{\mathrm{A}}} x_{\mathrm{A}} = \frac{F}{k_1} \frac{x_{\mathrm{A}}}{(1 - x_{\mathrm{A}})}$$

よって $\underline{V_{\mathrm{CSTR}} = 5.57\ \mathrm{m}^3}$ となる。

[4 段の CSTR]：空間時間 τ（$\tau = V/F$）として，各反応器出口濃度 $c_{\mathrm{A}i}$ は図 25.2 のようである。

これより出口反応率 x_{A} は次式である。

$$\frac{c_{\mathrm{A}}}{c_{\mathrm{A0}}} = 1 - x_{\mathrm{A}} = \frac{1}{(1 + k_1\tau)^4}$$

これを解いて $\tau = 95.26\ \mathrm{s}$ なので，$V = 0.69\ \mathrm{m}^3$，合計 $\underline{V_{\mathrm{4CSTR}} = 2.76\ \mathrm{m}^3}$ である。

[PFR]：管型反応器 PFR（図 25.3）の設計方程式は次式である。

$$Fc_{\mathrm{A0}} \frac{dx_{\mathrm{A}}}{dV} = -r_{\mathrm{A}}$$

x_{A} まで積分（$V_{\mathrm{PFR}} = \int_0^{x_{\mathrm{A}}} Fc_{\mathrm{A0}}/(-r_{\mathrm{A}})\,dx_{\mathrm{A}}$）して

$$V_{\mathrm{PFR}} = -\frac{F}{k_1} \ln(1 - x_A)$$

となる。よって $\underline{V_{\mathrm{PFR}} = 2.24\ \mathrm{m}^3}$，したがって $V_{\mathrm{CSTR}}/V_{\mathrm{PFR}} = 2.49$ である。以上の V_{CSTR}, V_{4CSTR}, V_{PFR} の結果を **Levenspiel** プロットで図 **25.4** に示す。

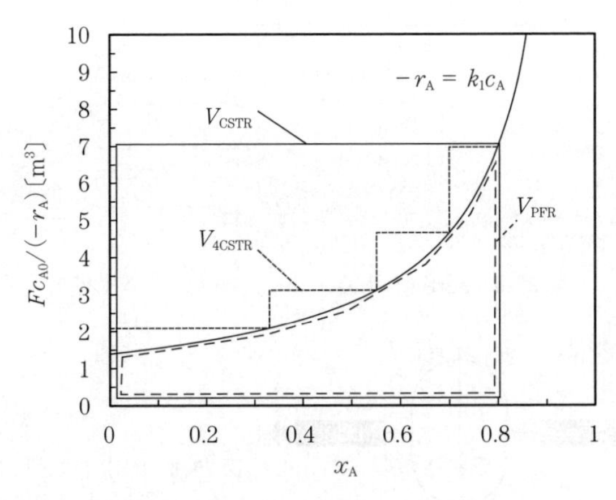

図 25.4 CSTR, 4 段 CSTR, PFR による液相反応における各反応器容積の Levenspiel プロット

【COCO 解法】

[CSTR]：(<COCO_25_RxnEG_CSTR.fsd>を参照)

Settings→Property packages→Add→TEA を Select で New とし，設定画面で Model set: Peng Robinson とし，Compounds で 3 成分を選択する。Reaction packages→Add→CORN Reaction Package Manager を Select で New とする。設定画面の Reactions タブで rxn1 を Create して，反応を図 **25.5** のように設定する。ここで反応速度式 Rate: "0.0052*C("Ethylene oxide")"を記述する。COCO では速度式の単位は〔mol/(m³·s)〕，速度式中の成分濃度 C( )の単位は気相，液相とも〔mol/m³〕に統一されていることに注意する。Flowsheet に戻り Insert unit operation→Reactors から CSTR を選択し，Stream を追加して図 **25.6** のようにプロセスを構成する。

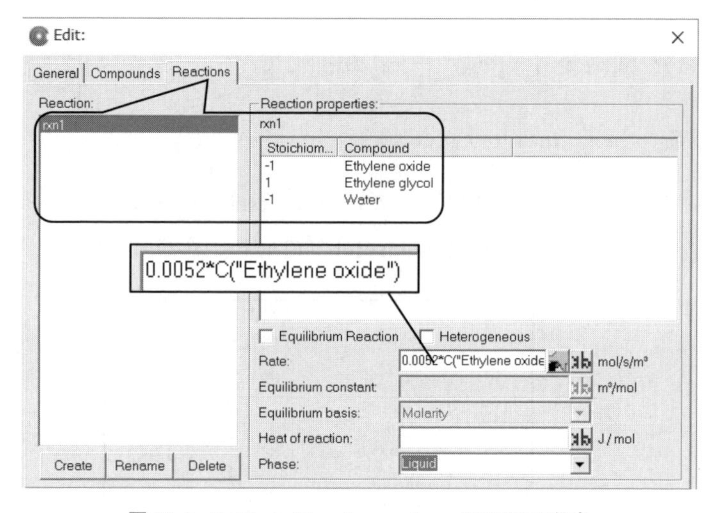

図 **25.5**　Settings/Reaction package/CORN の設定

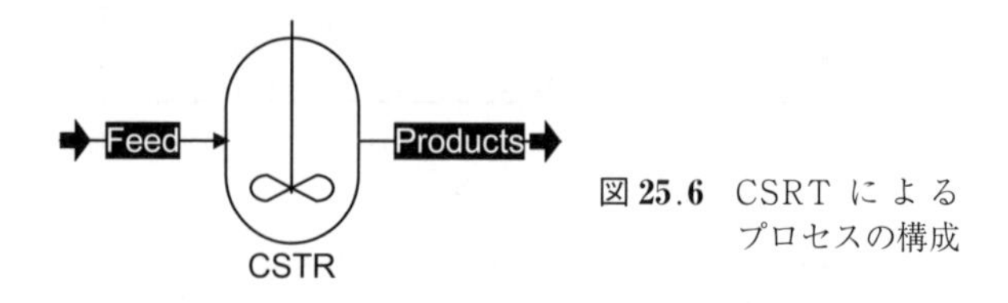

図 **25.6**　CSRT による プロセスの構成

操作条件設定を行う。CSTR で右クリック→Show GUI→Reactions タブで rxn1 を指定。**図 25.7**（a）のように Operation タブで Isothermal: 328.15 K を設定，また Reactor タブで Reactor volume（V）の値を仮設定する。

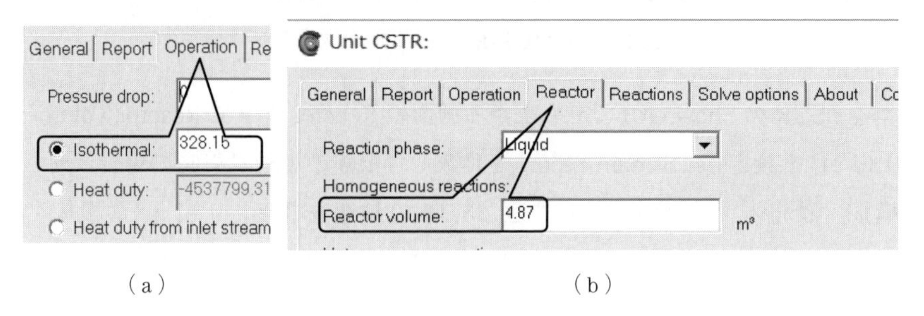

（a） （b）

図 25.7 CSTR の設定

Stream report を作成して**図 25.8** のように構成し，Feed の条件を設定する。Solve して，出口の EO 流量が 11.6 mol/s（反応率 $x_A = 0.80$）となる Reactor volume（CSTR の Show GUI で立ち上がる画面の Reactor タブ）を試行する。Reactor volume が $\underline{V_{CSTR} = 4.87\ m^3}$ で図 25.8 の結果が得られるのでこれが解である。

Stream	Feed	Products
Pressure/[kPa]	3400	3400
Temperature/[°C]	55	55
Flow rate/[mol/s]	259	212.6
Flow Ethylene oxide/[mol/s]	58	11.5999
Flow Ethylene glycol/[mol/s]	0	46.4001
Flow Water/[mol/s]	201	154.6

CSTR	
Parameter	Value
Reactor volume/[m³]	4.87
Ethylene oxide conversion	0.800002

図 25.8 CSTR による液相反応における反応器容積の COCO 計算

［4 段 CSTR］：（＜COCO_25_RxnEG_CSTR4.fsd＞を参照）

図 25.6 の Flowsheet の CSTR をコピーして，**図 25.9** のように 4 段の反応器を作成し，Stream を追加してプロセスを構成する。

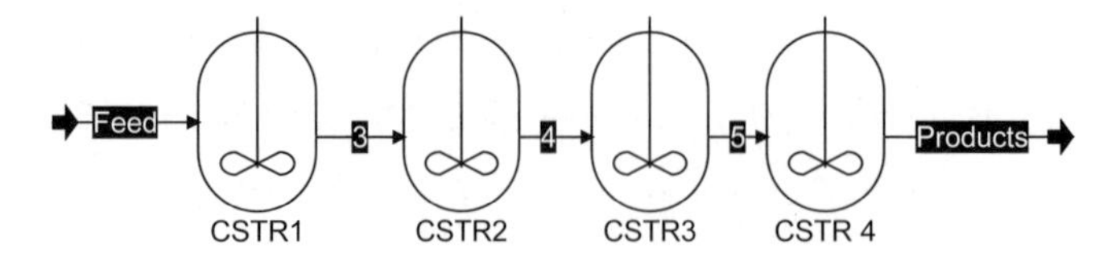

図 25.9　4 段 CSTR によるプロセスの構成

各 CSTR の Show GUI で立ち上がる画面の Reactor タブで Reactor volume: 0.61 m^3 を設定し，Stream report を作成し，前述の単独 CSTR の場合と同じ構成，設定とする。Solve して図 **25.10** の結果を得る。0.61 m^3 の設定で Products の EO 流量 11.6 mol/s となって，これは反応率 $x_A = 0.80$ である。全体の $\underline{V_{4CSTR} = 0.61 \times 4 = 2.44\ m^3}$ である。

Stream	Feed	Products
Pressure/[kPa]	3400	3400
Temperature/[°C]	55	55
Flow rate/[mol/s]	259	212.613
Flow Ethylene oxide/[mol/s]	58	11.6131
Flow Ethylene glycol/[mol/s]	0	46.3869
Flow Water/[mol/s]	201	154.613

CSTR1	
Parameter	**Value**
Reactor volume/[m^3]	0.61
Ethylene oxide conversion	0.327556

CSTR2	
Parameter	**Value**
Reactor volume/[m^3]	0.61
Ethylene oxide conversion	0.33047

CSTR3	
Parameter	**Value**
Reactor volume/[m^3]	0.61
Ethylene oxide conversion	0.332451

CSTR4	
Parameter	**Value**
Reactor volume/[m^3]	0.61
Ethylene oxide conversion	0.333789

図 25.10　4 段 CSTR による液相反応における反応器容積の COCO 計算

［PFR］:（<COCO_25_RxnEG_PFR.fsd>を参照）

図 25.6 の Flowsheet の反応器（Unit）を CSTR から PFR に変える（図 **25.11**）。PFR の Show GUI で立ち上がる画面の Reactor タブを図 **25.12** のように設定（反応器 diameter を 1.128 7 m としたので length = V である）。Re-

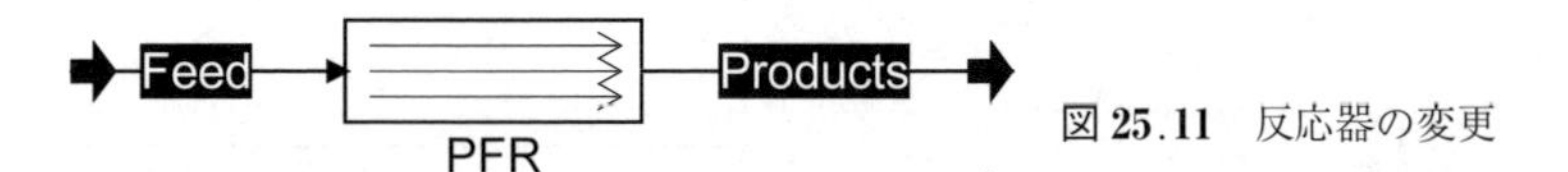

図 25.11 反応器の変更

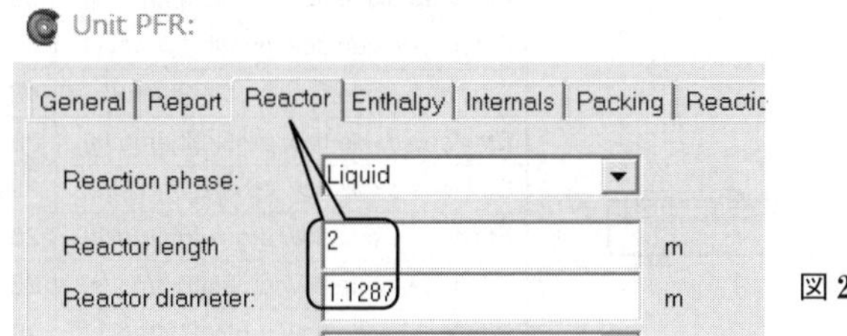

図 25.12 PFR の設定

actor length の値を試行して反応率 $x_A = 0.80$ となる Reactor length（V）を求める。

Reactor length: 2 m として Solve すると**図 25.13** の結果が得られた。よって $x_A = 0.80$ となる Reactor length は 2 m なので，$V_{PFR} = 2.0\ m^3$ である。また，$V_{CSTR}/V_{PFR} = 2.44$ である。

Stream	Feed	Products
Pressure/[kPa]	3400	3400
Temperature/[°C]	55	55
Flow rate/[mol/s]	259	212.539
Flow Ethylene oxide/[mol/s]	58	11.5388
Flow Ethylene glycol/[mol/s]	0	46.4612
Flow Water/[mol/s]	201	154.539
Volume/[m³/kmol]	0.0256328	0.0297853

PFR	
Parameter	Value
Length/[m]	2
Ethylene oxide conversion	0.801056

図 25.13 Stream report の作成と PFR による液相反応における反応器容積の COCO 計算

PFR は長さ方向の成分流量変化が表示できる。まず PFR で Show GUI で立ち上がる画面の Reactor タブで，Slices for profile: 10 を設定する。これが分布表示の区間数である。次いで COFE メニューの Insert→Unit parameter report から PFR の Ethylene oxide flow profile を指定すると，Flowsheet に EO の流量分布が出力される（**図 25.14**）。

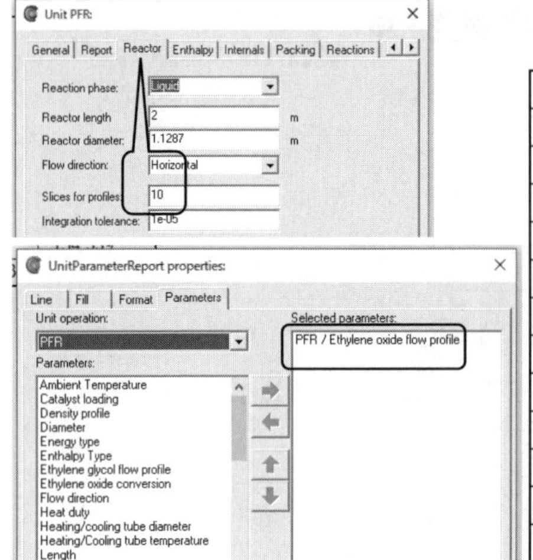

PFR	
Parameter	**Value**
Ethylene oxide flow profile[0]/[mol/s]	58
Ethylene oxide flow profile[1]/[mol/s]	49.551
Ethylene oxide flow profile[2]/[mol/s]	42.2801
Ethylene oxide flow profile[3]/[mol/s]	36.0369
Ethylene oxide flow profile[4]/[mol/s]	30.6866
Ethylene oxide flow profile[5]/[mol/s]	26.1096
Ethylene oxide flow profile[6]/[mol/s]	22.1993
Ethylene oxide flow profile[7]/[mol/s]	18.863
Ethylene oxide flow profile[8]/[mol/s]	16.0194
Ethylene oxide flow profile[9]/[mol/s]	13.5982
Ethylene oxide flow profile[10]/[mol/s]	11.5388

図 25.14　PFR の長さ方向 EO 流量分布

この反応物（EO）流量分布から濃度分布 c_A/c_{A0} として，反応器容積 V との関係を**図 25.15** に示した。さらに，CSTR および 4 段 CSTR の結果と比較した。同じ反応率で比較すると反応器容積が $V_{PFR} < V_{4CSTR} < V_{CSTR}$ となっている。

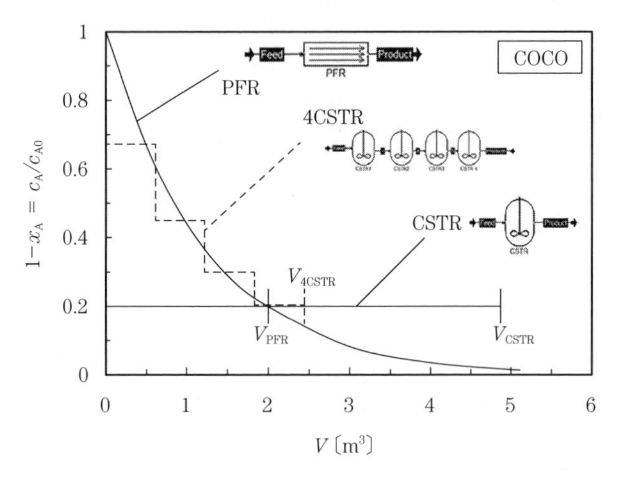

図 25.15　CSTR, 4 段 CSTR, PFR による液相反応における反応器容積に対する EO 濃度分布

【例題 26】 CSTR と PFR の組合せ（液相自触媒反応） HA, p.89)

酢酸メチル（A）の加水分解反応は，生成物の酢酸（C）が触媒となる自触媒反応である（図 **26.1**）。

$$\underset{\text{酢酸メチル(A)}}{CH_3COOCH_3} + \underset{\text{水(B)}}{H_2O} \longrightarrow \underset{\text{酢酸(C)}}{CH_3COOH} + \underset{\text{メタノール(D)}}{CH_3OH}$$

反応速度は次式で表せる。

$$-r_A = kc_Ac_C = kc_{A0}^2(1-x_A)(\theta_C + x_A)$$

$$\left(k = 1.106 \times 10^{-6}\,\mathrm{m^3/(mol \cdot s)},\ \ \theta_C = \frac{c_{C0}}{c_{A0}}\right)$$

供給液流量 $F = 0.000\,50\,\mathrm{m^3/s}$，$c_{A0} = 500$，$c_{C0} = 50\,\mathrm{mol/m^3}$ のとき反応率 $x_A = 0.80$ としたい。このときの CSTR, PFR の各容積 V_{CSTR}, V_{PFR} と，これらを組み合わせて合計容積を最小にする方法を求めよ。

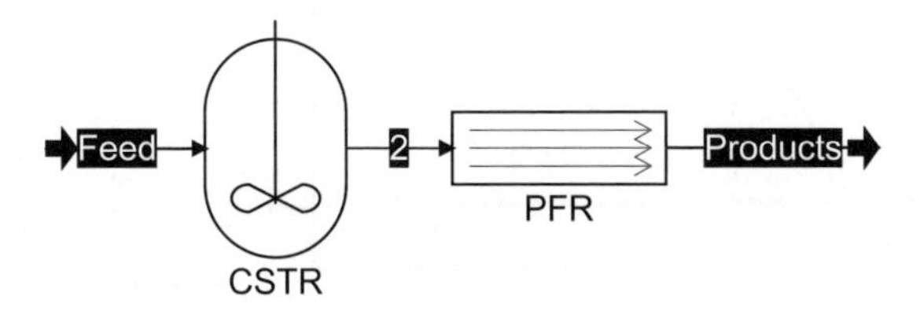

図 **26.1**　液相自触媒反応

【Excel 解法】（<COCO_26_RxnAA.xlsm>を参照）

CSTR の設計方程式より

$$V_{CSTR} = \frac{Fc_{A0}}{-r_A}x_A = \frac{F_{A0}}{-r_A}x_A = \underline{4.02\,\mathrm{m^3}}$$

である（F_{A0}〔mol/s〕$= Fc_{A0}$）。

PFR は常微分方程式解法シート（図 **26.2**）を用いて $Fc_{A0}/(-r_A)$ を $x_A = 0 \sim 0.8$ 間で積分する。

$$V_{PFR} = \int_0^{0.8} \frac{Fc_{A0}}{-r_A}dx_A$$

これより $\underline{V_{PFR} = 3.13\,\mathrm{m^3}}$ である。以上の CSTR と PFR の容積 V と反応率

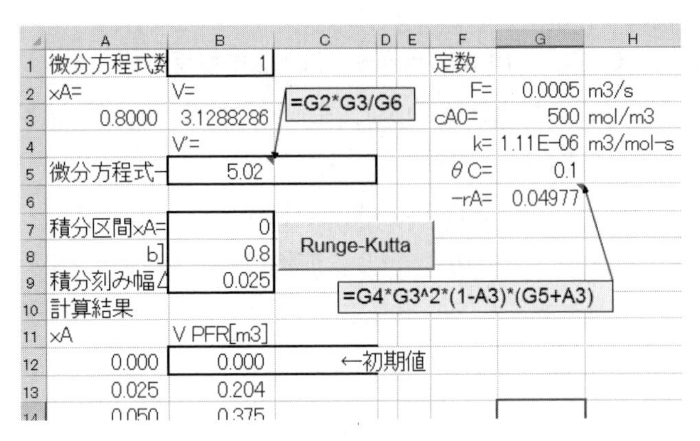

図 26.2　PFR 容積の Excel 計算

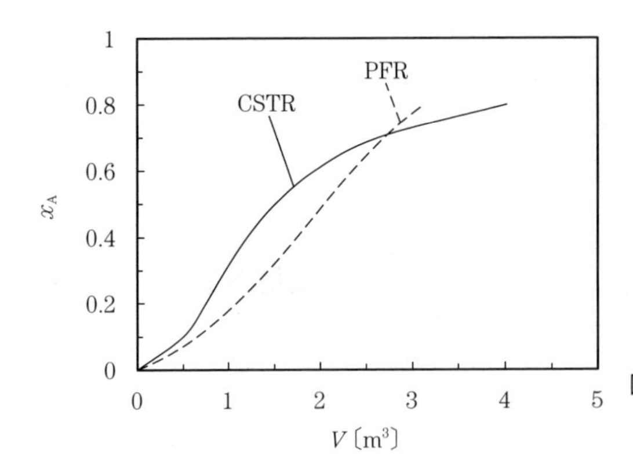

図 26.3　CSTR と PFR の容積に対する反応率

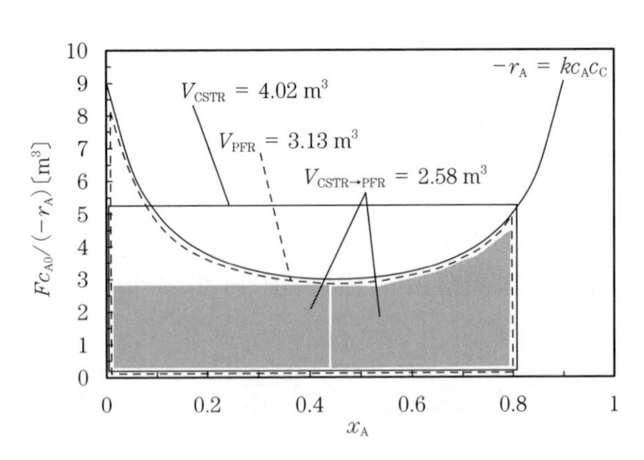

図 26.4　液相自触媒反応の Levenspiel プロット

x_A の関係を示したのが**図 26.3** である。

さらに，この反応の Levenspiel プロット中に以上の結果を図示する（**図 26.4**）。この Levenspiel プロットから明らかなように $x_A = 0 \sim 0.45$ を CSTR，$x_A = 0.45 \sim 0.8$ を PFR とする組合せが容積最小である。この場合のおのおのの容積を前述と同様に求めると $V_{CSTR \to PFR} = V_{CSTR} + V_{PFR} = 1.345 + 1.236 = 2.58\ m^3$ となる。

【COCO 解法】（<COCO_26_RxnAA.fsd>を参照）

Settings→Property packages→Add→TEA を Select で New とし，設定画面で Model set: Peng Robinson とし，Copounds の Add で 4 成分を選択する。同様に，Settings→Reaction packages→Add→CORN Reaction Package Manager を Select で New とする。設定画面の Reactions タブで rxn1 を Create して，反応を**図 26.5** のように設定する。ここで反応速度式 Rate: "1.106e-6*C("Methyl acetate")*C("Acetic acid")"を記述する。

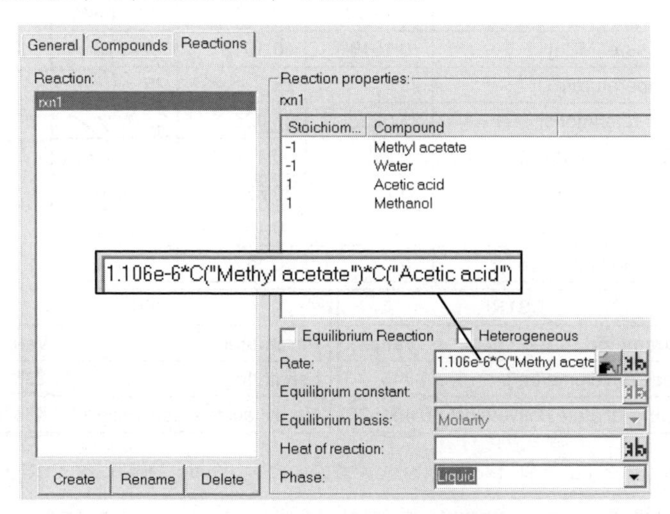

図 26.5 Reactions タブの反応の設定

Flowsheet に戻り Insert unit operation→Reactors から CSTR, PFR を配置し，Stream を追加して図 26.1 のようにプロセスを構成する。CSTR→Show GUI で立ち上がる設定画面の Reactions タブで rxn1 を指定する。**図 26.6** のよ

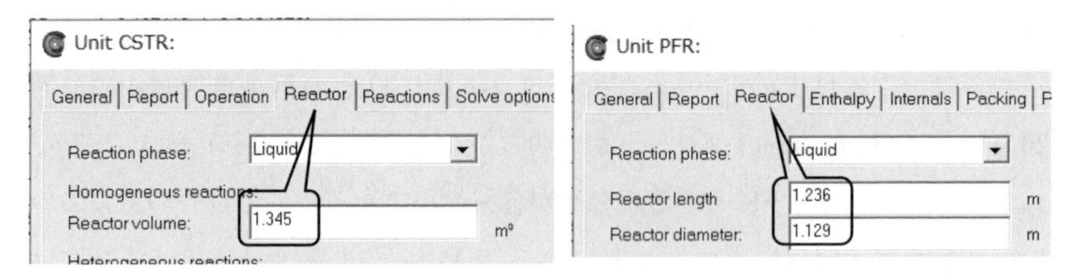

図 **26.6**　CSTR の Volume と PFR の length/diameter の設定

うに，Operation タブで Isothermal: 298.15 K，Reactor タブで，Excel 計算に合わせて，V_{CSTR} として Reactor volume: 1.345 m^3 を設定する。PFR についても同様に Reactor length: 1.236 m^3（V_{PFR}）とする。Stream report を作成して**図 26.7** のように構成し，Feed の条件を図のように設定する。Solve すると図の結果が得られた。プロセス全体の反応率は $x_{\mathrm{A}} = 0.452 + (1 - 0.452) \times 0.638 = 0.80$ になっている。

Stream	Feed	2	Products
Pressure/[MPa]	0.1013	0.1013	0.1013
Temperature/[°C]	25	25	25
Flow rate/[mol/s]	27.025	27.025	27.025
Flow Methyl acetate/[mol/s]	0.25	0.137119	0.0495864
Flow Water/[mol/s]	26.75	26.6371	26.5496
Flow Acetic acid/[mol/s]	0.025	0.137881	0.225414
Flow Methanol/[mol/s]	0	0.112881	0.200414

$x_{\mathrm{A}} = 0.8$

CSTR	
Parameter	Value
Reactor volume/[m^3]	1.345
Methyl acetate conversion	0.451525

PFR	
Parameter	Value
Length/[m]	1.236
Methyl acetate conversion	0.638369

図 **26.7**　CSTR と PFR を組み合わせた酢酸メチルの液相自触媒反応の COCO 計算

【例題 27】　気相 PFR（気相 1 次反応）[F, p.165)]

エタンの熱分解でエチレンを製造する反応：

$$\underset{\text{エタン(A)}}{C_2H_6} \longrightarrow \underset{\text{エチレン(B)}}{C_2H_4} + \underset{\text{水素(C)}}{H_2}$$

は等温，等圧の 1 100 K，6 atm で行われ，反応速度式は次式の 1 次反応で表せる。

$$-r_{\mathrm{A}} = k_1 c_{\mathrm{A}} \qquad \left(k_1 = 3.07\,/\mathrm{s},\ c_{\mathrm{A}} = c_{\mathrm{A0}} \frac{1 - x_{\mathrm{A}}}{1 + x_{\mathrm{A}}} \right)$$

原料エタン供給流量 193 mol/s（$F = 2.904\ \mathrm{m^3/s}$，$c_{\mathrm{A0}} = 66.46\ \mathrm{mol/m^3}$）のとき，エタンの反応率 $x_{\mathrm{A}} = 0.8$ となる PFR 反応器の容積を求めよ（**図 27.1**）。

管型反応器(気相均一反応) PFR

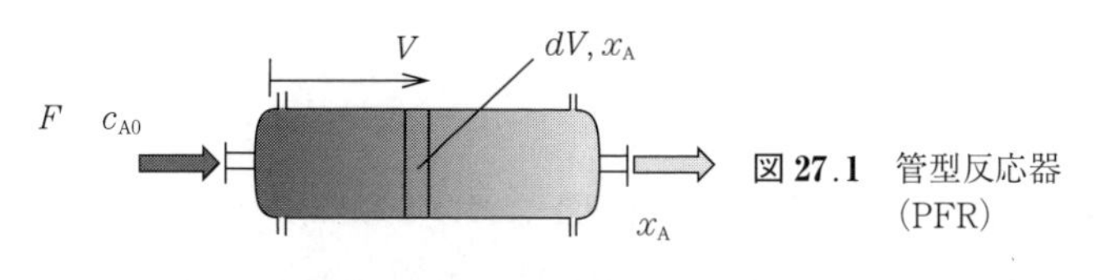

図 27.1 管型反応器（PFR）

【Excel 解法】（<COCO_27_RxnEH.xlsm>を参照）

PFR の設計方程式（積分形）：

$$V_{\mathrm{PFR}} = \int_0^{x_{\mathrm{A}}} \left(\frac{F c_{\mathrm{A0}}}{-r_{\mathrm{A}}} \right) dx_{\mathrm{A}}$$

より求める。**図 27.2** のシートにより積分を行い，その結果 $\underline{V_{\mathrm{PFR}} = 2.29\ \mathrm{m^3}}$ で

	A	B	C	D	E	F	G	H
1	微分方程式数	1				定数		
2	xA=	V=	=G2*G3/G7			F=	2.904	m3/s
3	0.8000	2.2878265				cA0=	66.46	mol/m3
4		V'=				k1=	3.07	/s
5	微分方程式一	8.51				ε=	1	
6						cA=	7.38444	
7	積分区間xA=	0	Runge-Kutta			−rA=	22.670	
8	b]	0.8						
9	積分刻み幅Δ	0.025					=G4*G6	
10	計算結果							
11	xA	V PFR[m3]						
12	0.000	0.000	←初期値					
13	0.025	0.024						

図 27.2 気相 PFR によるエタン熱分解反応における反応器容積の Excel 計算

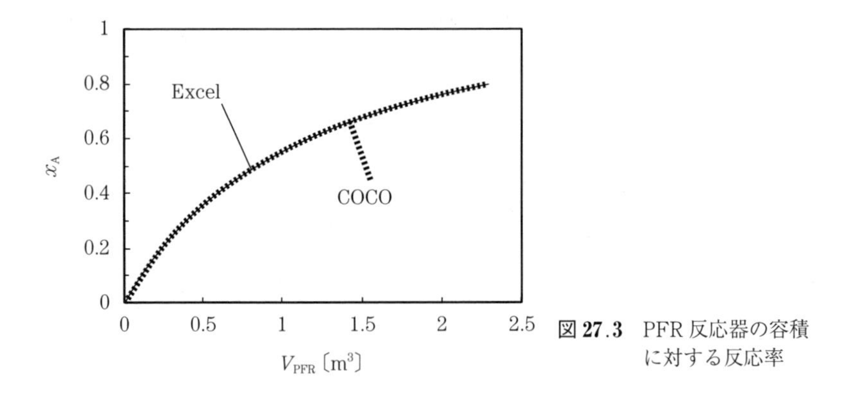

図 27.3　PFR 反応器の容積に対する反応率

ある。反応率 x_A と PFR 反応器の容積 V の関係を**図 27.3** に示す。

【COCO 解法】（<COCO_27_RxnEH.fsd>を参照）

Settings→Property packages→Add→TEA を Select で New とし，設定画面で Model set: Peng Robinson とし，Compounds の Add で 3 成分を選択する。同様に，Settings→Reaction packages→Add→CORN Reaction Package Manager を Select で New とする。設定画面の Reactions タブで rxn1 を Create して，反応を**図 27.4** のように設定する。ここで反応速度式 Rate: "3.07*C

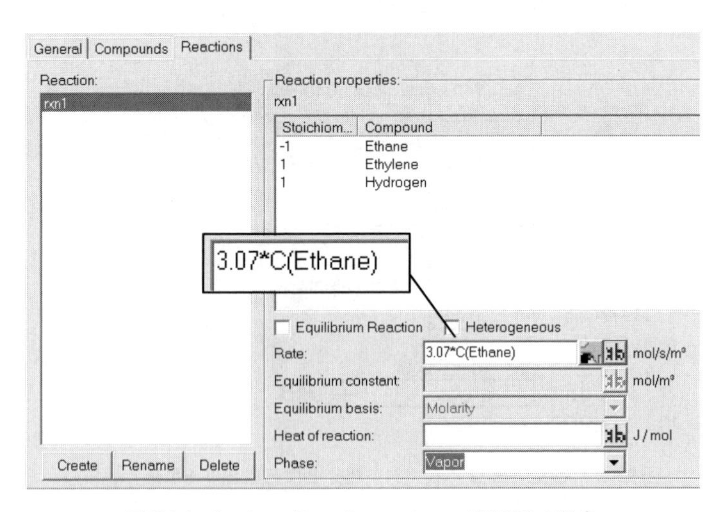

図 27.4　Settings/Reaction packages/CORN の設定

(Ethane)”を記述する。Flowsheet に戻り Insert unit operation→Reactors から PFR を選択配置し，Stream 図 **27.5** のようにプロセスを構成する。

図 **27.5** プロセスの構成

PFR→Show GUI で立ち上がる画面の Reactions タブで rxn1 を指定する。また Enthalpy タブで Constant temperature: 1 100 K，Reactor タブで図 **27.6** のように Reactor length: 2.29 m に設定する（反応器 diameter を 1.129 m としたので length ＝ V である）。Stream report を作成し図 **27.7** のように構成し，Feed の条件を図のように設定する。Solve すると図 27.7 の結果が得られた。反応率は $x_A = 0.80$ になっている。

Unit PFR:

General | Report | Reactor | Enthalpy | Internals | Packing | Rea

Reaction phase: Vapor

Reactor length 2.29 m

Reactor diameter: 1.1287 m

図 **27.6** PFR の length/diameter の設定

Stream	Feed	Products
Pressure/[atm]	6	6
Temperature/[K]	1100	1100
Flow rate/[mol/s]	193	347.409
Flow Ethane/[mol/s]	193	38.5906
Flow Ethylene/[mol/s]	0	154.409
Flow Hydrogen/[mol/s]	0	154.409

PFR	
Parameter	Value
Ethane conversion	0.800049

図 **27.7** 気相 PFR によるエタン熱分解反応における反応器容積の COCO 計算

PFR 内部の分布を COFE メニューの Insert→Unit parameter report で見ることができる。反応率 x_A 分布を図 27.3 に Excel 計算と比較して示している。

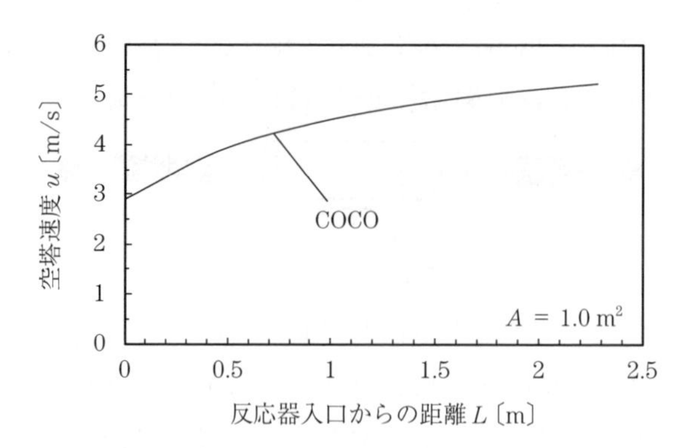

図 27.8　PFR 反応器内の空塔速度分布

また，気相反応では体積変化があるのが特徴であるが，それが空塔速度 u として表示できる（**図 27.8**）。

【例題 27a】　気相 PBR（触媒層反応器） [F, p.185]

エチレンを酸化して酸化エチレンにする気相反応を PBR（触媒層反応器）で行う（**図 27a.1**）。反応速度式は次式である。

$$C_2H_4 \quad + \quad \frac{1}{2}O_2 \longrightarrow H_2C\text{—}CH_2\ (\text{O bridged})$$

エチレン(A)　　酸素(B)　　酸化エチレン(C)

$$-r_A' = 3.217 \times 10^{-7}\, T c_A^{1/3} c_B^{2/3}$$

$$= 0.0074\, \frac{1 - x_A}{1 + (-0.15)x_A}\, p \quad 〔\mathrm{mol/(kg\text{-}cat \cdot s)}〕$$

ここで，$p = P/P_0$：圧力比，P〔kPa〕：触媒層内圧力，$P_0 = 1\,013$ kPa：入口圧力である。反応管（触媒層）は管径 $D = 0.0409$ m，長さ $L = 19.5$ m，触媒層みかけ密度 $\rho_b = 1\,059$ kg/m³，全触媒量 $W_f = 27.1$ kg である。反応

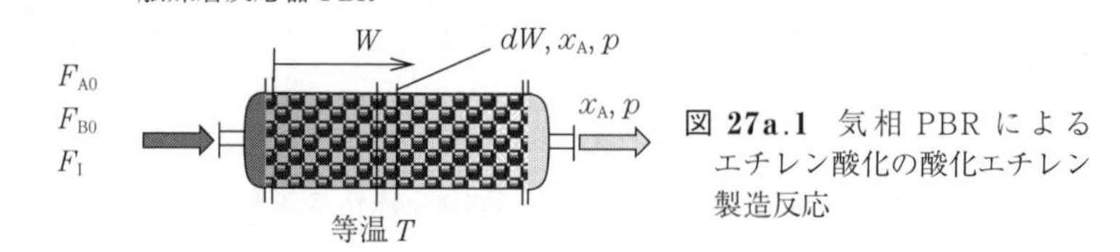

図 27a.1　気相 PBR による エチレン酸化の酸化エチレン製造反応

管は等温で $T = 260$℃。原料は $F_{A0} = 0.1362$ mol/s，$F_{B0} = 0.068$ mol/s，窒素 $F_I = 0.256$ mol/s の混合ガスで供給する。反応器出口の反応率 x_A を求めよ。

【Excel 解法】（<COCO_27a_EO.xlsm>を参照）

PBR 設計方程式（触媒量 W 基準）：

$$F_{A0}\frac{dx_A}{dW} = -r_A' \quad \text{〔mol/(kg·s)〕}$$

と触媒層の圧力損失により圧力比 p が変化してそれが反応速度に影響するので，圧力比変化式[F, p.187)]：

$$\frac{dp}{dW} = -\alpha\frac{1+(-0.15)x_A}{2p} \quad \text{〔/kg〕}$$

との連立式を解く。常微分方程式解法シート（**図 27a.2**）の B5, C5 に連立微分方程式を記述して，W の 0 から $W_f = 27$ まで積分する。出口の反応率 $x_A = 0.664$ となった。**図 27a.3** に，触媒質量 W に対する反応率 x_A，圧力比 p，全モル流量比（$f = F/F_0$），反応速度を示す。

	A	B	C	D	E	F	G	H
1	微分方程式数	2				定数		
2	W=	xA=	p=			FA0=	0.1362	mol/s
3	27	0				α=	0.0367	/kg
4		xA'=	p'=			ε=	−0.15	
5	微分方程式→	5.51E−03	−0.061			k'=	0.0074	mol/kg−s
6						−rA'=	0.00075	mol/kg−s
7	積分区間W=[a	0				Wf=	27	kg
8	b]	27				P0=	1013	kPa
9	積分刻み幅Δ	1						
10	計算結果							
11	W[kg]	xA	p			f=v/v0	−rA'	
12	0.0	0.000	1.00	初期値		1.00	0.0074	
13	1.0	0.053	0.98			1.01	0.0069	

=G6/G2

=-G3*(1+G4*B3)/2/C3

Runge-Kutta

=G5*((1-B3)/(1+G4*B3))*C3

図 27a.2 気相 PBR によるエチレン酸化反応における出口反応率の Excel 計算

【COCO 解法】（<COCO_27a_EO.fsd>を参照）

Settings→Property packages→Add→TEA を Select で New とし，設定画面で Modl set: Peng Robinson とし，Compounds の Add で Nitrogen 含む 4 成

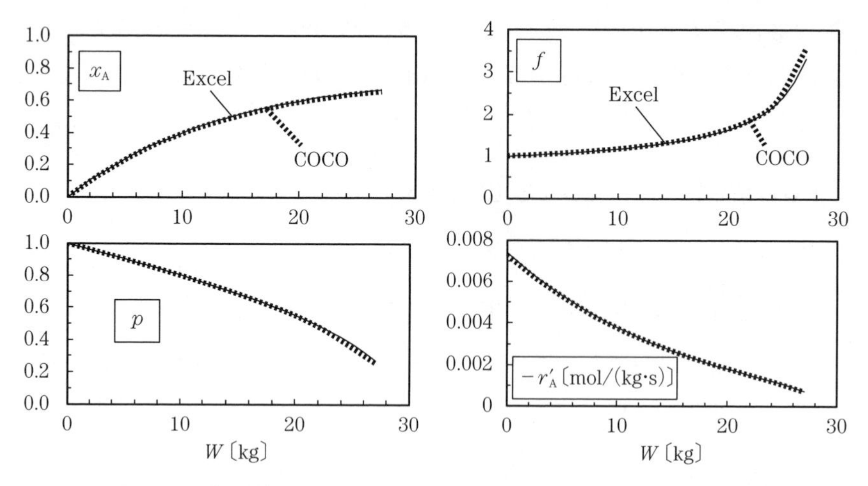

図 27a.3　触媒質量に対する反応率，圧力比，全モル液量比，反応速度

分を選択する。同様に，Settings→Reaction packages→Add→CORN を Select で New とし，設定画面の Reactions タブで**図 27a.4** のように設定する。Flow sheet で PFR を配置し，Stream を追加して**図 27a.5** のプロセスを構成する。

PFR 設定の Reactions タブで rxn1 を指定，さらに Reactor タブ，Packing タブをおのおの**図 27a.6** のように設定する。Feed を設定して Solve すると，**図 27a.7** の結果を得る。出口反応率 $\underline{x_A = 0.657}$ である。

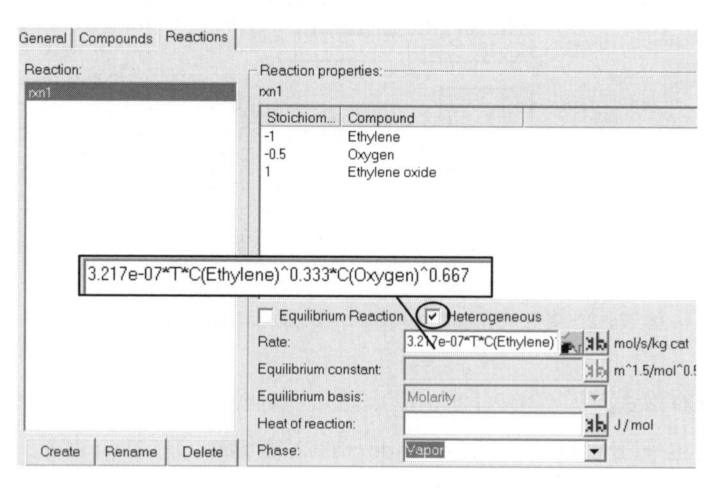

図 27a.4　Settings/Reaction packages/CORN の設定

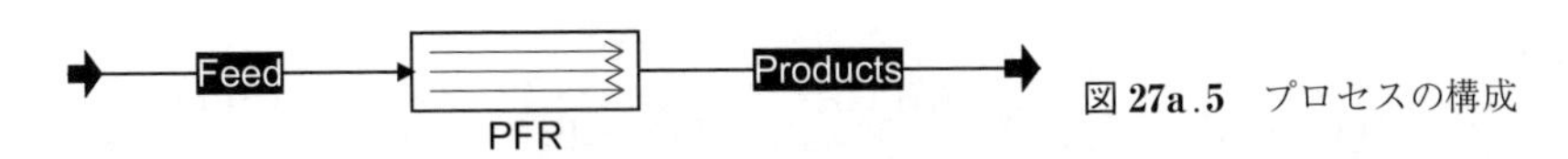

図 **27a.5** プロセスの構成

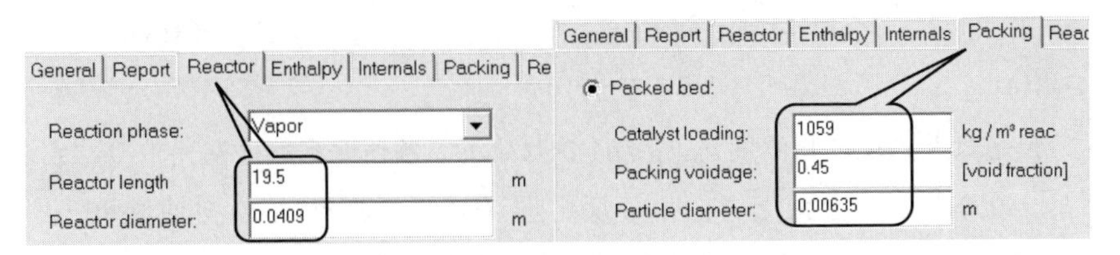

図 **27a.6** PFR の Reactor タブと Packing タブの設定

Stream	Feed	Products
Pressure/[kPa]	1013	254.446
Temperature/[°C]	260	260
Flow rate/[mol/s]	0.4602	0.415449
Flow Ethylene/[mol/s]	0.1362	0.0466982
Flow Oxygen/[mol/s]	0.068	0.0232491
Flow Nitrogen/[mol/s]	0.256	0.256
Flow Ethylene oxide/[mol/s]	0	0.0895018

PFR	
Parameter	**Value**
Ethylene conversion	0.657135
Pressure profile[0]/[kPa]	1013
Pressure profile[1]/[kPa]	908.017
Pressure profile[2]/[kPa]	793.265
Pressure profile[3]/[kPa]	662.187
Pressure profile[4]/[kPa]	500.692
Pressure profile[5]/[kPa]	254.446

図 **27a.7** 気相 PBR によるエチレン酸化の酸化エチレン製造反応における出口反応率の COCO 計算

COCO メニューの Insert/Unit parameter report で表示して求めた W（触媒質量∝反応器容積）に対する反応率 x_A，圧力比 p，全モル流量比（$f=F/F_0$），反応速度を図 27a.3 のグラフ中に Excel 計算の結果と比較して示している。

【例題 28】 回分反応（BR）（液相逐次反応）[L, p. 184, IK, p. 137]

例題 25 のエチレンオキシド（EO）の反応は，水（A）にエチレングリコール（EG）（B），ジエチレングリコール（DEG）（C）と付加する逐次反応（A→B→C）ともみなせる[L, p. 184]。

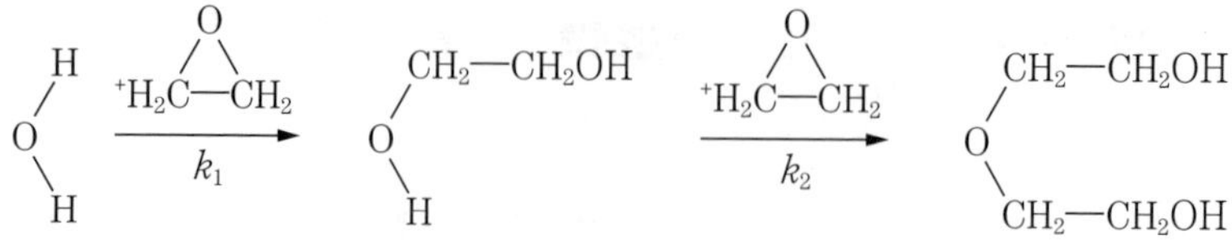

水(A)　　エチレングリコール(B)　　ジエチレングリコール(C)

反応は共に反応物濃度 c_A, c_B の 1 次反応で，各速度定数は $k_1 = 0.04$ /s, $k_2 = 0.015$ /s としたとき，回分反応器（BR）で原料 A の初期濃度 $c_{A0} = 917.3\ \mathrm{mol/m^3}$ から反応開始して，各反応物の濃度の経時変化を求めよ（**図 28.1**）。

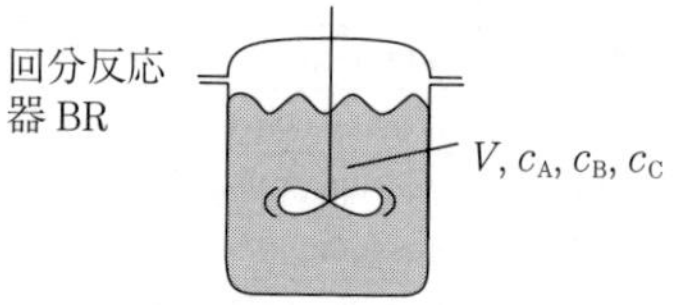

図 28.1　回分反応器（BR）による液相逐次反応（A→B→C）

【Excel 解法】（<COCO_28_RxnEG_BR.xlsm>を参照）

回分反応で逐次反応 A→B→C の各成分の濃度の経時変化は次式の連立常微分方程式で表せる。

$$\begin{cases} \dfrac{dc_A}{dt} = -k_1 c_A \\ \dfrac{dc_B}{dt} = k_1 c_A - k_2 c_B \\ \dfrac{dc_C}{dt} = k_2 c_B \end{cases}$$

図 28.2 の Excel シートで B5:D5 にこれらの連立常微分方程式を記述し，$t = 0 \sim 400$ s まで積分する。結果を**図 28.3** のグラフ（細実線）に示す（Excel シート内でこの連立常微分方程式の解析解と比較している）。

【COCO 解法】（<COCO_28_RxnEG_BR.fsd>を参照）

PFR の設計方程式（$F(dc_A/dV) = r_A$）を変形すると次式である。

$$\frac{dc_A}{d(V/F)} = r_A = -k_1 c_A$$

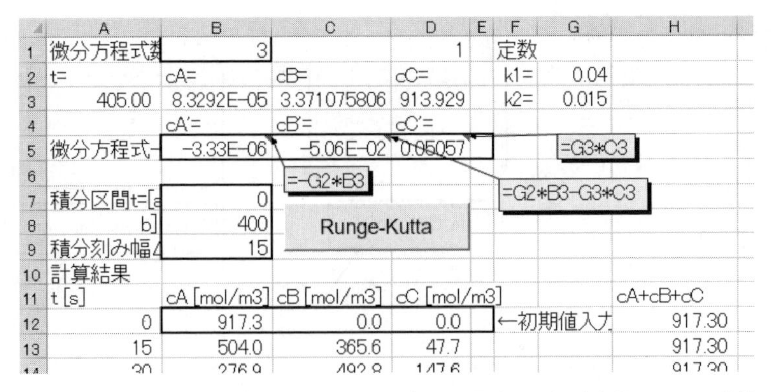

	A	B	C	D	E	F	G	H
1	微分方程式数	3		1		定数		
2	t=	cA=	cB=	cC=		k1=	0.04	
3	405.00	8.3292E-05	3.371075806	913.929		k2=	0.015	
4		cA′=	cB′=	cC′=				
5	微分方程式ー	-3.33E-06	-5.06E-02	0.05057				
6								
7	積分区間t=[a	0						
8	b]	400						
9	積分刻み幅⊿	15						
10	計算結果							
11	t [s]	cA [mol/m3]	cB [mol/m3]	cC [mol/m3]				cA+cB+cC
12	0	917.3	0.0	0.0		←初期値入ナ		917.30
13	15	504.0	365.6	47.7				917.30
14	30	276.9	492.8	147.6				917.30

図 **28.2**　BR による液相逐次反応における各反応物濃度の経時変化の Excel 計算

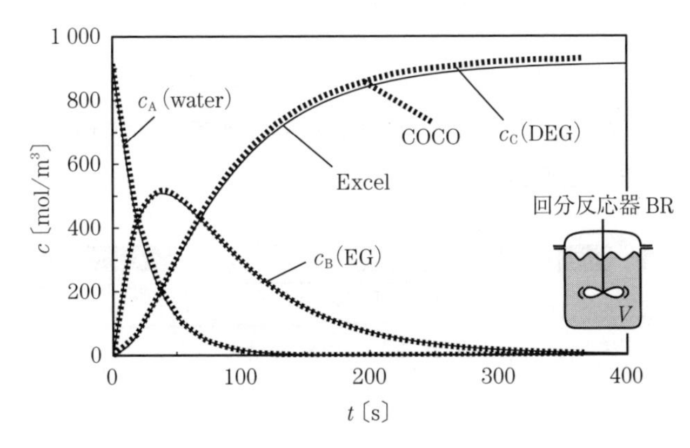

図 **28.3**　BR による液相逐次反応における各反応物濃度の経時変化

これと回分反応器の反応速度式（$dc_A/dt = -k_1c_A$）を比較すると，$t = V/F$ とすれば同じ式である。したがって $t = V/F$ で対応づければ，回分反応器（BR）と PFR は同じ濃度経時変化，反応器内濃度分布となる。そこで COCO の PFR を利用して計算する。

反応器容積 $V = 4$ m^3 の PFR で，供給原料を水（A）10 mol/s，エチレンオキシド 200 mol/s，供給速度 $F = 0.010\,9$ m^3/s として，PFR で逐次反応を計算する。Settings→Properties packages→Add→TEA を Select で New とし，設置画面の Compounds で 4 成分を選択する。Reaction packages で新しい

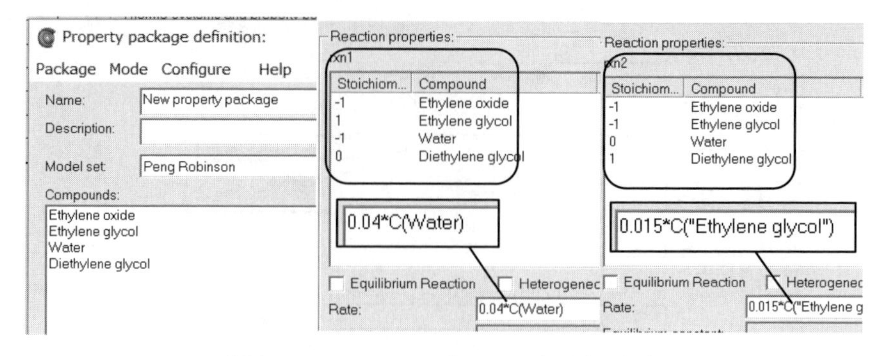

図 **28.4**　Settings でのプロパティと反応の設定

CORN の反応 rxn1, rxn2 を作成し[†]，**図 28.4** のように設定する。

Flowsheet で PFR を配置し，Stream を追加して**図 28.5** のプロセスを構成する。PFR の設定で Reactor タブ，Reactions タブ（rxn1, rxn2），Enthalpy タブ（温度一定）を**図 28.6** のようにする。

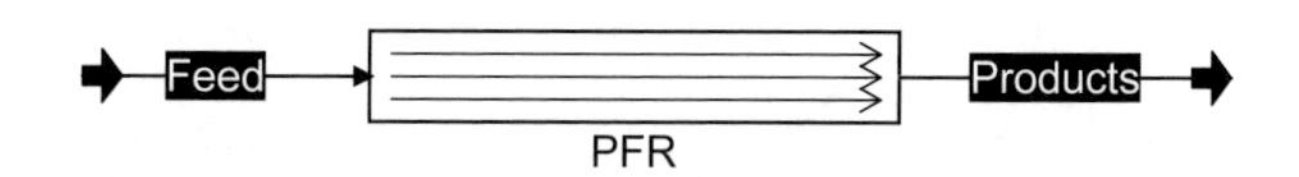

図 **28.5**　プロセスの構成

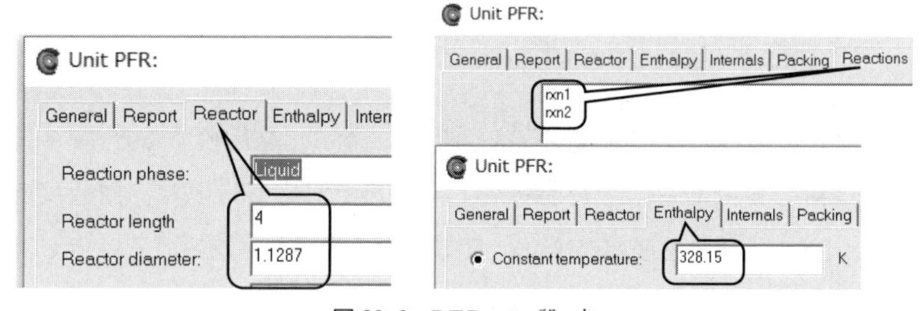

図 **28.6**　PFR の 設 定

Stream report を作成して**図 28.7** のように構成し，入口流量，条件を図 28.6 のように設定して Solve すると図の結果を得る。

Unit parameter report から PFR 内部の各成分流量の分布を表示して，各成

[†] 逐次反応なので，今回は反応が二つあることに注意。

Stream	Feed	Products
Pressure/[kPa]	3400	3400
Temperature/[°C]	55	55
Flow rate/[mol/s]	210	190.059
Flow Ethylene oxide/[mol/s]	200	180.059
Flow Ethylene glycol/[mol/s]	0	0.0588979
Flow Water/[mol/s]	10	5.83248e−06
Flow Diethylene glycol/[mol/s]	0	9.94117

図 28.7　PFR による液相逐次反応 Stream report

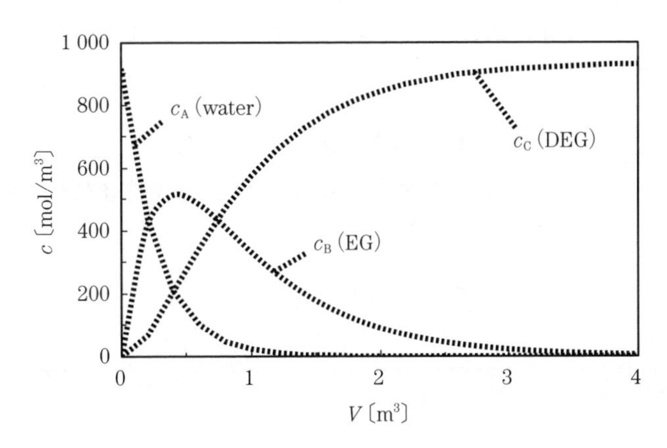

図 28.8　PFR による液相逐次反応における反応器容積に対する各成分濃度

分モル濃度 c_i〔mol/m^3〕分布として V に対して**図 28.8** に示す。逐次反応の特徴が表れている。

この計算結果より，入口容積流量 $F = 0.0109\ \mathrm{m^3/s}$ なので，$t = V/F$ の関係から横軸を t に変換し，回分反応器のシミュレーションとして図 28.3 の Excel グラフ中に比較している。

10 反応工学 ―非等温反応器―

多くの反応操作では反応熱により反応物が温度変化し，反応速度に影響する。このような**非等温反応**では，反応器設計が設計方程式と熱収支式の連立式解法の問題となる。

【例題 29】 非等温 CSTR ―液相ブタン異性化反応―F, p.517)

容積 $V = 1.2\,\mathrm{m}^3$ の断熱条件の CSTR でブタン異性化反応を行う（図 **29.1**）。この反応は発熱反応である。

$$\underset{\text{ノルマルブタン(A)}}{\mathrm{n\text{-}C_4H_{10}}} \longrightarrow \underset{\text{イソブタン(B)}}{\mathrm{i\text{-}C_4H_{10}}}$$

反応速度式は次式である。

$$-r_\mathrm{A} = k\left(c_\mathrm{A} - \frac{c_\mathrm{B}}{K_C}\right) = kc_{\mathrm{A}0}\left\{1 - \left(1 + \frac{1}{K_C}\right)x_\mathrm{A}\right\} \quad [\mathrm{kmol/(m^3 \cdot h)}]$$

k, K_c は温度 T の関数であり，**【Excel 解法】**の Excel シート中に示す。諸条件，物性値も同じ Excel シート中に示す。供給液はノルマルブタン（n-Butane）90 mol%, ペンタン 10 mol% で全モル流量 $F = 163\,\mathrm{kmol/h}$ である。反応率 x_A，温度 T を求めよ。

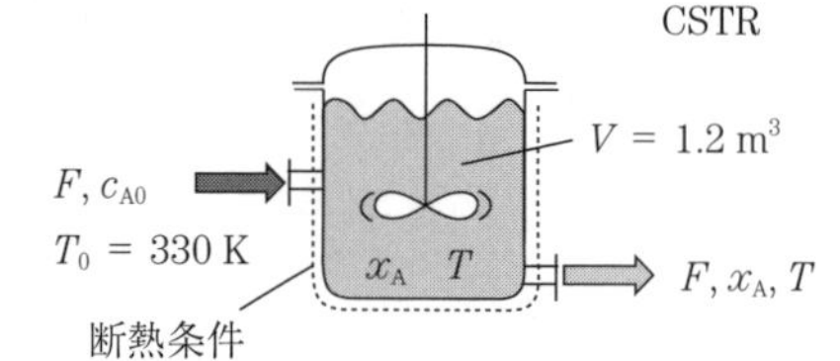

図 29.1 非等温 CSTR による液相ブタン異性化反応

【Excel 解法】（<COCO_29_AdiabaticCSTR.xlsm>を参照）

CSTR 設計方程式：

$$V_{\mathrm{CSTR}} = \frac{Fc_{\mathrm{A0}}}{-r_{\mathrm{A}}}x_{\mathrm{A}} = \frac{F_{\mathrm{A0}}}{-r_{\mathrm{A}}}x_{\mathrm{A}} \qquad (1)$$

熱収支式：

$$0 = FC_p(T_0 - T) + (-\Delta_{\mathrm{r}}H)x_{\mathrm{A}}F_{\mathrm{A0}} \qquad (2)$$

の連立式となる（F_{A0}〔kmol/h〕：反応物供給モル流量）。図 **29.2** のように，これらを B3:B4 に記述し，その残差 2 乗和（B6）を最小化する x_{A}, T をソルバーにより求める。これより $x_{\mathrm{A}} = 0.41$, $T = 345.3\,\mathrm{K}$ となる。

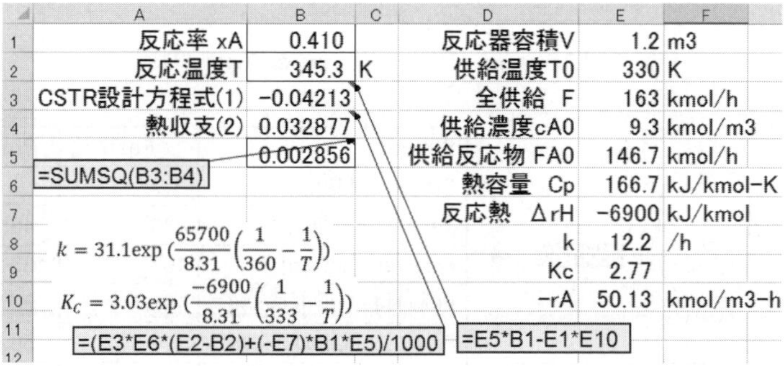

	A	B	C	D	E	F
1	反応率 xA	0.410		反応器容積V	1.2	m3
2	反応温度T	345.3	K	供給温度T0	330	K
3	CSTR設計方程式(1)	-0.04213		全供給 F	163	kmol/h
4	熱収支(2)	0.032877		供給濃度cA0	9.3	kmol/m3
5		0.002856		供給反応物 FA0	146.7	kmol/h
6	=SUMSQ(B3:B4)			熱容量 Cp	166.7	kJ/kmol-K
7				反応熱 ΔrH	-6900	kJ/kmol
8	$k = 31.1\exp\left(\frac{65700}{8.31}\left(\frac{1}{360} - \frac{1}{T}\right)\right)$			k	12.2	/h
9				Kc	2.77	
10	$K_C = 3.03\exp\left(\frac{-6900}{8.31}\left(\frac{1}{333} - \frac{1}{T}\right)\right)$			-rA	50.13	kmol/m3-h
11	=(E3*E6*(E2-B2)+(-E7)*B1*E5)/1000			=E5*B1-E1*E10		
12						

図 **29.2**　非等温 CSTR による液相ブタン異性化反応における反応率と温度の Excel 計算

【COCO 解法】（<COCO_29_AdiabaticCSTR.fsd>を参照）

Settings→Property packages→Add→TEA を Select で New とし，設定画面で Model set: Peng Robinson とし，Compounds の Add で 3 成分（N-butane, Isobutane, Isopentane）を選択する。同様に，Settings→Reaction packages→Add→CORN Reaction Package Manager を Select で New とする。設定画面の Reactions タブで rxn1 を Create して，反応を図 **29.3** のように設定する。Rate 欄の記述では反応速度 Rate（$-r_{\mathrm{A}}$）は〔mol/(m^3·s)〕，温度 T は〔K〕，濃度 C（成分名）は〔mol/m^3〕単位である。このため反応速度式中で適当な単位換算をしている。

Flowsheet で Insert unit operation→Reactors→CSTR を選択配置して，

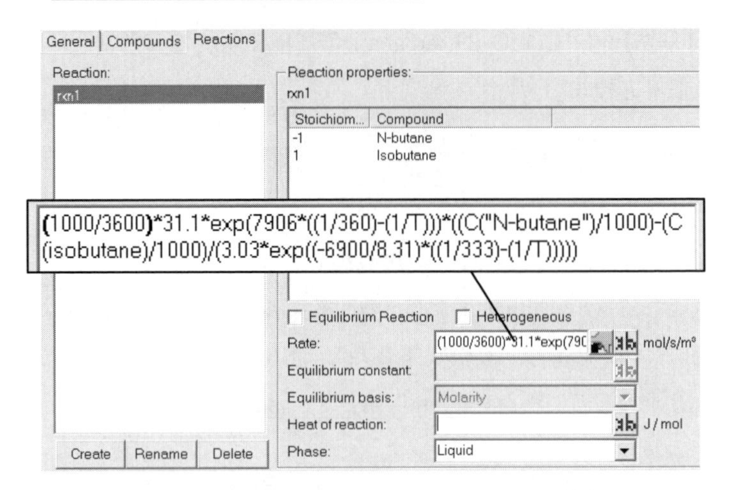

図 **29.3**　Settings/Reaction packages/CORN の設定

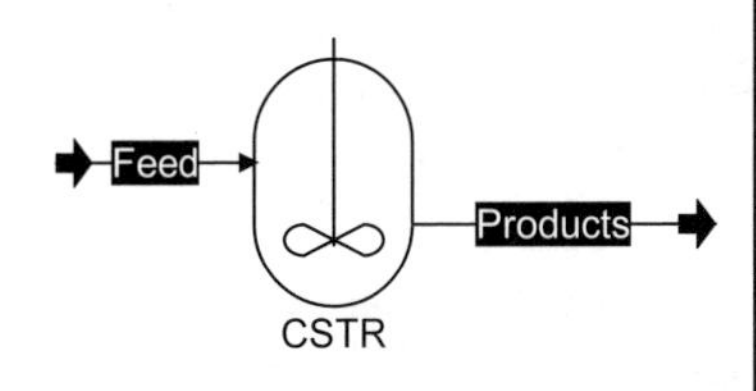

CSTR	
Parameter	**Value**
N-butane conversion	0.387708
Reactor volume/[m^3]	1.2

Stream	Feed	Products
Pressure/[MPa]	3	3
Temperature/[K]	330	346.392
Flow rate/[kmol/h]	163	163
Flow N-butane/[kmol/h]	146.7	89.8232
Flow Isobutane/[kmol/h]	0	56.8768
Flow Isopentane/[kmol/h]	16.3	16.3
Mole frac N-butane	0.9	0.551063
Mole frac Isobutane	0	0.348937
Mole frac Isopentane	0.1	0.1

図 **29.4**　プロセスの構成と非等温 CSTR による液相ブタン異性化反応における反応率と温度の COCO 計算

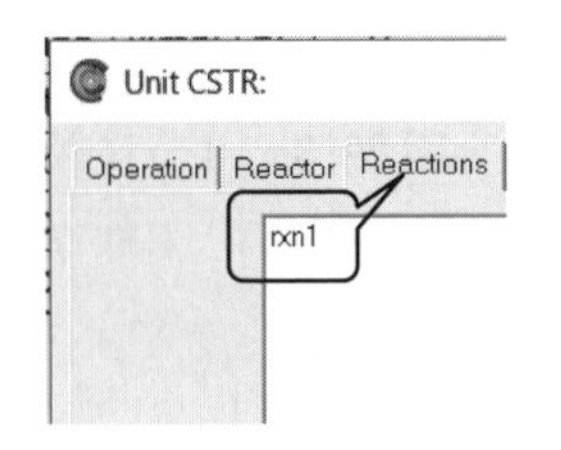

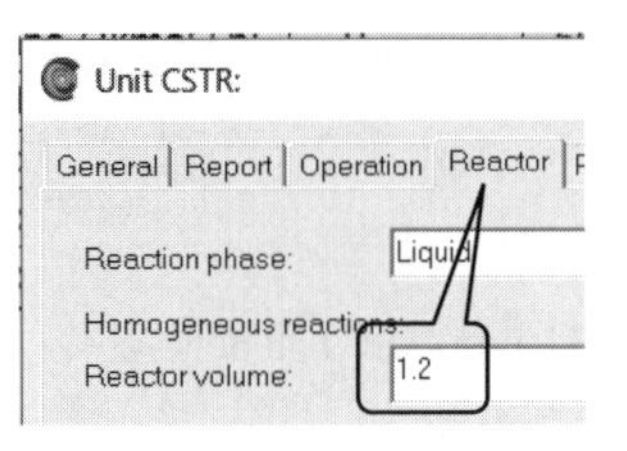

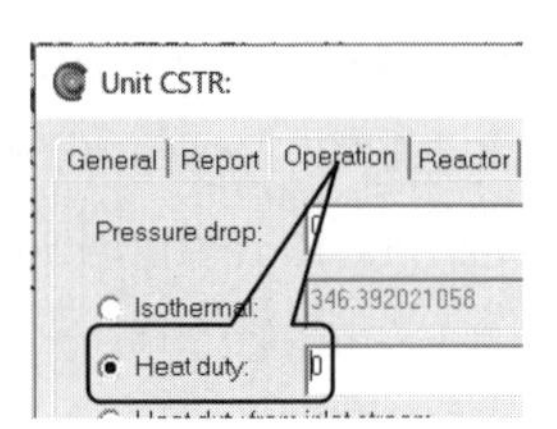

図 **29.5**　CSTR の設定

Stream を追加して**図 29.4** のプロセスを構成する。**図 29.5** のように CSTR→Show GUI→Reactions タブで rxn1 を選択し，Reactor タブで Reactor volume: 1.2 m³，Operation タブで Heat duty: 0 とする。Feed を設定して，Solve する。これで図 29.4 の計算結果を得る。$x_A = 0.39$，$T = 346.4$ K となった。

【例題 29a】 非等温 PFR —液相ブタン異性化反応—[F, p.512)]

例題 29 と同じ液相ブタン異性化反応を断熱条件の PFR で行う（**図 29a.1**）。反応速度式，供給液条件は例題 29 と同じである。反応率 $x_A = 0.7$ となる反応器容積 V を求めよ。

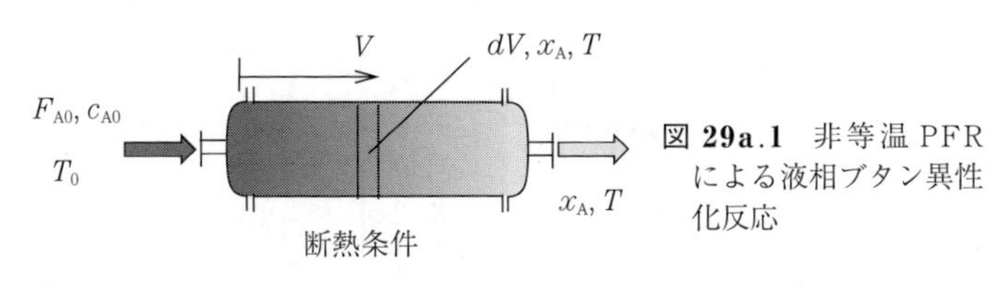

図 29a.1 非等温 PFR による液相ブタン異性化反応

【Excel 解法】 （<COCO_29a_AdiabaticPFR.xlsm>を参照）

発熱反応なので反応器流れ中で温度 T が変化する（発熱反応で断熱条件なので，反応物の温度が上昇する）。そのため

PFR 設計方程式：

$$F_{A0}\frac{dx_A}{dV} = -r_A \quad [\text{kmol}/(\text{m}^3\cdot\text{h})]$$

熱収支式：

$$FC_p\frac{dT}{dV} = (r_A)(\Delta_r H) \quad [\text{kJ}/(\text{m}^3\cdot\text{h})]$$

の連立式となる。常微分方程式解法シート（**図 29a.2**）でこの式を B5, C5 に記述する。積分を実行して，$x_A = 0.70$ となるのは $V = 2.8\ \text{m}^3$ であると求められた。**図 29a.3** のグラフに反応器容積 V に対する x_A, T, $-r_A$ を示す。

【COCO 解法】 （<COCO_29a_AdiabaticPFR.fsd>を参照）

Settings→Property packages, Reaction packagess については，この前の例

	A	B	C	D	E	F	G
1	微分方程式数	2			FA0=	146.7	kmol/h
2	V=	xA=			F=	163	kmol/h
3	3	0.70684	356.332		cA0=	9.3	kmol/m3
4		xA'=	T'=		Cp=	166.7	kJ/kmol-K
5	微分方程式→	2.91E-02	1.08415		T0=	330	K
6					ΔrH=	-6900	kJ/kmol
7	積分区間V=[a,	0			k=	24.81	/h
8	b]	3	Runge-Kutta		Kc=	2.57	
9	積分刻み幅ΔV	0.1			-rA=	4.27	kmol/m3-h
10	計算結果						
11	V[m3]	xA	T[K]				
12	0.0	0.0000	330.0	←初期値			
13	0.1	0.0273	331.0				
14	0.2	0.0556	332.1				

=F12/F1
=(-F9)*F6/(F2*F4)
=F7*F3*(1-(1+1/F8)*B3)
=3.03*EXP((-6900/8.31)*(1/333-1/C3))
=31.1*EXP((65700/8.31)*(C3-360)/(360*C3))

図 29a.2　非等温 PFR による液相ブタン異性化反応の Excel 計算

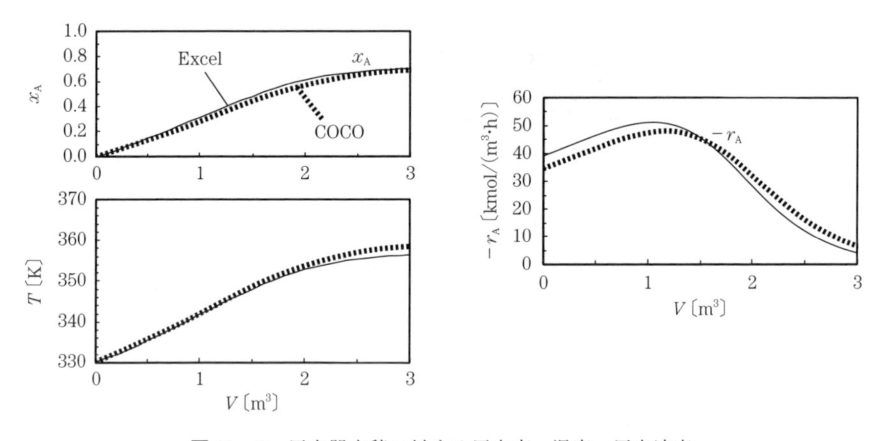

図 29a.3　反応器容積に対する反応率，温度，反応速度

題 29 と同じである。Flowsheet で PFR を配置し，Stream を追加して図 **29a.4** のプロセスを構成する。PFR の設定で長さ，径は図 **29a.5** のようにして length = V となるようにした。$V = 2.8\ \mathrm{m^3}$ である。右図が断熱条件の設定である。

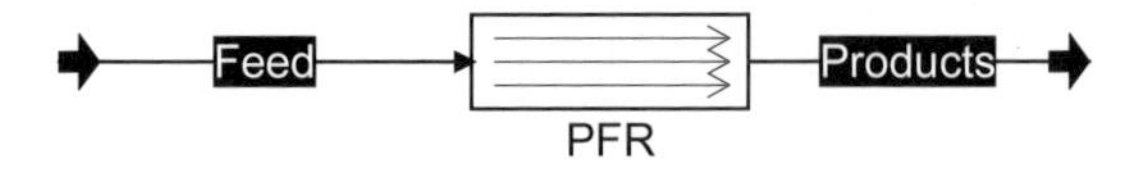

図 29a.4　プロセスの構成

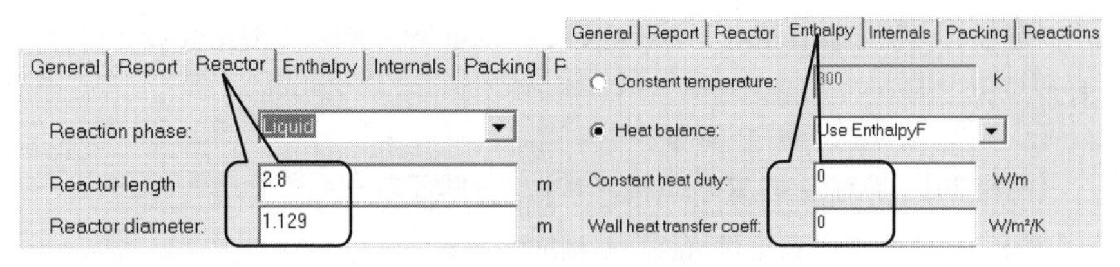

図 **29a.5** PFR の設定

Stream report を作成して**図 29a.6** のように構成し，Solve して図の計算結果が得られた。$x_A = 0.684$ となった。図 29a.3 のグラフ中に，この COCO の計算結果を Excel 計算と比較して示している。**図 29a.7** のグラフは，例題 29

Stream	Feed	Products
Pressure/[MPa]	3	3
Temperature/[K]	330	358.165
Flow rate/[kmol/h]	163	163
Mole frac N-butane	0.9	0.284122
Mole frac Isobutane	0	0.615878
Mole frac Isopentane	0.1	0.1
Flow N-butane/[kmol/h]	146.7	46.3119
Flow Isobutane/[kmol/h]	0	100.388
Flow Isopentane/[kmol/h]	16.3	16.3

PFR	
Parameter	Value
N-butane conversion	0.684309
Length/[m]	2.8

図 **29a.6** 非等温 PFR による液相ブタン異性化反応の COCO 計算

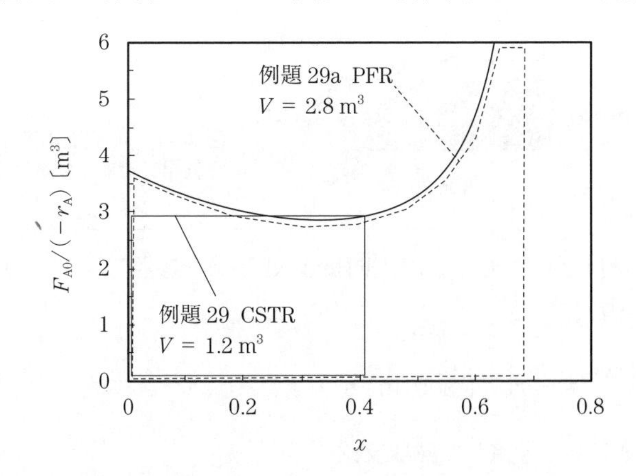

図 **29a.7** 例題 29 と例題 29a の反応器容積のこの反応の Levenspiel プロットでの比較

と例題 29a の反応器容積をこの反応の Levenspiel プロットで比較したものである。

【例題 30】　非等温 PFR ―気相アセトン分解反応― F, p.556)

アセトンの熱分解反応は気相均一反応である。

$$CH_3COCH_3 \longrightarrow CH_2CO + CH_4$$

アセトン(A)　　ケテン(B)　　メタン(C)

反応速度式は次式の 1 次反応である。

$$-r_A = kc_A = kc_{A0}\frac{1-x_A}{1+x_A}\frac{T_0}{T} \quad [\mathrm{mol/(m^3 \cdot s)}]$$

反応速度定数 k は温度 T の関数で **【Excel 解法】** Excel シート中に示す。**図 30.1** のように，容積 $V = 0.001\ \mathrm{m^3}$，管径 $D = 0.026\,69\ \mathrm{m}$，長さ $L = 1.79\ \mathrm{m}$ の管型反応器で反応を行う。圧力 162 kPa，原料はアセトン 100%，$F_{A0} = 0.037\,6\ \mathrm{mol/s}$，$c_{A0} = 18.8\ \mathrm{mol/m^3}$，温度 $T_0 = 1\,035\ \mathrm{K}$。吸熱反応なので加熱の必要があるので，反応器外側温度 $T_a = 1\,100\ \mathrm{K}$，総括伝熱係数 $U = 110\ \mathrm{W/(m^2 \cdot K)}$，$a = 149.9\ /\mathrm{m}$ とする。出口での反応率 x_A，温度 T を求めよ。

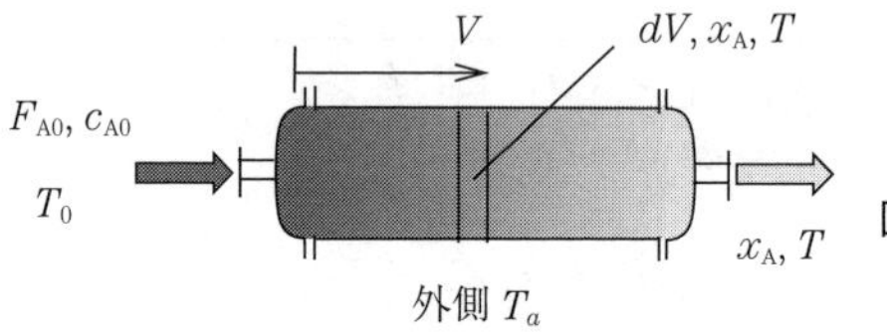

図 30.1　非等温 PFR による気相アセトン分解反応

【Excel 解法】　（<COCO_30_PFRHeat.xlsm>を参照）

PFR 設計方程式：

$$F_{A0}\frac{dx_A}{dV} = -r_A \quad [\mathrm{mol/(m^3 \cdot s)}]$$

外部との熱交換を考慮した熱収支式：

$$\sum F_i C_p \frac{dT}{dV} = -Ua(T - T_a) + (r_A)(\Delta_r H) \quad [\mathrm{J/(m^3 \cdot s)}]$$

の連立常微分方程式解法の問題となる。ここで，$\sum F_i$ は全 mole 流量，a〔/m〕は反応器単位体積当り伝熱面積で，直径 D，長さ L の円管では次式である。

$$a = \frac{\pi DL}{\pi D^2 L/4} = \frac{4}{D}$$

	A	B	C	D	E	F	G	H	I	J	K
1	微分方程式数	2							T0=	1035	K
2	V=	xA=	T=			FA0=	0.0376	mol/s	Ta=	1100	K
3	0.001	0.499444	1020			ΣFi=	0.0564	mol/s	ΔrH=	80770	J/mol
4		xA'=	T'=			cA0=	18.8	mol/m3	U=	110	J/m2-s-K
5	微分方程式一	3.72E+02	20280			k=	2.1985	1/s	Ua=	16486	J/m3-s-K
6						-ra=	14.0	mol/m3-s	Cp=	165	J/mol-K
7	積分区間V=[a	0									
8	b]	0.001									
9	積分刻み幅Δ	0.00005									
10	計算結果										
11	V[m3]	xA	T[K]								
12	0.00000	0.000	1035								
13	0.00005	0.060	1016.2								

=G6/G2

=G2*(1+B3)

Runge-Kutta

=(-J5*(C3-J2)+(-G6)*J3)/(G3*J6)

$$k = 3.58\exp\left(34222\left(\frac{1}{1035} - \frac{1}{T}\right)\right)$$

図 30.2 非等温 PFR による気相アセトン分解反応の Excel 計算

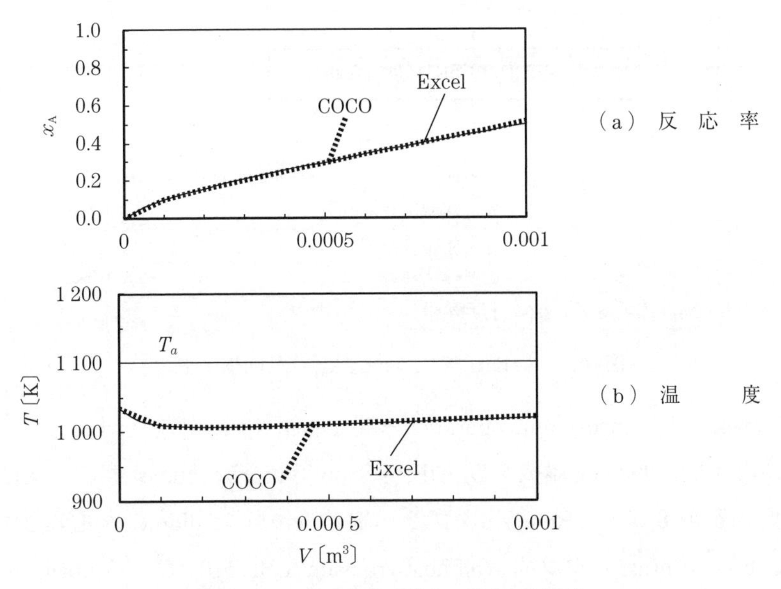

図 30.3 反応器容積に対する反応率と温度

図 **30.2** のシートの B5, C5 に上式を記述して，B12, C12 の初期値から積分する。反応器出口（$V = 0.001\ \mathrm{m^3}$）で $x_A = 0.499$，$T = 1\,020\ \mathrm{K}$ となった。図 **30.3** のグラフに V に対する反応器内 x_A, T 変化を示す。

【COCO 解法】（<COCO_30_PFRHeat.fsd>を参照）

Settings→Property packages→Add→TEA を Select で New とし，設定画面で Model set: Peng Robinson とし，Compounds の Add で 3 成分（Acetone, Ketene, Methane）を選択する。同様に，Settings→Reaction packages→Add →CORN Reaction Package Manager を Select で New とする。設定画面の Reactions タブで rxn1 を Create して，量論係数，Rate を図 **30.4** のように設定する。濃度 C( ) は〔mol/m³〕単位である。

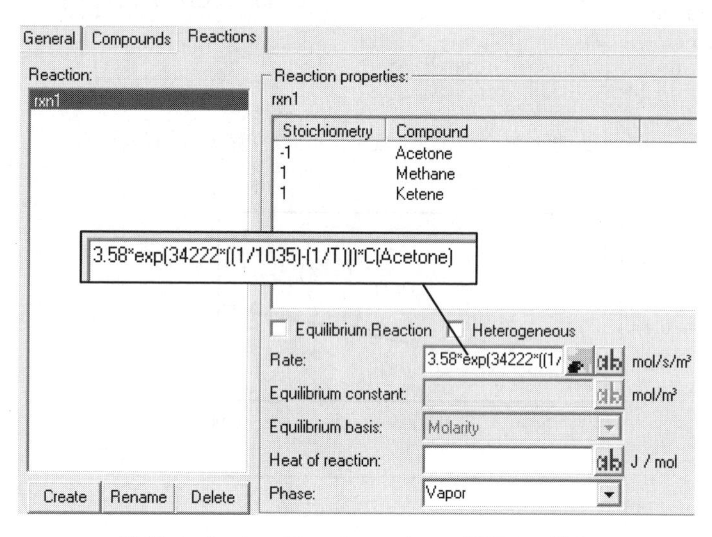

図 **30.4**　Settings/Reaction packages/CORN の設定

Flowsheet で Insert unit operation→Reactors→PFR を選択配置して，図 **30.5**(a)のプロセスを構成する。PFR→Show GUI→Reactions タブで rxn1 を選択（図 **30.6**(a)）。Reactor タブで PFR の length と diameter を入力する（図(b)）。Enthalpy タブで Wall heat transfer coeff: 110（U），Ambient temperature: 1 100 K（T_a）を設定する（図(c)）。

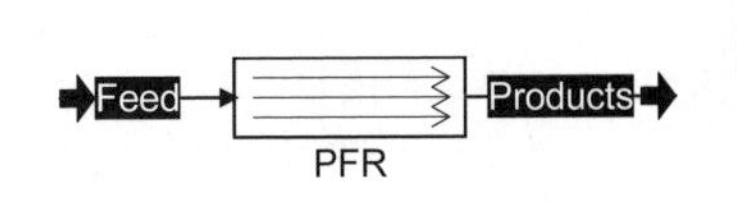

Stream	Feed	Products
Pressure/[kPa]	162	161.976
Temperature/[K]	1035	1021.68
Flow rate/[mol/s]	0.0376	0.0566607
Flow Acetone/[mol/s]	0.0376	0.0185393
Mole frac Acetone	1	0.327198
Mole frac Methane	0	0.336401
Mole frac Ketene	0	0.336401

（a） プロセスの構成　　　　（b） Stream report

図 30.5 非等温 PFR による気相アセトン分解反応の COCO 計算

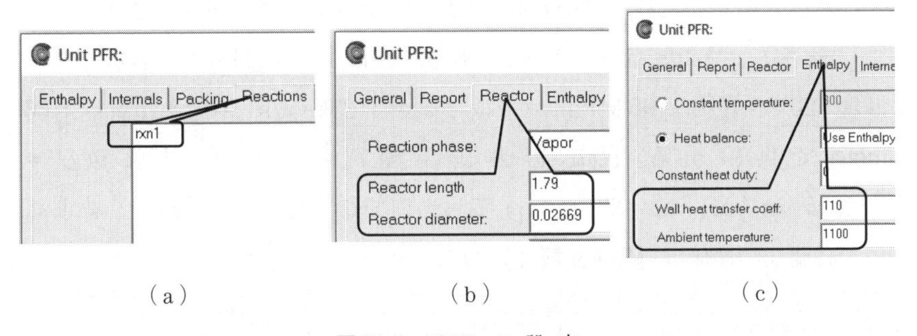

（a）　　　（b）　　　（c）

図 30.6 PFR の 設 定

Stream report を作成して図 30.5（b）のように構成し，Feed を設定して Solve する。これで図（b）の計算結果を得る。$x_A = 1 - 0.018\,53/0.037\,6 = 0.507,\ T = 1\,022\,\mathrm{K}$ となった。Insert→Unit parameter report→PFR で PFR 内の諸量の分布を表示できる。これによる V に対する x_A, T の変化を図 30.3 に Excel 計算と比較して示している。

【例題 31】 非等温 PBR (1) —メタンの改質反応— [B, p.868)]

メタンの水蒸気改質反応（吸熱）を改質炉内の PBR（触媒層反応管）で行う（**図 31.1**）。

$$\mathrm{CH_4} + \mathrm{H_2O} \longrightarrow 3\mathrm{H_2} + \mathrm{CO}$$

メタン(A)　　水(B)　　水素(C)　　一酸化炭素(D)

触媒層反応器 PBR

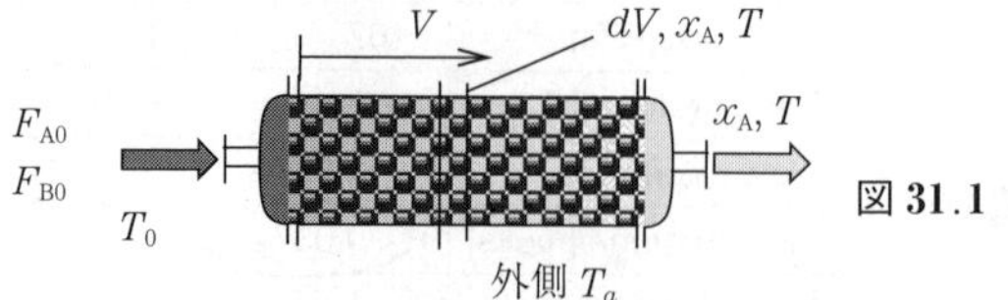

図 31.1　非等温 PBR によるメタンの改質反応

反応速度式は次式の 1 次反応である。

$$-r'_A\rho_b = k_0\exp\left(-\frac{E}{RT}\right)c_A \quad 〔\mathrm{mol/(m^3\cdot s)}〕$$

$-r'_A$〔mol/(kg·s)〕は触媒質量基準の反応速度，ρ_b〔kg/m^3〕は触媒層の見かけ密度である。定数は【Excel 解法】の Excel シートに示す。触媒層反応管は長さ $L=12$ m，管径 $D=0.108$ m，容積 $V=0.11$ m^3 である。入口温度 520℃，圧力 2.96 MPa，メタン $F_{A0}=1.33$ mol/s，水蒸気 $F_{B0}=4.66$ mol/s で供給する。反応器外側温度 $T_a=870$℃，伝熱係数 $U=1\,700$ W/(m^2·K)，$a=37$ /m とする。出口での反応率 x_A，温度 T を求めよ。必要な物性値は【Excel 解法】の Excel シートに示す。

【Excel 解法】（<COCO_31_PBRHeatV.xlsm>を参照）

PBR 設計方程式（容積 V 基準）：

$$F_{A0}\frac{dx_A}{dV} = (-r'_A)\rho_b \quad 〔\mathrm{mol/(m^3\cdot s)}〕$$

熱収支式：

$$\sum F_iC_p\frac{dT}{dV} = -Ua(T-T_a)+(r'_A)\rho_b(\Delta_r H) \quad 〔\mathrm{J/(m^3\cdot s)}〕$$

の連立常微分方程式解法の問題となる。

図 31.2 の Excel シートの B5, C5 に上式を記述して，B12, C12 の初期値から積分する。反応器出口（$V=0.11$ m^3）で $x_A=0.803$，$T=855$℃ となった。**図 31.3** のグラフに反応器内 x_A, T 変化を示す。

【COCO 解法】（<COCO_31_PBRHeatV.fsd>を参照）

Settings→Property packages→Add→TEA を Select で New とし，設定画

	A	B	C	D	E	F	G	H
1	微分方程式数	2	=G12/G3			Pt=	2.96	MPa
2	V=	xA=	T=			T0=	520	°C
3	0.11	0.802742	854.769			FA0=	1.33	mol/s
4		xA'=	T'=			FB0=	4.66	mol/s
5	微分方程式→	3.20E+00	231.472			FmolA	0.26	mol/s
6		=(-G14*G15*(C3-G16)+(-G12)*(G17))/(G9*G13)						
7	積分区間V=[a,	0				FmolC	3.21	mol/s
8	b]	0.11	Runge-Kutta			FmolD	1.07	mol/s
9	積分刻み幅ΔV	0.005				ΣFi=	8.13	mol/s
10	計算結果					cA0=	99.77	mol/m3
11	V[m3]	xA	T[℃]			cA=	10.20	mol/m3
12	0.000	0.000	520.00		←初期値	(-rA')pb	4.26	mol/m3-s
13	0.005	0.035	728.2			Cp=	42.0	J/mol-K
14	0.010	0.089	786.3			U=	1700	J/m2-s-K
15	0.015	0.148	806.3			a=	37	/m
16	0.020	0.207	814.6			Ta=	870	°C
17	0.025	0.262	819.3			ΔrH=	206200	J/mol

図 31.2 非等温 PBR によるメタンの改質反応の Excel 計算

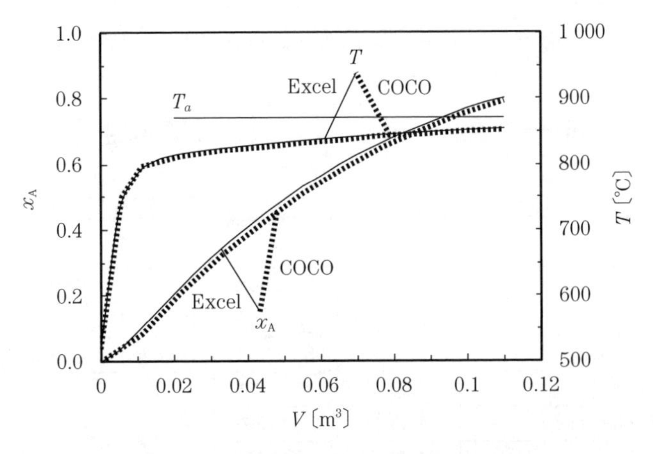

図 31.3 反応器容積に対する反応率と温度

面で Model set: Peng Robinson とし，Compounds の Add で 4 成分を選択する。同様に，Settings→Reaction packages→Add→CORN Reaction Package Manager を Select で New とする。設定画面の Reactions タブで rxn1 を Create して，量論係数，Rate を図 **31.4** のように設定する。濃度 C( ) は〔mol/m^3〕単位である。

Flowsheet で Insert unit operation→Reactors→PFR を選択・配置して，図 **31.5**(a)のプロセスを構成する。PFR→Show GUI→Reactions タブで rxn1 を

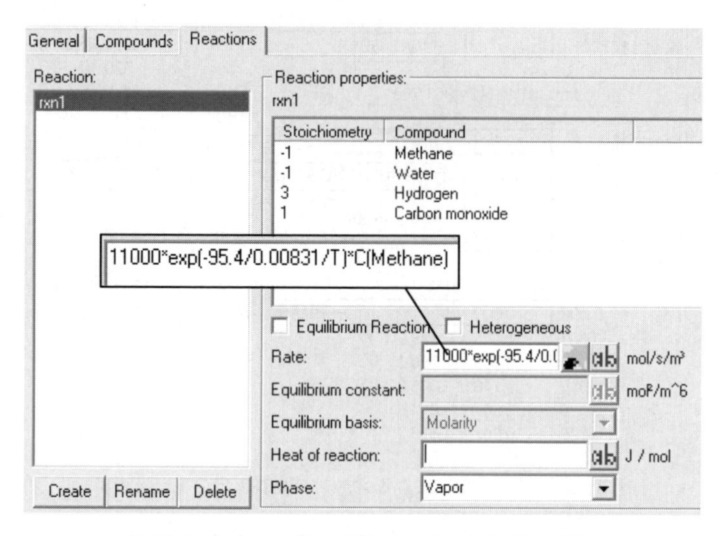

図 31.4　Settings/Reaction packages/CORN の設定

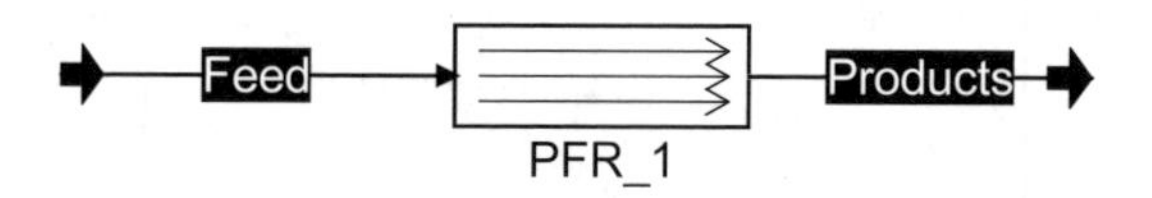

（a）　プロセスの構成

Stream	Feed	Products
Pressure/[MPa]	2.96	2.95996
Temperature/[°C]	520	852.573
Flow rate/[mol/s]	5.99	8.09295
Flow Methane/[mol/s]	1.33	0.278523
Flow Water/[mol/s]	4.66	3.60852
Flow Hydrogen/[mol/s]	0	3.15443
Flow Carbon monoxide/[mol/s]	0	1.05148

PFR_1	
Parameter	Value
Methane conversion	0.790584

（b）　Stream report の作成

図 31.5　非等温 PBR によるメタンの改質反応の COCO 計算

選択（図 **31.6**（a））。Reactor タブで PFR の length と diametor を入力する（図（b））。Enthalpy タブで Wall heat transfer coeff: 1 700（U），Ambient temperature: 1 143 K（T_a）を設定する（図（c））。

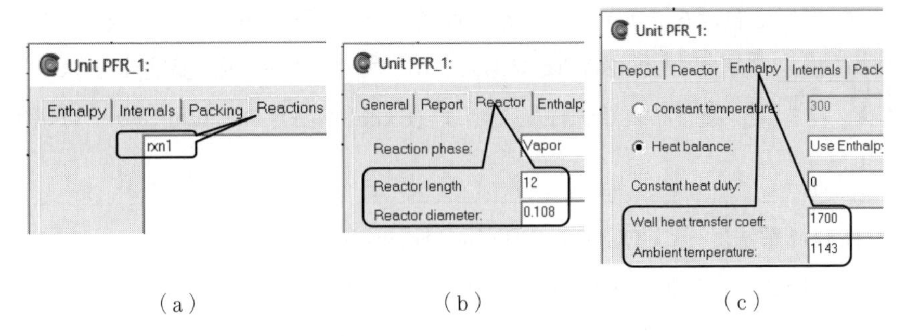

図 31.6 PFR の設定

Stream report を作成して図 31.5(b)のように構成し，Feed を設定して Solve する。これで図の計算結果を得る。$x_A = 0.791$，$T = 853$℃となった。Insert→Unit parameter report→PFR で表示した V に対する x_A, T の変化を図 31.3 に Excel 計算と比較して示している。

【例題 32】 非等温 PBR (2) —ベンゼンの水素化反応— BC, p.149, IC, p.141)

外部熱交換式の固定層触媒層反応器により，ベンゼンの水素化反応によるシクロヘキサンの合成を行う（**図 32.1**）。発熱反応である。反応式および触媒質量基準の反応速度 $-r'_A$〔mol/(kg-cat·s)〕は次式で与えられる。

$$\underset{\text{ベンゼン(A)}}{C_6H_6} + \underset{\text{水素(B)}}{3H_2} \longrightarrow \underset{\text{シクロヘキサン(C)}}{C_6H_{12}}$$

$$-r'_A = \frac{kK_B^3 K_A c_B^3 c_A}{(1 + K_B c_B + K_A c_A + K_C c_C)^4} \quad \text{〔mol/(kg·s)〕}$$

k は反応速度定数，K は吸着平衡定数，c_i〔mol/m^3〕は各成分のモル濃度である。反応速度定数 k と吸着平衡定数 K は温度依存性をもつ（**【Excel 解法】** の Excel シートに示す）。

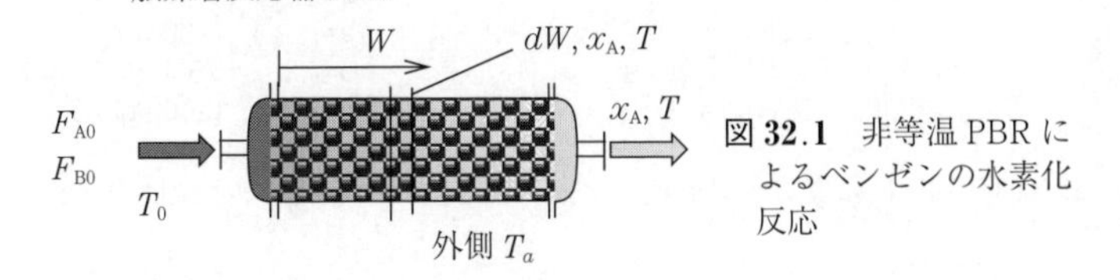

図 32.1 非等温 PBR によるベンゼンの水素化反応

触媒反応管は長さ $L = 0.255$ m，管径 $D = 0.05$ m，$\rho_b = 1\,200$ kg/m³ なので触媒質量は $W = 0.60$ kg である。出口での反応率 x_A，温度 T を求めよ。冷却条件など必要な物性値などは【**Excel 解法**】の Excel シートに示す。

【**Excel 解法**】（<COCO_32_PBRHeatW.xlsm>を参照）

この問題は反応速度が触媒質量基準なので，触媒質量 W（$= \rho_b V$）基準の以下の連立微分方程式となる。

PBR 設計方程式（触媒質量 W 基準）：

$$F_{A0}\frac{dx_A}{dW} = -r_A' \quad \text{〔mol/(kg·s)〕}$$

	A	B	C	D	E	F	G	H
1	微分方程式数	2				Pt=	126.7	kPa
2	W=	xA=	T=			T0=	398.15	K
3	0.60	0.995432	462.905			FA0=	0.0025	mol/s
4		xA'=	T'=			FB0=	0.0744	mol/s
5	微分方程式→	0.080309	−169.61			FA=	0.0000	mol/s
6								
7	積分区間W=[a,	0				FC=	0.0025	mol/s
8	b]	0.6	Runge-Kutta			ΣFi=	0.0744	mol/s
9	積分刻み幅ΔW	0.01				c0=	38.42	mol/m3
10	計算結果					c=	33.05	mol/m3
11	W[kg]	xA	T[K]			cA0=	1.24	mol/m3
12	0.000	0.000	398.15	←初期値		F0=	0.0020	m3/s
13	0.010	0.036	404.9			F=	0.0023	m3/s
14	0.020					cA=	0.005	mol/m3
15	0.030					cB=	31.944	mol/m3
16	0.040					cC=	1.096	mol/m3
17	0.050					k=	6.175	
18	0.060					KA=	0.06381	
19	0.070					KB=	0.08163	
20	0.080					KC=	0.03371	
21	0.090					-rA'=	0.00020	mol/kg-s
22	0.100					Cp=	32.5	J/mol-K
23	0.110	[illegible]	[illegible]			ΔrH=	-2.06E+05	J/mol
24	0.120	0.636	506.7			Ta=	373.15	K
25	0.130	0.653	507.4			a=	80	/m
26	0.140	0.669	507.9			U=	75.4	J/m2- s- K
27	0.150	0.683	508.2			ρb=	1200	kg/m3

=G21/G3

=((-1*G26*G25*(C3-G24)/G27)+(-G21)*(G23))/(G8*G22)

$$k = 3214000\exp\left(-\frac{6093}{T}\right)$$

$$K_A = 3.26\times10^{-7}\exp\left(\frac{5640}{T}\right)$$

$$K_B = 3.88\times10^{-9}\exp\left(\frac{7805}{T}\right)$$

$$K_C = 1.84\times10^{-6}\exp\left(\frac{4481}{T}\right)$$

図 32.2　非等温 PBR によるベンゼンの水素化反応における反応率と温度の Excel 計算

熱収支式：

$$\sum F_i C_p \frac{dT}{dW} = -\frac{1}{\rho_b} Ua(T - T_a) + (r'_A)(\Delta_r H) \quad 〔\mathrm{J/(kg \cdot s)}〕$$

図 32.2 の Excel シートの B5, C5 にこの微分方程式を記述し，初期値を B12, C12 に設定してボタンクリックで積分を実行する。出口（$W = 0.60$）での反応率 $x_A = 0.995$，温度 $T = 463$ K である。この Excel 計算による触媒層内反応率，温度分布を**図 32.3** に示した。図中の細破線（文献値）は元の例題[BC, p.149]の計算値である。

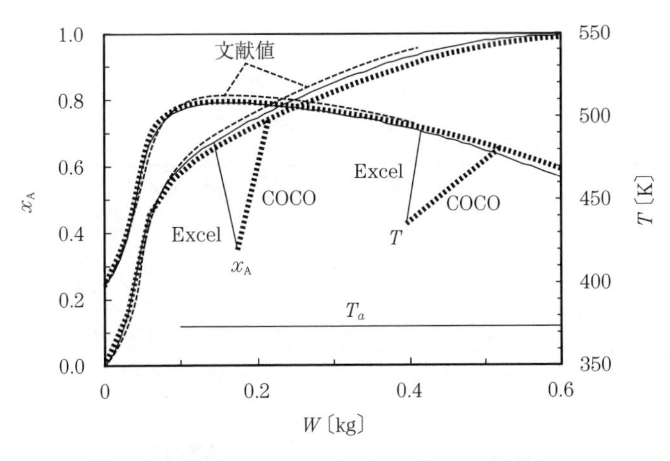

図 32.3 PBR 内の反応率と温度分布

【COCO 解法】（<COCO_32_PBRHeatW.fsd>を参照）

Settings→Property packages→Add→TEA を Select で New とし，設定画面で Model set: Peng Robinson とし，Conpounds の Add で 3 成分を選択する。同様に，Settings→Reaction packages→Add→CORN Reaction Package Manager を Select で New とする。

設定画面の Reactions タブで rxn1 を Create し，量論係数，Rate（反応速度式）を**図 32.4** のように設定する。Heterogeneous を指定する。これにより Rate の単位が触媒質量基準の〔mol/(kg-cat·s)〕になる。

Flowsheet で Insert unit operation→Reactors→PFR を選択・配置して，図

32.5(a)のプロセスを構成する。PFR→Show GUI→Reactions で rxn1 を選択（図 **32.6**(a)）。Reactor→D, L を入れる（図(b)）。Enthalpy→Wall heat transfer coeff: 75.4（U），Ambient temperature: 373.15 K（T_a）。Packing→Catalyst loading: 1 200，Packing voidage 0.3 を設定（図(c)）。Stream を作成して図 32.5(b)のように構成し，Feed を設定して Solve する。これで図の

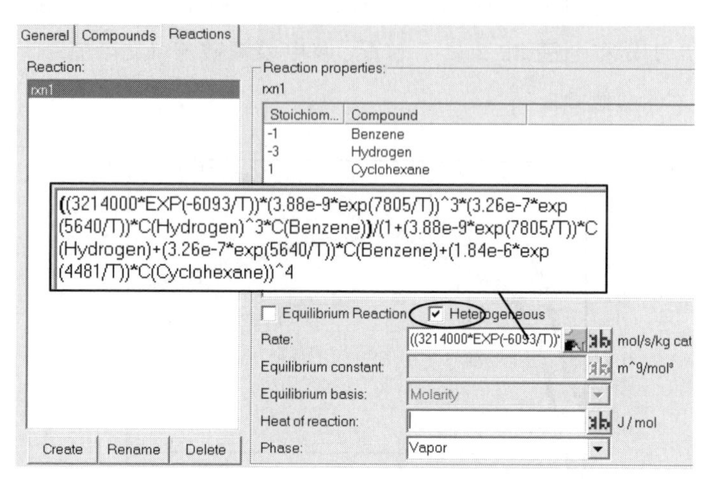

図 **32.4**　Settings/Reaction packages/CORN の設定

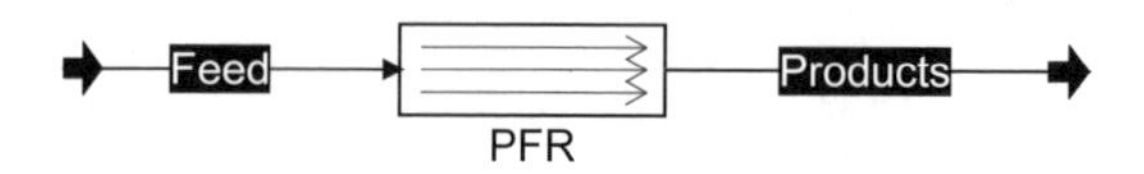

(a)　プロセスの構成

Stream	Feed	Products
Pressure/[kPa]	126.7	112.312
Temperature/[K]	398.15	468.214
Flow rate/[mol/s]	0.07688	0.0695154
Flow Benzene/[mol/s]	0.00248	2.51373e−05
Flow Hydrogen/[mol/s]	0.0744	0.0670354
Flow Cyclohexane/[mol/s]	0	0.00245486

PFR	
Parameter	Value
Benzene conversion	0.989864

(b)　Stream report の作成

図 **32.5**　非等温 PBR によるベンゼンの水素化反応の反応率と温度の COCO 計算

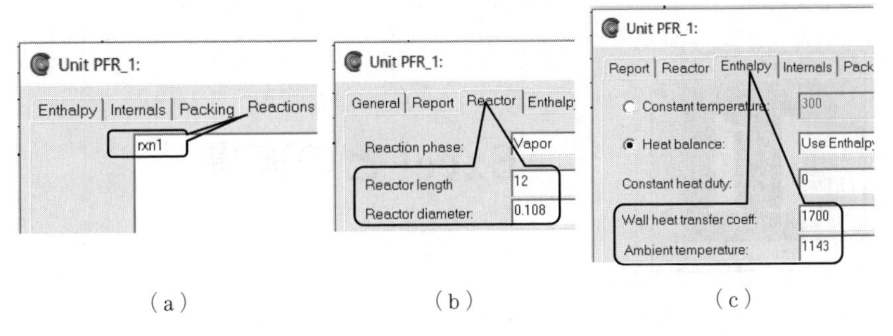

（a）　（b）　（c）

図 32.6 PFR の設定

結果を得る。$x_{\mathrm{A}} = 0.990,\ T = 468\,\mathrm{K}$ となった。W に対する x_{A}, T の変化を図 32.3 に Excel 計算と比較して示している。

Excel との連携

COCO には Unit operation の一つとして **Excel unit operation** があり，COCO 内の物性値を Excel シート中の計算で使用したり，Excel でソルバーなどにより別途計算を行い，その結果を COCO の Flowsheet に出力もできる。やや複雑であるが，この機能を使うとプロセスシミュレータの活用法が大きく広がる。

Excel unit operation のアイコン

なお Excel unit operation はしばらく旧環境（Windows 7, 8 ＋ Excel 2013）でしか使えなかったが，2018 年 3 月以降の version で Excel 2016 など現今の環境に対応した[†]。

【例題 33】 管内流れの圧力損失

COCO には，管内流れの**圧力損失**計算の機能はない。これを Excel unit で実装せよ（注：Unit operation: PFR には管および充填層の圧力損失計算機能がある）。

【COCO 解法】 （＜COCO_33_ExcelTubeDP.fsd＞を参照）

Settings→Property packages→Add→TEA を Select で New とし，設定画

† 対応している Excel バージョンは，2010 からである。また，Windows XP には対応していない。

面で Model set: Peng Robinson とし，Compounds の Add で Water（液の代表），Nitrogen（ガスの代表）成分を選択する。Flowsheet で Insert unit operation→Custom→Excel Unit Operation を選択・配置して（図 **33.1**(a)），図 **33.2** のプロセスを構成する（アイコンは，Excel Unit を右クリックで，icon→Select unit icon→Pipe を選択した。また，名前を Tube (Excel)に変えている)。

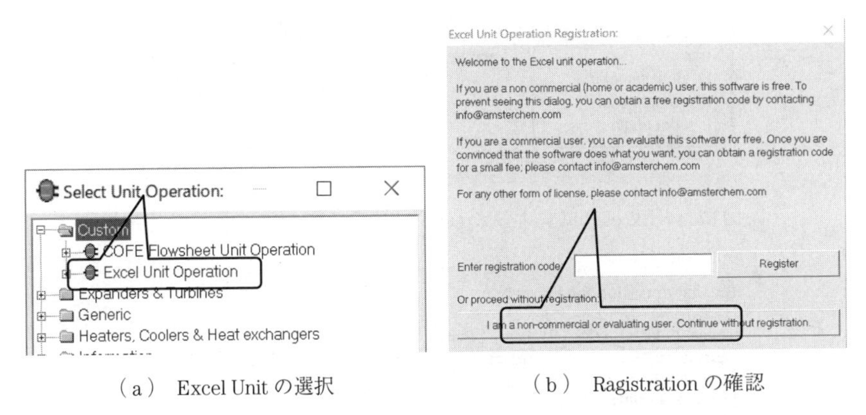

（a） Excel Unit の選択　　（b） Ragistration の確認

図 **33.1** Excel Unit の選択と Registration の確認

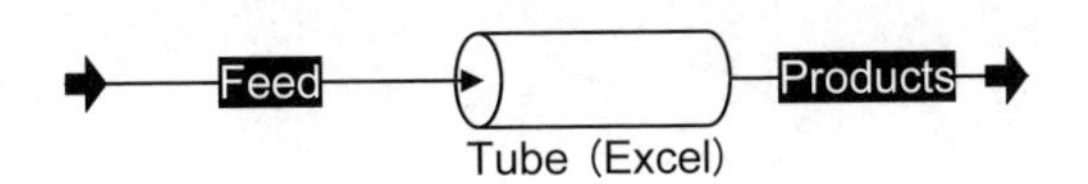

図 **33.2** Excel Unit によるプロセスの構成

この Excel Unit を右クリックで Show GUI すると，これに付属した Excel book が立ち上がる（ここでは図 33.1(b)のように Registration 確認が出るが，下部の non-commercial user ボタンを押せばよい)。

この Excel book には [control], [feeds], [products], [input parameters], [output parameters], [calculations]の六つのシートがある。[feed]シート（図 **33.3**）にはすでに Flowsheet からの feed の状態，流量などが表示されている。管径など計算に必要なパラメータは[input parameters]シート（図 **33.4**）で定義しておく。するとこれらのパラメータは Flowsheet の Excel Unit を右クリックで Edit unit operation→Edit タブから図 **33.5** のように入力できる。

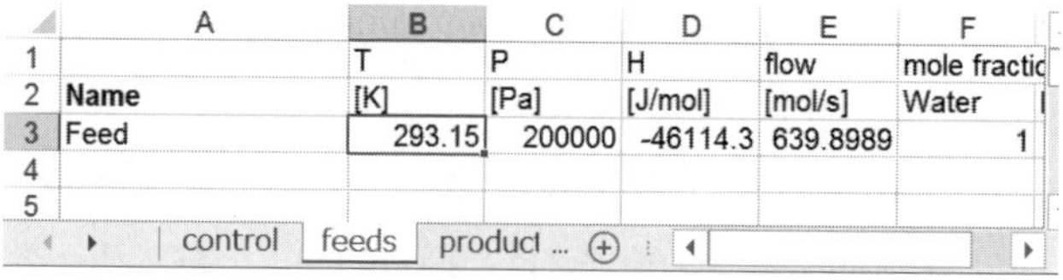

	A	B	C	D	E	F
1		T	P	H	flow	mole fractic
2	Name	[K]	[Pa]	[J/mol]	[mol/s]	Water
3	Feed	293.15	200000	-46114.3	639.8989	1
4						
5						

control　feeds　product ...

図 **33**.**3**　Excel Unit による Excel book の[feed]シート

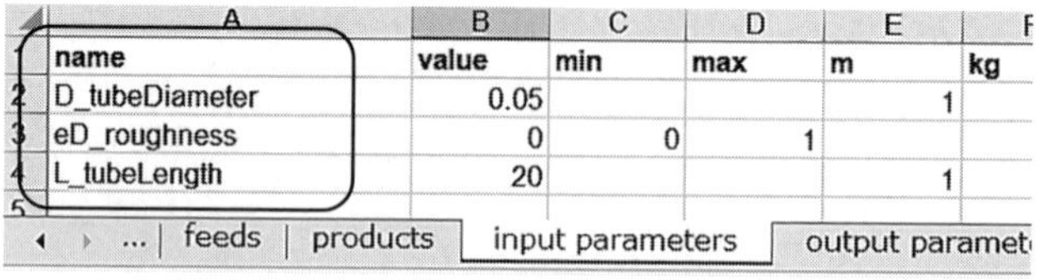

	A	B	C	D	E	F
1	name	value	min	max	m	kg
2	D_tubeDiameter	0.05			1	
3	eD_roughness	0	0	1		
4	L_tubeLength	20			1	
5						

... feeds　products　input parameters　output paramet

図 **33**.**4**　Excel Unit による Excel book の[input parameters]シート

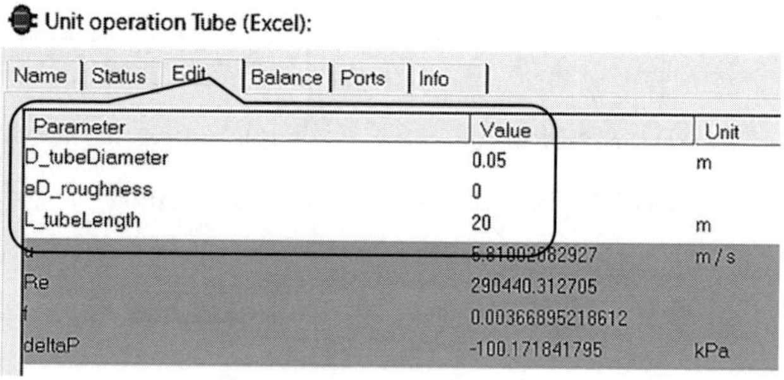

Unit operation Tube (Excel):

Name　Status　Edit　Balance　Ports　Info

Parameter	Value	Unit
D_tubeDiameter	0.05	m
eD_roughness	0	
L_tubeLength	20	m
u	5.81002082927	m/s
Re	290440.312705	
f	0.00366895218612	
deltaP	-100.171841795	kPa

図 **33**.**5**　Excel Unit の Edit unit operation/Edit タブからのパラメータ入力

[calculations]シート（図 **33**.**6**）で圧力損失の計算を行う。このとき必要な物性値などは B6 セルのように capeOverallProperty（“viscosity”）という形式の関数で COCO から呼び出すことができる。このシートでは密度（B4），粘度（B6）などを COCO から引用して，*Re* 数（B11），管摩擦係数 f（B13），圧力損失 Δp（B15）を計算した。

この計算結果は[products]シート（図 **33**.**7**）および[output parameters]シート（図 **33**.**8**）から Flowsheet 内および Edit unit operation→Edit タブ内に表示できる。

計算例[HI, p.39]として，水について流量と管径，長さを入力して Solve し，圧

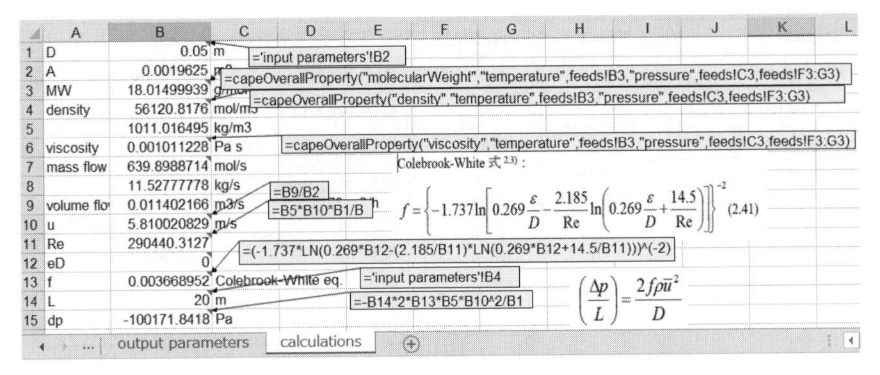

	A	B	C
1	D	0.05	m
2	A	0.0019625	m2
3	MW	18.01499939	g/mol
4	density	56120.8176	mol/m3
5		1011.016495	kg/m3
6	viscosity	0.001011228	Pa s
7	mass flow	639.8988714	mol/s
8		11.52777778	kg/s
9	volume flo	0.011402166	m3/s
10	u	5.810020829	m/s
11	Re	290440.3127	
12	eD	0	
13	f	0.003668952	Colebrook-White eq.
14	L	20	m
15	dp	-100171.8418	Pa

図 **33.6** Excel book の[calculations]シート

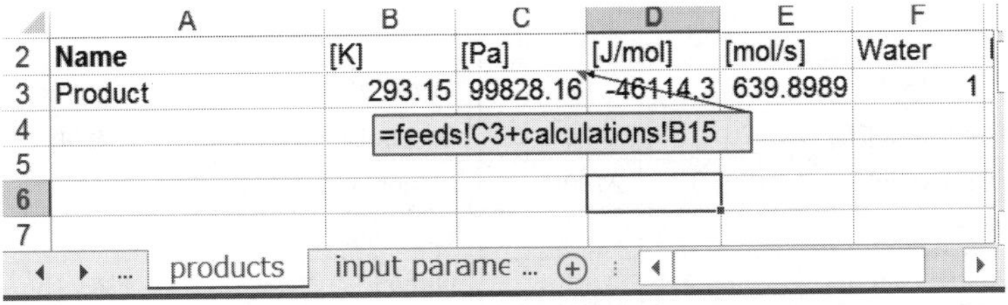

	A	B	C	D	E	F
2	**Name**	[K]	[Pa]	[J/mol]	[mol/s]	Water
3	Product	293.15	99828.16	-46114.3	639.8989	1
4						
5						
6						
7						

=feeds!C3+calculations!B15

products　input parame ...

図 **33.7** Excel book の[products]シート

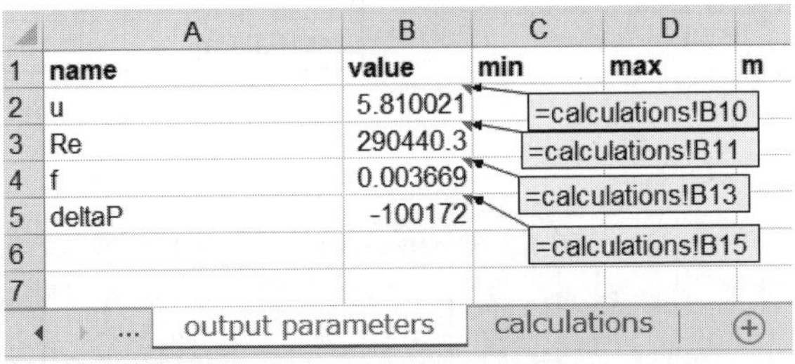

	A	B	C	D
1	**name**	**value**	**min**	**max**
2	u	5.810021		
3	Re	290440.3		
4	f	0.003669		
5	deltaP	-100172		
6				
7				

=calculations!B10
=calculations!B11
=calculations!B13
=calculations!B15

output parameters　calculations

図 **33.8** Excel book の[output parameters]シート

力損失などを Flowsheet 上の Stream report として示したのが図 **33.9** である。

流体を窒素（ガス）に変えて上と同じ圧力損失となる流量を求めた（図 **33.10**）。また，図 **33.11** は管径 D を変えて圧力損失をシミュレーションした Parametric study である。

以上のように Excel Unit では，実際の計算の Excel シートは背後にあり，入力，計算結果表示とも COCO の Flowsheet 上のみで行える。

Stream	Feed	Products
Pressure/[kPa]	200	99.8282
Temperature/[°C]	20	20
Flow rate/[kg/h]	41500	41500
Mole frac Water	1	1
Mole frac Nitrogen	0	0

Tube (Excel)	
Parameter	Value
D_tubeDiameter/[m]	0.05
L_tubeLength/[m]	20
eD_roughness	0
u/[m/s]	5.81002
Re	290440
f	0.00366895
deltaP/[kPa]	−100.172

図 **33.9**　Excel Unit による管内流れの圧力損失の COCO 計算(1)

Stream	Feed	Products
Pressure/[kPa]	200	99.7051
Temperature/[°C]	20	20
Flow rate/[kg/h]	2190	2190
Mole frac Water	0	0
Mole frac Nitrogen	1	1

Tube (Excel)	
Parameter	Value
D_tubeDiameter/[m]	0.05
L_tubeLength/[m]	20
eD_roughness	0
u/[m/s]	134.715
Re	880085
f	0.00300221
deltaP/[kPa]	−100.295

図 **33.10**　Excel Unit による管内流れの圧力損失の COCO 計算(2)

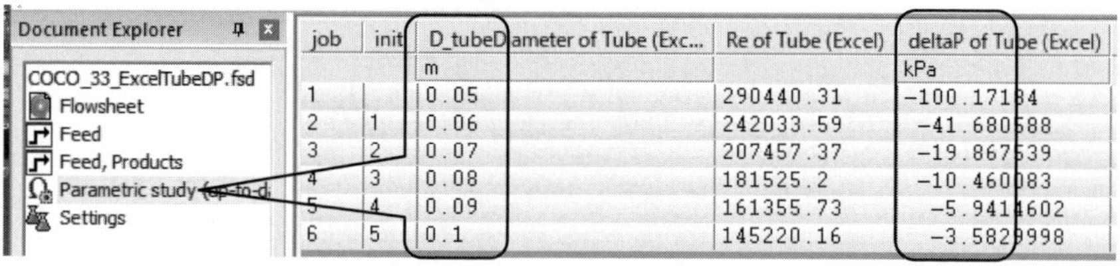

Document Explorer
COCO_33_ExcelTubeDP.fsd
Flowsheet
Feed
Feed, Products
Parametric study
Settings

job	init	D_tubeDiameter of Tube (Exc...	Re of Tube (Excel)	deltaP of Tube (Excel)
		m		kPa
1		0.05	290440.31	−100.17184
2	1	0.06	242033.59	−41.680588
3	2	0.07	207457.37	−19.867539
4	3	0.08	181525.2	−10.460083
5	4	0.09	161355.73	−5.9414602
6	5	0.1	145220.16	−3.5829998

図 **33.11**　管内流れの圧力損失計算の Parametric study（管径 D を変更）

【例題 34】　ガス分離膜モジュール（ソルバー使用例） [IK, p.182)]

空気中の 21% 酸素（$x_f = 0.21$）を**ガス分離膜モジュール**で濃縮するプロセス（図 **34.1**）を，以下の連立方程式のように供給側，透過側とも完全混

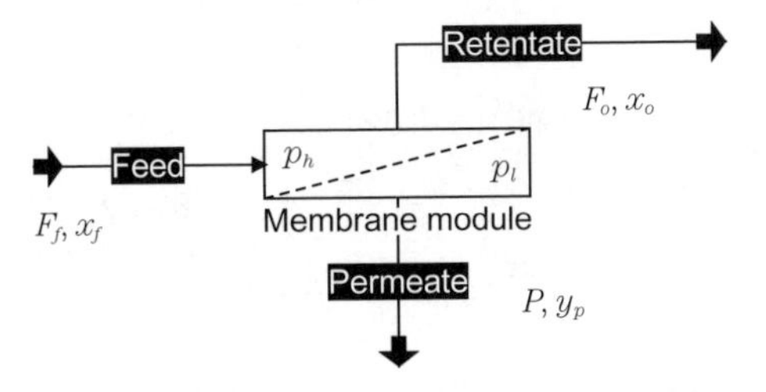

図 34.1 ガス分離膜モジュールのプロセス構成例

合でモデル化した。この連立方程式を解いて，出口流量 F_o，透過量 P，酸素濃度 x_o, y_p を求めるため，Excel Unit を使って COCO で計算せよ。

膜モジュールモデル：両側完全混合

$$
\begin{cases}
P = F_f - F_o & \text{(a)} \\
Py_p = F_f x_f - F_o x_o & \text{(b)} \\
Py_p = \dfrac{Q_1 A}{\delta}(p_h x_o - p_l y_p) & \text{(c)} \\
P(1 - y_p) = \dfrac{Q_2 A}{\delta}\{p_h(1 - x_o) - p_l(1 - y_p)\} & \text{(d)}
\end{cases}
$$

【COCO 解法】（<COCO_34_ExcelMemb.fsd>を参照）

Settings→Property packages→Add→TEA を Select で New とし，設定画面で Model set: Peng Robinson とし，Compounds の Add で Oxygen（1），Nitrogen（2）成分を選択する。Flowsheet で Insert unit operation→Custom→Excel Unit Operation を選択・配置して，図 34.1 のプロセスを構成する。

Excel Unit（名前は Membrane module）を右クリックで Show GUI して，付属の Excel book を編集する。

[products] シート（**図 34.2**）で二つの出口流れ（Retentate, Permeate）を設定することで，Flowsheet で各 output flow が接続できるようになる。

[input parameters] シートで膜厚 δ，膜面積 A，透過側圧力 p_l，各成分膜透過係数 Q_1, Q_2 を**図 34.3** のように定義しておく。

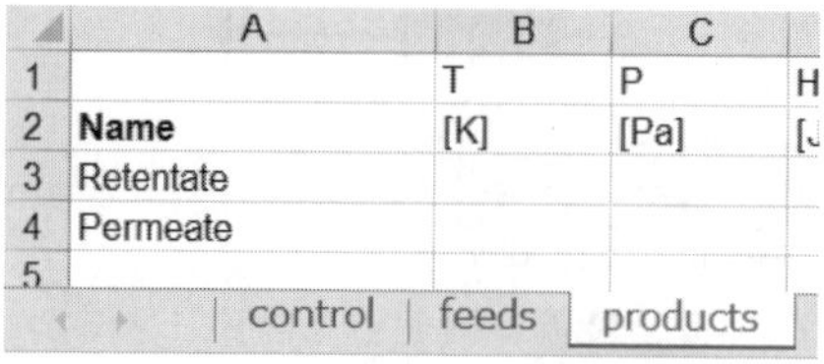

	A	B	C	
1		T	P	H
2	**Name**	[K]	[Pa]	[J
3	Retentate			
4	Permeate			
5				

control　feeds　products

図 **34.2**　Excel book の[products]シート

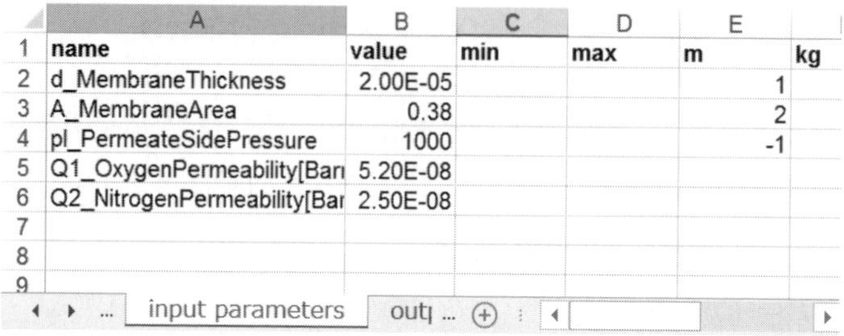

	A	B	C	D	E	
1	**name**	**value**	**min**	**max**	**m**	**kg**
2	d_MembraneThickness	2.00E-05			1	
3	A_MembraneArea	0.38			2	
4	pl_PermeateSidePressure	1000			-1	
5	Q1_OxygenPermeability[Barr	5.20E-08				
6	Q2_NitrogenPermeability[Bar	2.50E-08				
7						
8						
9						

input parameters　outp ...

図 **34.3**　Excel book の[input parameters]シート

すると Flowsheet 上の Excel unit→Edit unit operation→Edit からこれらのパラメータを入力できる（図 **34.4**）。

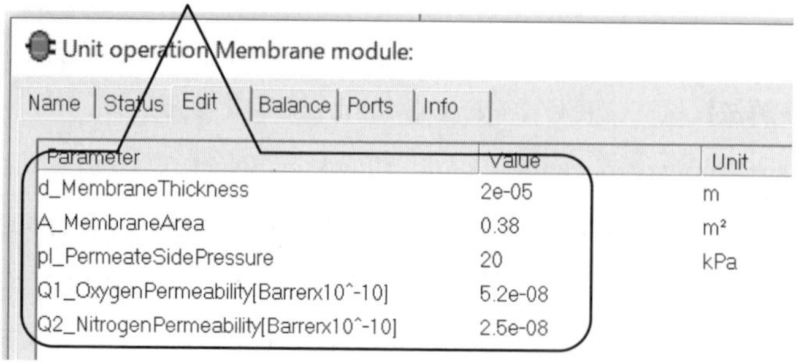

Unit operation Membrane module:

Name　Status　Edit　Balance　Ports　Info

Parameter	Value	Unit
d_MembraneThickness	2e-05	m
A_MembraneArea	0.38	m²
pl_PermeateSidePressure	20	kPa
Q1_OxygenPermeability[Barrerx10^-10]	5.2e-08	
Q2_NitrogenPermeability[Barrerx10^-10]	2.5e-08	

図 **34.4**　Excel Unit の Edit unit operation/Edit タブからのパラメータ入力

[calculations]シート（図 **34.5**）で定数と未知数の初期値を設定して，いったんソルバーで連立方程式を解く（D6 を最小化する）。この Solver model をソルバー上からシート上に保存する（[読み込み/保存]ボタンからモデルを（G2:G5）に保存する）。この四つのセルに PerfectMixModel と名前を定義する。最後に[control]シート（図 **34.6**）の Solver models: model name に Per-

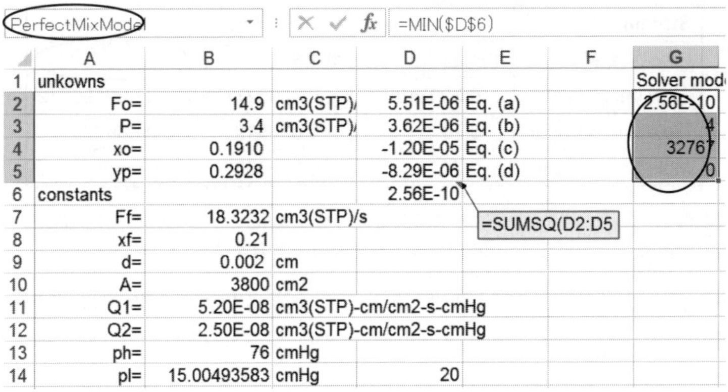

PerfectMixModel | =MIN(D6)

	A	B	C	D	E	F	G
1	unkowns						Solver mod
2	Fo=	14.9	cm3(STP)/	5.51E-06	Eq. (a)		2.56E-10
3	P=	3.4	cm3(STP)/	3.62E-06	Eq. (b)		4
4	xo=	0.1910		-1.20E-05	Eq. (c)		32767
5	yp=	0.2928		-8.29E-06	Eq. (d)		0
6	constants			2.56E-10			
7	Ff=	18.3232	cm3(STP)/s				
8	xf=	0.21					
9	d=	0.002	cm				
10	A=	3800	cm2				
11	Q1=	5.20E-08	cm3(STP)-cm/cm2-s-cmHg				
12	Q2=	2.50E-08	cm3(STP)-cm/cm2-s-cmHg				
13	ph=	76	cmHg				
14	pl=	15.00493583	cmHg	20			

=SUMSQ(D2:D5)

図 34.5 Excel book の[calculations]シート

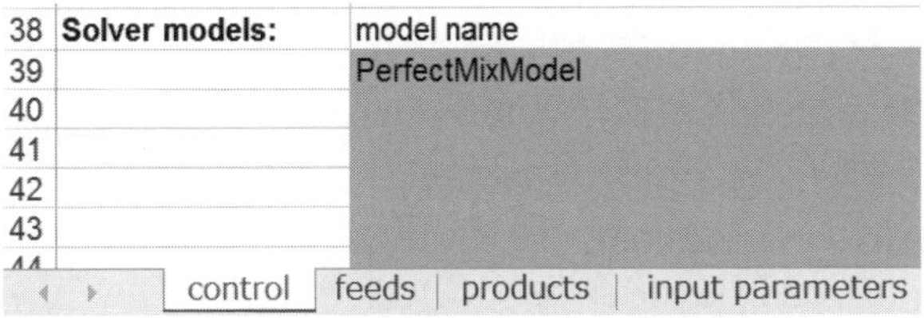

38	**Solver models:**	model name
39		PerfectMixModel
40		
41		
42		
43		

control | feeds | products | input parameters

図 34.6 Excel book の[control]シート

fectMixModel を記述する。

Excel を閉じて Flowsheet に戻り Feed 条件，Edit unit operation から各パラメータを入れる。Stream report を作成して**図 34.7** のような構成にし，Solve すると図のように解が得られる。

図 34.8 の Stream report は透過側圧力を変えたシミュレーションである。

Stream	Feed	Retentate	Permeate
Pressure/[kPa]	101.3	101.3	20
Flow rate/[mol/s]	0.000818	0.000665469	0.000152531
Mole frac Nitrogen	0.79	0.808974	0.707219
Mole frac Oxygen	0.21	0.191026	0.292781

図 34.7 Excel Unit によるガス分離膜モジュールモデルにおける出口の流量，透過量，酸素濃度の COCO 計算(1)

Stream	Feed	Retentate	Permeate
Pressure/[kPa]	101.3	101.3	1
Flow rate/[mol/s]	0.000818	0.000627728	0.000190272
Mole frac Nitrogen	0.79	0.820542	0.689239
Mole frac Oxygen	0.21	0.179458	0.310761

図 **34.8**　Excel Unit によるガス分離膜モジュールモデルにおける出口の流量，透過量，酸素濃度の COCO 計算(2)—透過側圧力を変えたシミュレーション

透過側圧力を 20 kPa から 1 kPa にすることで透過空気の酸素濃度が 0.29 から 0.31 に増加する。

12 プロセス設計

最終章では複数装置からなるプロセスの構成・計算例を示す。

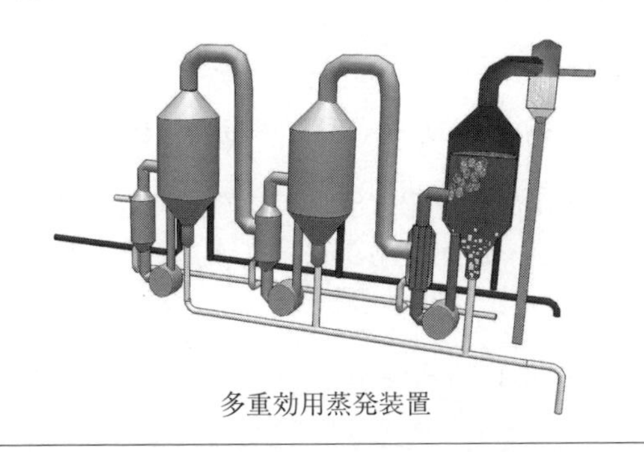

多重効用蒸発装置

【例題 35】 多重効用蒸発[S, p.771)]

図 **35.1** のように，8 wt%（$= w_f$）タンパク質水溶液（流量 $m_f =$

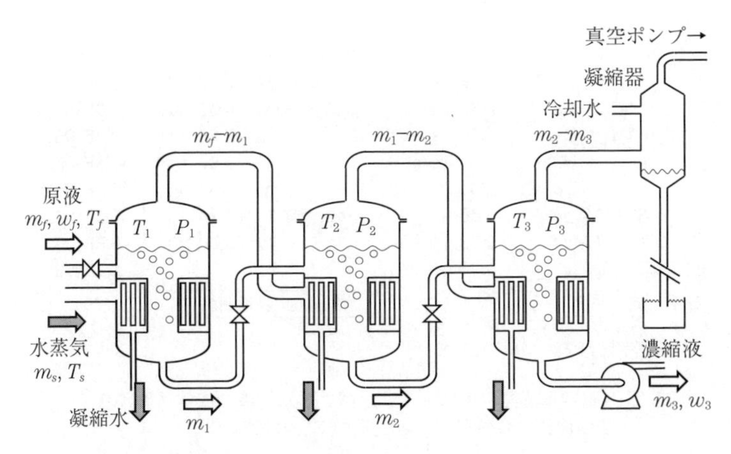

図 **35.1** 多重効用蒸発装置を使ったタンパク質水溶液の濃縮

5.55 kg/s，温度 $T_f = 51.7$℃）を 3 重効用蒸発装置で 45 wt%（$= w_3$）まで濃縮する。第 3 缶は圧力 $p_3 = 13.4$ kPa，温度 $T_3 = 51.7$℃ である。加熱用水蒸気温度 $T_s = 121$℃ として，蒸発缶伝熱面積 A，各缶温度 T_1, T_2，流量 m_1, m_2, m_3, m_s を求めよ。記号説明，必要な物性値などは**【Excel 解法】**の Excel シートに示す。

【Excel 解法】（＜COCO_35_MultiEffect.xlsx＞を参照）

溶質物質収支：

$$w_f m_f = w_3 m_3 \tag{1}$$

各缶熱収支：

$$m_s \Delta_v H = (m_f - m_1)\Delta_v H + (m_1 T_1 - m_f T_f) C_p \tag{2}$$

$$(m_f - m_1)\Delta_v H = (m_1 - m_2)\Delta_v H + (m_2 T_2 - m_1 T_1) C_p \tag{3}$$

$$(m_1 - m_2)\Delta_v H = (m_2 - m_3)\Delta_v H + (m_3 T_3 - m_2 T_2) C_p \tag{4}$$

各缶伝熱速度：

$$m_s \Delta_v H = Q_1 = U_1 A (T_s - T_1) \tag{5}$$

$$(m_f - m_1)\Delta_v H = Q_2 = U_2 A (T_1 - T_2) \tag{6}$$

$$(m_1 - m_2)\Delta_v H = Q_3 = U_3 A (T_2 - T_3) \tag{7}$$

の七つの式で 7 個の未知数（$A, m_1, m_2, m_3, m_s, T_1, T_2$）を解く。

	A	B	C	D	E	F	G	H	
1	定数			未知数				式(残差)	
2	蒸発潜熱ΔvH	2.21E+06	J/kg	各缶伝熱面積A	56.28	m2		-1.0E-05	(1)
3	熱容量Cp	3830	J/kg-K	溶液流量m1	4.35	kg/s		-8.0E-06	(2)
4	総括伝熱係数U1	1986	J/s-m2-K	m2	2.80	kg/s		-2.4E-05	(3)
5	U2	2384	J/s-m2-K	m3	0.99	kg/s		-1.3E-05	(4)
6	U3	2781	J/s-m2-K	ms	1.41	kg/s		1.0E-05	(5)
7	原液流量mf	5.55	kg/s	缶温度T1	93.24	°C		-1.0E-06	(6)
8	原液濃度wf	0.08	mass frac	T2	73.50	°C		-8.6E-06	(7)
9	濃縮液濃度w3	0.45	mass frac					1.1E-09	
10	原液温度Tf	51.7	°C	=SUMSQ(H2:H8)					
11	3缶温度T3	51.7	°C						
12	水蒸気温度Ts	121	°C						

図 35.2　3 重効用蒸発装置によるタンパク質水溶液の濃縮における蒸発缶伝熱面積，各缶温度，各流量の Excel 計算

図 **35.2** のシートで E2:E8 に未知数の初期値，H2:H8 に式(1)〜(7)の残差式を記述し，ソルバーで残差2乗和（H9）を最小化して解を H2:H8 に得る。蒸気量 $m_s = 1.41$ kg/s，3重効用の効率 $(m_f - m_3)/m_s = 3.21$ となった。

【COCO 解法】（<COCO_35_MultiEffect.fsd>を参照）

Settings→Property packages→Add→ChemSep Property Package Manager を Select の New で ChemSep を立ち上げ，Components で Water, Glycerol（不揮発性溶質）を選択する。Thermodynamics では DECHEMA, Modified UNIFAC, Antoine, Ideal を設定する。ChemSep を保存して Flowsheet に戻り，HeatExchanger と Flash の3組を Valve を介して接続し，3重効用蒸発装置のモデルとする（図 **35.3**(a)）。HeatExchanger の ShowGUI の Heat exchanger タブで，Type: Max. heat transfer，counter-current とし，Flash の ShowGUI の Spec. タブで，Heat duty: 0 を設定する。Stream report を作成して図(b)のように構成し，各 Valve で Outlet pressure（各 Valve をダブルクリックで，Overall の pressure）を図(a)のように $p_1 = 71.7$，$p_2 = 31.6$，$p_3 = 13.4$ kPa に設定する。m_f, m_s を入力して Solve する。計算結果で m_3 の

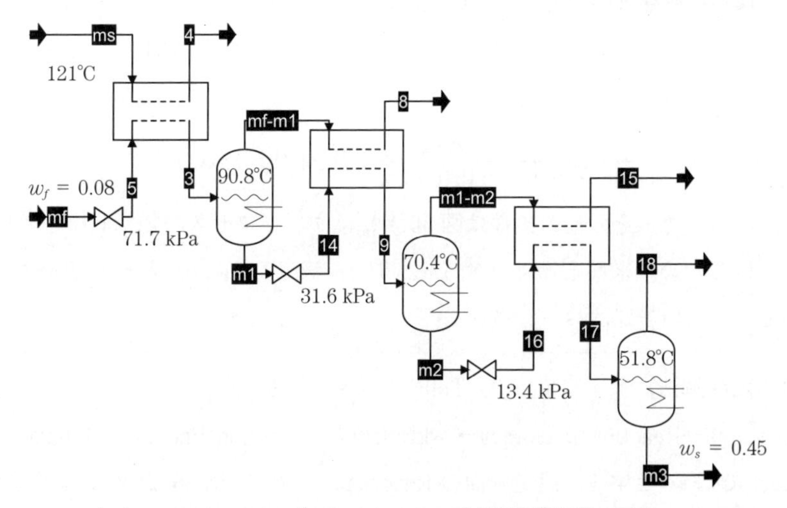

（a） HeatExchanger と Flash による3重効用蒸発装置の構成

図 **35.3** 3重効用蒸発装置によるタンパク質水溶液の濃縮における，各缶温度，各流量の COCO 計算

Stream	mf	ms	m1	m2	m3
Pressure/[kPa]	101	202	71.7	31.6	13.4
Temperature/[°C]	51.7	121	90.7543	70.4016	51.7816
Flow rate/[kg/s]	5.55	1.6051	4.17673	2.63129	0.982439
Mass frac water	0.92	1	0.893945	0.831865	0.54991
Mass frac glycerol	0.08	0	0.106055	0.168135	0.45009

（b） Stream report の作成

図 **35.3**　3重効用蒸発装置によるタンパク質水溶液の濃縮における，各缶温度，各流量の COCO 計算（つづき）

溶質濃度 $w_3 = 0.45$ となるよう m_s 流量を試行する。その結果，図(b)のように蒸気量 $m_1 = 4.18$，$m_2 = 2.63$，$m_3 = 0.98$，$m_s = 1.605$ kg/s，$T_1 = 90.7$，$T_2 = 70.4$°C 3重効用の効率 $(m_f - m_3)/m_s = 2.85$ となった。なお，A は COCO では定義されない。

【例題 36】　トルエンの脱アルキル化プロセス[Se, p.135, F, p.443)]

トルエンを水素により脱アルキル化してベンゼンにするプロセスを構成せよ。反応は触媒反応であり，反応速度は次式とする。

$$\underset{\text{トルエン(A)}}{C_6H_5CH_3} + \underset{\text{水素ガス(B)}}{H_2} \longrightarrow \underset{\text{ベンゼン(C)}}{C_6H_6} + \underset{\text{メタン(D)}}{CH_4}$$

$$-r'_A = \frac{8.13 \times 10^{-8} c_B c_A}{1 + 0.104 c_B + 0.0778 c_A} \quad \text{〔mol/(kg-cat·s)〕}$$

温度，圧力，その他の条件は**図 36.1** に示す。プロセスの総括収率を1に近づけるため，未反応物はガス（H_2, CH_4），液（Toluene）ともリサイクルする。ガスの一部はパージする。

【COCO 解法】（<COCO_36_TolBe.fsd>を参照）

Settings→Reaction packages→Add→CORN Reaction Package Manager を Select で New とする。設定画面の Reactions タブで，**図 36.2**(a)のように例題の反応式，速度式を設定する。ChemSep を保存して Flowsheet に戻り，PFR（触媒反応器），フラッシュ，ChemSep 蒸留塔 Column を配置し，各機器

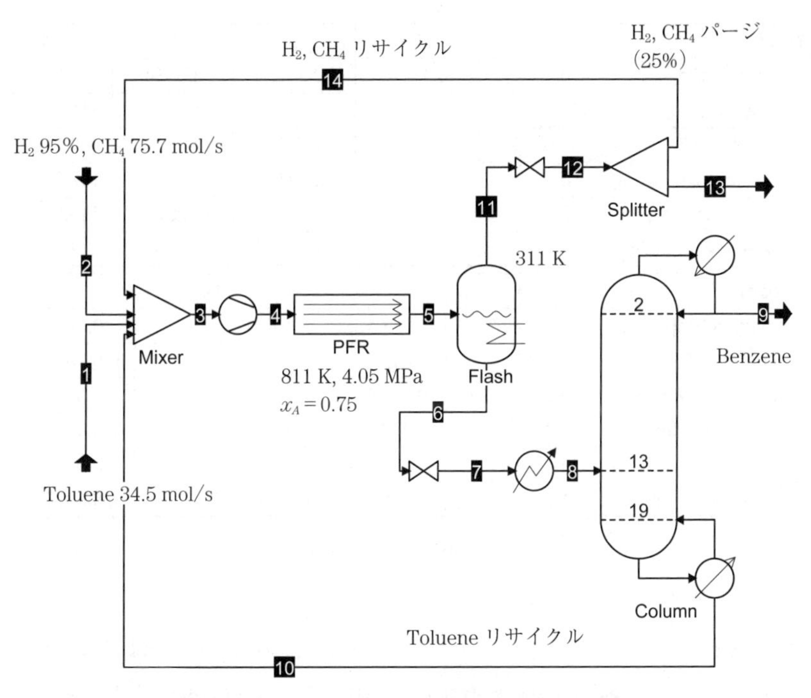

図 36.1　トルエンの脱アルキル化プロセスの構成

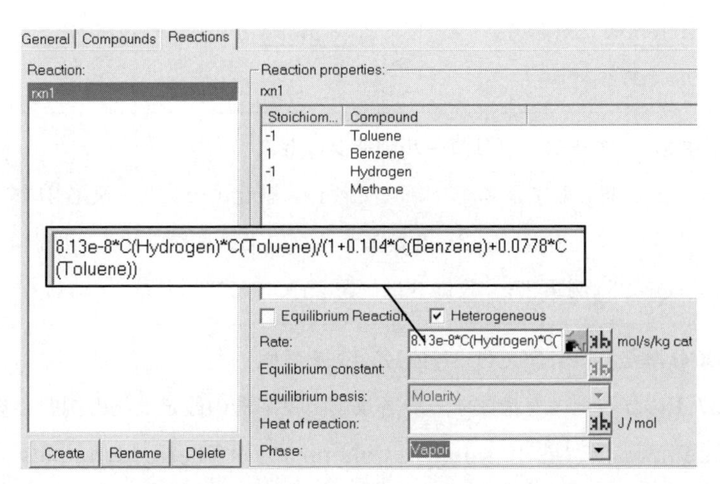

（a） Reaction packages の Reactions タブの設定

図 36.2　トルエンの脱アルキル化プロセスの構成の COCO 計算

Stream	1	2	3	5	11
Pressure/[MPa]	0.1	0.1	0.1	3.05343	3.05343
Temperature/[K]	500	700	402.98	811	311
Flow Toluene/[mol/s]	34.5	0	47.0752	12.6569	0.318373
Flow Hydrogen/[mol/s]	0	71.9	182.874	148.456	147.966
Flow Methane/[mol/s]	0	3.78	113.879	148.297	146.799
Flow Benzene/[mol/s]	0	0	2.07194	36.4902	2.42689

Stream	9	10	14	13
Pressure/[MPa]	0.101325	0.101325	0.1	0.1
Temperature/[K]	16.0316	382.9	305.135	305.135
Flow Toluene/[mol/s]	0.00225392	12.3365	0.23878	0.0795932
Flow Benzene/[mol/s]	33.8114	0.251765	1.82017	0.606724
Flow Hydrogen/[mol/s]	0.48879	5.26356e−20	110.974	36.9914
Flow Methane/[mol/s]	1.5	3.09195e−20	110.099	36.6996

（b） Stream report の作成

図 36.2　トルエンの脱アルキル化プロセスの構成の COCO 計算（つづき）

の設定を行う。ChemSep 蒸留塔 Column の Thermodynamics は EOS/Predictive SRK とした。各 Stream を追加してプロセスを完成させ，また Stream report を作成して図（b）のように構成し，Solve して図（b）の結果を得た。トルエン 34.5 mol/s に対して，ベンゼン 33.8 mol/s が得られ，したがって総括収率は 0.98 である。

【例題 37】　エチレングリコール製造プロセス[F, p.191)]

エタンを原料として，エチレン（反応 1），酸化エチレン（反応 2）を経てエチレングリコール（反応 3）を製造するプロセスを構成せよ。反応 1 は例題 27，反応 2 は例題 27a，反応 3 は例題 25 ですでに示した。

【COCO 解法】　（<COCO_37_EG.fsd>を参照）

図 37.1 のプロセスを構成する。各反応・反応器の設定は先の例題を参照せよ。ChemSep 蒸留塔（Column_1, Column_2）の Thermodynamics は共に EOS, Predictive SRK, ideal である。各 Stream を追加してプロセスを完成させ，また Stream report を作成して**図 37.2** のように構成し，Solve して図の結

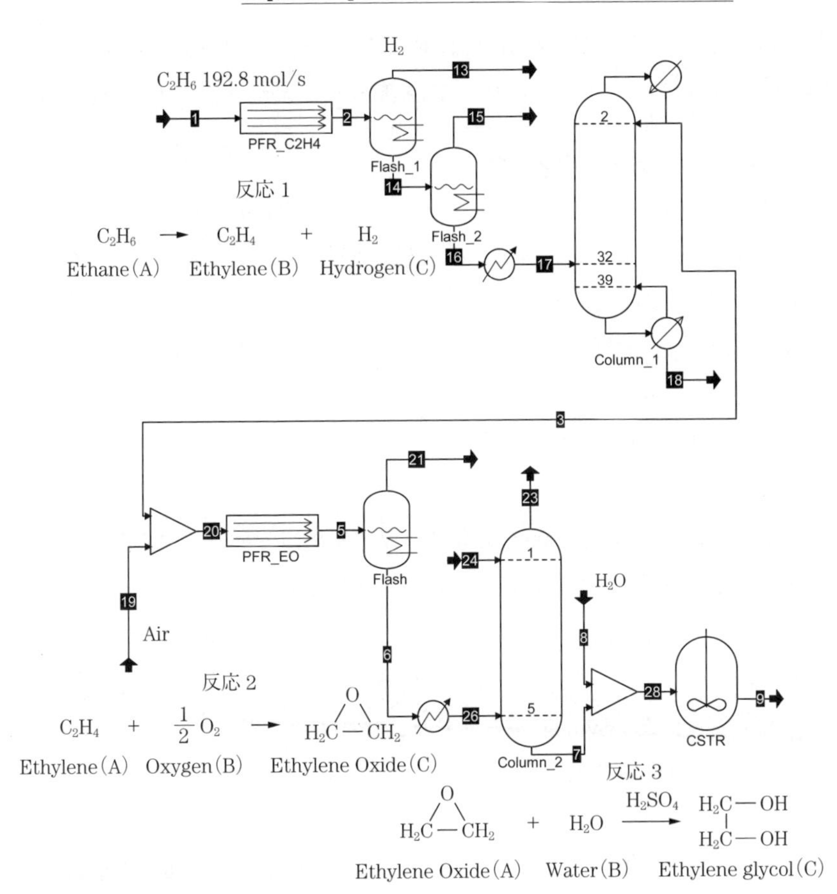

図 37.1 エチレングリコール製造プロセスの構成

Stream	1	2	5	9
Pressure/[kPa]	607.95	607.95	377.417	101.325
Temperature/[°C]	826.85	826.85	260	55
Flow rate/[mol/s]	192.8	347.108	419.92	251.804
Flow Ethane/[mol/s]	192.8	38.4923	0.363366	0.000587548
Flow Ethylene/[mol/s]	0	154.308	54.3544	0.0534502
Flow Hydrogen/[mol/s]	0	154.308	0.549843	1.5838e-06
Flow Oxygen/[mol/s]	0	0	27.148	0.00104507
Flow Nitrogen/[mol/s]	0	0	255.8	0.00552142
Flow Ethylene oxide/[mol/s]	0	0	81.704	12.1382
Flow Water/[mol/s]	0	0	0	193.311
Flow Ethylene glycol/[mol/s]	0	0	0	46.2938

図 37.2 エチレン製造プロセスの COCO 計算

果が得られた。エタン 192.8 mol/s に対して，エチレングリコール 46.3 mol/s が得られ，したがってこのプロセスの総括収率（Ethane→EG）は 0.24 である。

【例題 38】　メタノールプロセス

天然ガス（メタン）を原料としてメタノール 100 mol/s を製造するプロセスを構成せよ。プロセスはメタンの水蒸気改質，メタノール合成，メタノール精製（蒸留）の 3 工程からなる。

メタン改質：二つの反応によってメタノール合成の原料 H_2, CO, CO_2 混合ガス（syngas）を得る。

$$CH_4 + H_2O \rightarrow CO + 3H_2$$

$$CO + H_2O \rightarrow CO_2 + H_2$$

反応条件は 1.0 MPa，900℃ とする。反応器出口で反応条件での平衡組成とする。炭素の析出防止のため，水蒸気 (S) と炭素源 (C) の比が S/C = 3.0 と設定される（例題 6b でこの複合反応の平衡組成温度依存性を示してある)。

メタノール合成：Syngas から以下の二つの反応でメタノールを合成する。

$$CO + 2H_2 \rightarrow CH_3OH$$

$$CO_2 + 3H_2 \rightarrow CH_3OH + H_2O$$

反応条件は 10 MPa，280℃ とする。反応器出口で反応条件での平衡組成とする。反応器出口で反応ガスから生成メタノールを冷却分離する。この反応の平衡反応率は 0.65〜0.8 なので，未反応ガスを反応器入口へリサイクルする。これに伴い原料ガスに含まれるメタンの系内蓄積を防ぐため，パージ操作の必要がある。

メタノール精製：反応器出口で凝縮分離されたエタノール/水混合物を蒸留塔で分離する。塔頂から組成 99.9% のエタノールを製品として取り出す。

【COCO 解法】（<COCO_38_MeOH.fsd>を参照）

Settings→Property packages→Add→TEA を Select で New とし，設定画面で Model set: Peng Robinson とし，Compounds の Add で 5 成分を選択す

る。Reaction packages→Add→CORN Reaction Package Manager を Select で New とする。設定画面の Compounds タブで 5 成分を指定する。ギブス反応器を使う場合は Reactions を定義する必要はない。

Flowsheet で**図 38.1** のプロセスを構成する。二つの反応器とも GibbsReactor で，おのおの Show GUI の Reactive compounds タブで，**図 38.2** のように反応物，生成物成分のみを指定する。これでこの混合ガスの温度，圧力条件での平衡組成が計算される。

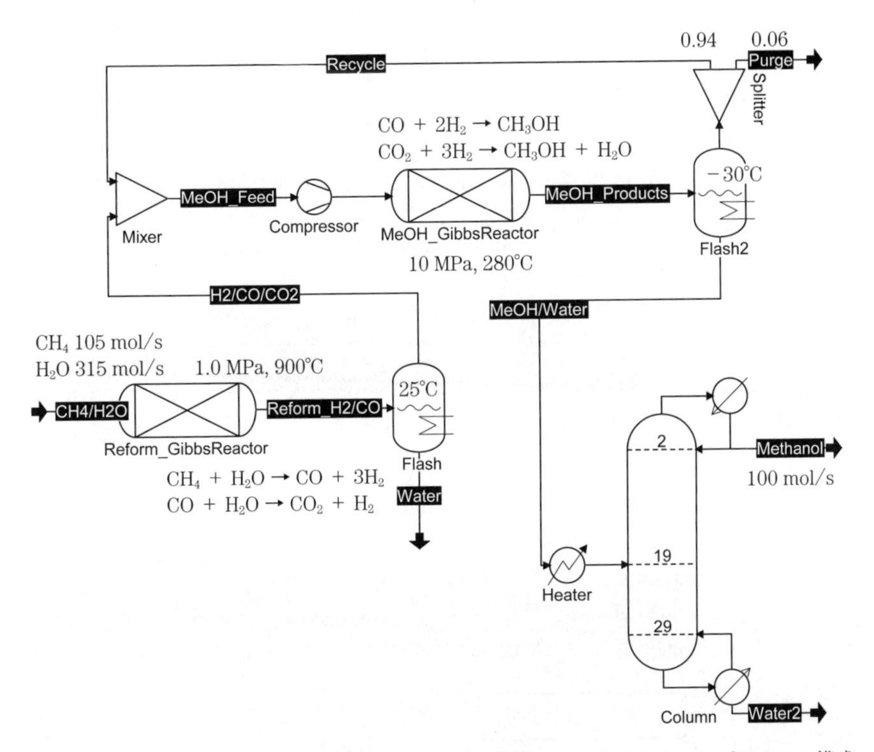

図 38.1　メタン改質，メタノール合成，メタノール精製からなるメタノールプロセスの構成

反応器出口の Flash の温度をおのおの 25℃，−30℃と設定して水およびメタノールを分離する。メタノール反応器出口で Flash 分離（−30℃）された未反応ガスは Splitter で一部をパージし，残りは反応器入口にリサイクルする。Splitter 右クリック→Edit unit operation→Edit タブで，パージ割合 Split fac-

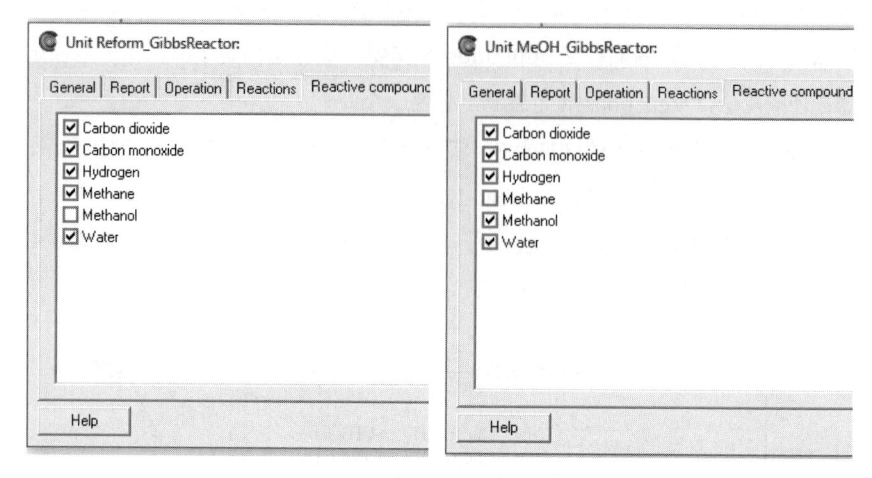

図 **38.2**　各キブス反応器で反応物，生成物を指定

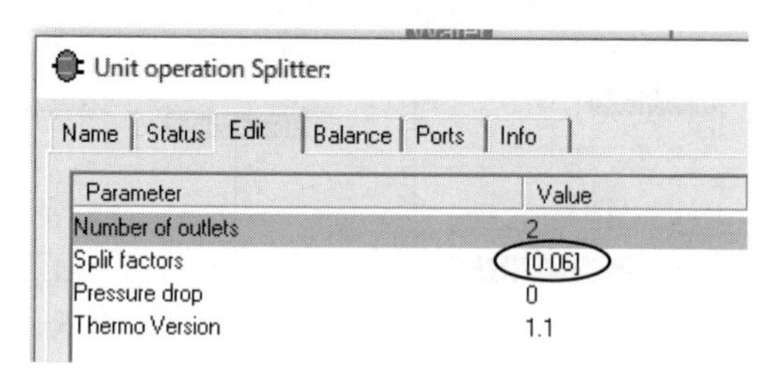

図 **38.3**　Splitter の設定

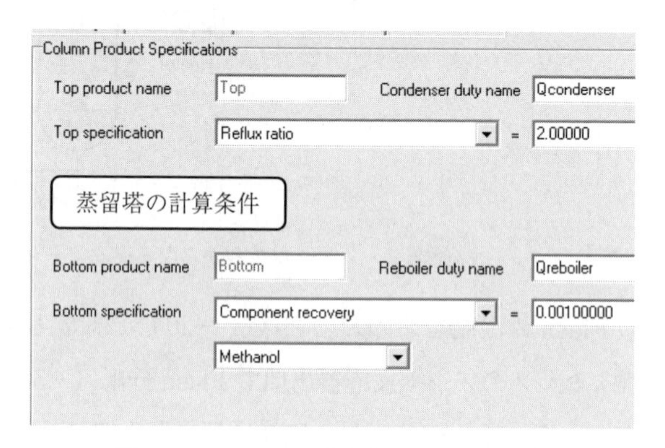

図 **38.4**　ChemSep 蒸留塔 Column の設定

tor: 0.06とした（図**38.3**）。

メタノール精製のChemSep蒸留塔ColumnはThermodynamicsではEOS, Predictive, Column specsではTop specification: Reflux ratio = 2, Bottom specification: Bottom Methanol recovery = 0.001とした（図**38.4**）。Stream reportを作成して図**38.5**のように構成し，Solveした計算結果を図に示す。必要メタン量は105 mol/sである。

Stream	CH4/H2O	Reform_H2/CO	MeOH_Feed	MeOH_Products
Pressure/[MPa]	1	1	0.1	10
Temperature/[°C]	800	900	−18.8839	280
Flow rate/[mol/s]	420.261	625.164	2207.1	2006.34
Flow Methane/[mol/s]	105.065	2.61367	43.5552	43.5552
Flow Water/[mol/s]	315.196	182.252	1.5163	31.0254
Flow Hydrogen/[mol/s]	0	337.846	2023.12	1792.85
Flow Carbon monoxide/[mol/s]	0	71.9589	88.986	18.1139
Flow Carbon dioxide/[mol/s]	0	30.4924	45.5301	16.021
Flow Methanol/[mol/s]	0	0	4.38668	104.768

Stream	MeOH/Water	Purge	Methanol
Pressure/[MPa]	0.1	0.1	0.101325
Temperature/[°C]	−30	−30	61.0636
Flow rate/[mol/s]	130.879	112.527	100.018
Flow Methane/[mol/s]	0.000707352	2.61327	0.000707352
Flow Water/[mol/s]	30.7617	0.0158264	0.00103942
Flow Hydrogen/[mol/s]	0.0016244	107.571	0.0016244
Flow Carbon monoxide/[mol/s]	3.77676e−05	1.08683	3.77676e−05
Flow Carbon dioxide/[mol/s]	0.0138326	0.960428	0.0138326
Flow Methanol/[mol/s]	100.101	0.28	100.001

Reform_GibbsReactor	
Parameter	Value
Methane conversion	0.975123

MeOH_GibbsReactor	
Parameter	Value
Carbon monoxide conversion	0.79644
Carbon dioxide conversion	0.648124

図**38.5** メタン改質，メタノール合成，メタノール精製からなるメタノールプロセスのCOCO計算

引用・参考文献

A） Atkins, P.W and Paula, J. de：アトキンス　物理化学（上）第10版，東京化学同人（2017）

B） 化学工学会 編：化学工学便覧，第7版，丸善（2011）

BC） 化学工学協会 編：BASICによる化学工学プログラミング，培風館（1985）

F） Fogler, H.S.：Elements of Chemical Reaction Engineering, Fifth edition, Prentice Hall（2016）

H） Himmelblau, D.M. and Riggs, J.B.：Basic Principles and Calculations in Chemical Engineering, 8th ed., Prentice Hall（2012）

HA） 橋本健治：反応工学，培風館（1979）

HI） 疋田晴夫：化学工学通論 I，朝倉書店（1982）

IC） 化学工学会 編：Excelで気軽に化学工学，丸善（2006）

IK） 伊東　章：基礎式から学ぶ化学工学，化学同人（2017）

IP） 伊東　章：Excelで気軽に化学プロセス計算，丸善（2014）

IS） 伊東　章：ベーシック分離工学，化学同人（2013）

L） Levenspiel, O.：Chemical Reaction Engineering, Third Edition, John Wiley & Sons（1999）

NIST） NIST Thermophysical Properties of Fluid Systems：http://webbook.nist.gov/chemistry/fluid/

S） Henry, E.J., Seader, J.D. and Roper, D.K.：Separation Process Principles, 3rd ed., John Wiley & Sons（2011）

Se） Seider, W.D., Seader, J.D. and Lewin, D.R.：Process Design Principles, John Wiley & Sons（1999）

索　　引

—— 著 者 略 歴 ——

1977年　東京工業大学工学部化学工学科卒業
1982年　東京工業大学大学院博士課程修了（化学工学専攻）
　　　　工学博士（東京工業大学）
1982年　東京工業大学助手
1983年　新潟大学助手
1988年　新潟大学助教授
2007年　新潟大学教授
2009年　東京工業大学教授
2018年　東京工業大学名誉教授

例題で学ぶ化学プロセスシミュレータ
—フリーシミュレータ COCO/ChemSep と Excel による解法—

Free Simulator COCO/ChemSep and Excel for Chemical Engineering Calculations Learned by Examples

2018 年 11 月 22 日　初版第 1 刷発行　★
2024 年 3 月 10 日　初版第 2 刷発行

検印省略

編　　者　公益社団法人 化学工学会
著　　者　伊東　章（いとう あきら）
発 行 者　株式会社 コロナ社
　　　　　代 表 者　牛来真也
印 刷 所　三美印刷株式会社
製 本 所　有限会社 愛千製本所

112-0011　東京都文京区千石 4-46-10
発 行 所　株式会社 コロナ社
CORONA PUBLISHING CO., LTD.
Tokyo Japan
振替 00140-8-14844・電話(03)3941-3131(代)
ホームページ　https://www.coronasha.co.jp

ISBN 978-4-339-06647-0　C3043　Printed in Japan　（金）

新コロナシリーズ

（各巻B6判，欠番は品切です）

	書名	著者	頁	本体
2.	ギャンブルの数学	木下栄蔵著	174	1165円
3.	音戯話	山下充康著	122	1000円
4.	ケーブルの中の雷	速水敏幸著	180	1165円
5.	自然の中の電気と磁気	高木相著	172	1165円
6.	おもしろセンサ	國岡昭夫著	116	1000円
7.	コロナ現象	室岡義廣著	180	1165円
8.	コンピュータ犯罪のからくり	菅野文友著	144	1165円
9.	雷の科学	饗庭貢著	168	1200円
10.	切手で見るテレコミュニケーション史	山田康二著	166	1165円
11.	エントロピーの科学	細野敏夫著	188	1200円
12.	計測の進歩とハイテク	高田誠二著	162	1165円
13.	電波で巡る国ぐに	久保田博南著	134	1000円
14.	膜とは何か —いろいろな膜のはたらき—	大矢晴彦著	140	1000円
15.	安全の目盛	平野敏右編	140	1165円
16.	やわらかな機械	木下源一郎著	186	1165円
17.	切手で見る輸血と献血	河瀬正晴著	170	1165円
19.	温度とは何か —測定の基準と問題点—	櫻井弘久著	128	1000円
20.	世界を聴こう —短波放送の楽しみ方—	赤林隆仁著	128	1000円
21.	宇宙からの交響楽 —超高層プラズマ波動—	早川正士著	174	1165円
22.	やさしく語る放射線	菅野・関共著	140	1165円
23.	おもしろ力学 —ビー玉遊びから地球脱出まで—	橋本英文著	164	1200円
24.	絵に秘める暗号の科学	松井甲子雄著	138	1165円
25.	脳波と夢	石山陽事著	148	1165円
26.	情報化社会と映像	樋渡涓二著	152	1165円
27.	ヒューマンインタフェースと画像処理	鳥脇純一郎著	180	1165円
28.	叩いて超音波で見る —非線形効果を利用した計測—	佐藤拓宋著	110	1000円
29.	香りをたずねて	廣瀬清一著	158	1200円
30.	新しい植物をつくる —植物バイオテクノロジーの世界—	山川祥秀著	152	1165円
31.	磁石の世界	加藤哲男著	164	1200円

			頁	本体
32.	体を測る	木村雄治著	134	1165円
33.	洗剤と洗浄の科学	中西茂子著	208	1400円
34.	電気の不思議 —エレクトロニクスへの招待—	仙石正和編著	178	1200円
35.	試作への挑戦	石田正明著	142	1165円
36.	地球環境科学 —滅びゆくわれらの母体—	今木清康著	186	1165円
37.	ニューエイジサイエンス入門 —テレパシー，透視，予知などの超自然現象へのアプローチ—	窪田啓次郎著	152	1165円
38.	科学技術の発展と人のこころ	中村孔治著	172	1165円
39.	体を治す	木村雄治著	158	1200円
40.	夢を追う技術者・技術士	CEネットワーク編	170	1200円
41.	冬季雷の科学	道本光一郎著	130	1000円
42.	ほんとに動くおもちゃの工作	加藤孜著	156	1200円
43.	磁石と生き物 —からだを磁石で診断・治療する—	保坂栄弘著	160	1200円
44.	音の生態学 —音と人間のかかわり—	岩宮眞一郎著	156	1200円
45.	リサイクル社会とシンプルライフ	阿部絢子著	160	1200円
46.	廃棄物とのつきあい方	鹿園直建著	156	1200円
47.	電波の宇宙	前田耕一郎著	160	1200円
48.	住まいと環境の照明デザイン	饗庭貢著	174	1200円
49.	ネコと遺伝学	仁川純一著	140	1200円
50.	心を癒す園芸療法	日本園芸療法士協会編	170	1200円
52.	摩擦への挑戦 —新幹線からハードディスクまで—	日本トライボロジー学会編	176	1200円
53.	気象予報入門	道本光一郎著	118	1000円
54.	続もの作り不思議百科 —ミリ，マイクロ，ナノの世界—	JSTP編	160	1200円
55.	人のことば，機械のことば —プロトコルとインタフェース—	石山文彦著	118	1000円
56.	磁石のふしぎ	茂吉・早川共著	112	1000円
57.	摩擦との闘い —家電の中の厳しき世界—	日本トライボロジー学会編	136	1200円
58.	製品開発の心と技 —設計者をめざす若者へ—	安達瑛二著	176	1200円
59.	先端医療を支える工学 —生体医工学への誘い—	日本生体医工学会編	168	1200円
60.	ハイテクと仮想の世界を生きぬくために	齋藤正男著	144	1200円
61.	未来を拓く宇宙展開構造物 —伸ばす、広げる、膨らませる—	角田博明著	176	1200円
62.	科学技術の発展とエネルギーの利用	新宮原正三著	154	1200円
63.	微生物パワーで環境汚染に挑戦する	椎葉究著	144	1200円

定価は本体価格+税です。
定価は変更されることがありますのでご了承下さい。

図書目録進呈◆